茶之境

中国名茶地理

李 伟 / 编著

天 地 出 版 社 | TIANDI PRESS

李鸿谷

总 序

杂志的极限何在?

这个问题没有标准答案,需要不断拓展边界。

中国传统媒体快速发展 20 余年,随着互联网和移动互联网时代的到来,尤其是智能手机的普及,新媒体应运而生,使传统媒体面临转型及与新媒体融合的挑战。这个时候,传统媒体《三联生活周刊》需要检视自己的核心竞争力,同时还要研究如何保持生命力。

这本杂志的极限其实也是"他"的日常,是记者完成 90% 以上的内容生产。这有多不易,我们的同行,现在与未来,都可各自掂量。

这些日益成熟的创造力,下一个有待突破的边界在哪里?

新的方向,从两个方面展开:

其一,《三联生活周刊》作为杂志,能够对自己所处的时代提出什么样的真问题?

有文化属性与思想含量的杂志,其重要的价值是"他"的时代感与问题意识。在此导向之下,记者将他们各自寻找的答案,创造出一篇一篇的文章,刊发于杂志上。

其二,杂志设立什么样的标准来选择记者创造的内容?

杂志刊发是一个结果,也是这个过程的指向,《三联生活周刊》期待那些被生产出来的内容,能够被称为知识。以此而论,文章发表在杂志上不是终点,这些文章能否发展成一本一本的书籍,才是检验。新的极限在此！挑战在此！

　　书籍才是杂志记者内容生产的归宿，这源自《三联生活周刊》的一次自我发现。2005 年，《三联生活周刊》的抗战胜利系列报道获得广泛关注。我们发现《三联生活周刊》所擅长的不是刊发的速度，而是内容的深度。这本杂志的基因是学术与出版，而非传媒。速度与深度是两条不同的赛道，深度追求，最终必将导向知识的生产。当然，这不是一个自发的结果，而是意识与使命的自我建构，以及持之以恒的努力。

　　生产知识，对于一本有着学术基因，同时内容主要由自己记者创造的杂志来说，似乎自然。我们需要建立一套有效率的杂志内容选择、编辑的出版转换系统。但是，新媒体来临，杂志正在发生蜕变与升级。"他"能够持续并匹配这个新时代吗？

　　我们的"中读"APP，选择在内容的轨道上升级，研发出第一款音频产品——"我们为什么爱宋朝"。这是一条由杂志封面故事、图书、音频节目，再结集成书、视频的系列产品链，也是一条艰难的创新道路，所幸，我们走通了。此后，我们的音频课，基本遵循音频—图书联合产品的生产之道。很显然，所谓新媒体，不会也不应当拒绝升级的内容。由此，杂志自身的发展与演化，自然而协调地延伸至新媒体产品生产。这一过程结出的果实便是我们的《三联生活周刊》与"中读"文丛。

　　杂志和中读的内容变成了一本本图书它们是否就等同创造了知识呢？

　　这需要时间，以及更多的人来检验，答案在未来……

＊李鸿谷，《三联生活周刊》主编。

序：
好山好水出好茶

郑培凯

《三联生活周刊》近年做了许多期关于茶的专辑，比如 2018 年的《自由自在中国茶》，2016 年的《好茶之道：武夷山，茶人与技艺》，2015 年的《茶之道：山场、活水与茶境》，2014 年的《茶之道：茶话、茶事与老茶》，2013 年的《茶之道：中国与日本——茶史、茶事与茶境》，2011 年《红茶的性格：正山小种、祁红、滇红、川红》，这些内容对于饮茶文化的知识推广，起了很大的作用。

《三联生活周刊》继承了早年邹韬奋《生活》周刊对现实生活与文化理念的关怀，经过相当一段时间的实验与摸索，在 21 世纪终于走出一个新的方向，以文化与现实结合，深入探讨人们关心的切身问题，成为内地家喻户晓的流行杂志。因此，这几年来出版的茶文化专辑，也推动了人们对茶的深入了解与兴趣。

中国是世界上最早饮茶的国家，也最早出现了对茶的研究，把饮茶提升到文化审美的领域，让人们在饮茶的过程中，不但得到解渴解乏的药用效果，也开始体会到饮茶有其精神净化的作用，可以使人的道德修养得以精进。

一千二百年前，唐朝的陆羽撰写了《茶经》一书，系统地探讨了茶的植物学本质、茶的产地、采茶的工具、制茶的方法、饮茶的茶器、烹茶的工序、品茶的体会、历代饮茶的事迹，呈现了全方位的饮茶知识，奠定了饮茶从物质性的"喝"到精神性的"品"的基调，从而开启了茶道的雏形，为人类文明增添了崭新的生活哲思与审美的世界。

《茶经·八之出》讨论的是茶的产地，详细列举了唐代主要的产茶地区，并且按照陆羽自己的见闻，评定不同产区所产茶叶的优劣。我们从陆羽所列的产地可以知道，他最熟悉的是从四川沿着长江流域向东，经过今天的湖北、湖南，一直到皖、赣、江浙地区，也列举了他从没去过的福建与岭南地区。他所列出的茶区，基本上反映了唐代产茶的地理分布，其实也是今天产茶的主要地区，这使他得出一个重要结论，即人工栽种茶叶有气候、水土的限制。

《茶经》开篇就说："茶者，南方之嘉木也。一尺、二尺，乃至数十尺。其巴山峡川，有两人合抱者，伐而掇之。"它明确指出，茶树最适合生长的地方，是南方潮湿的丘陵地带，这是茶树生长的自然天性。茶树有低矮的，也有高耸巨大的，或许反映了唐代茶树有的是人工栽培的新茶树，有的是深山老林自然生长的古茶树。

陆羽没有去过云南，而云南在唐代还属于化外之地，产茶的情况不很清楚，也反映出当地茶叶商贸尚未形成规模。唐代各地出产的名茶，以四川雅安附近的蒙顶茶与太湖边上的阳羡、顾渚茶最为著名，而量产销售全国的则以蜀茶及浮梁茶为主。

从五代到宋元时期，各地茶产继续发展，不过因为皇室贵胄品茶兴趣的转变，讲究末茶的斗茶风尚，使得福建的龙团建茶与兔毫黑釉碗，成了上层社会追求的时尚，出现精品茶的追风热潮，人人争夸建茶，特别是上贡朝廷的龙凤小团茶。

苏轼曾经写过一首《惠山谒钱道人烹小龙团登绝顶望太湖》，其中有这么两句："踏遍江南南岸山，逢山未免更留连。独携天上小团月，来试人间第二泉。"反映的就是这种风尚，茶要建茶的小龙团，烹茶的水要惠山的天下第二泉。好山好水出好茶，而且好山好水的环境与风光，才能烹制出色香味俱佳的好茶。

讲究精品贡茶的质量，自然就会追求最佳产地及其制作工序是否完美，这也就出现了《东溪试茶录》《品茶要录》《宣和北苑贡茶录》《北苑别录》这样的著作，让我们知道宋代对出产极品建茶的痴迷。在追求完美的过程中，蔡襄把他的品茶审美体会写进了《茶录》，而宋徽宗赵佶更以"天下一人"的地位，带头发展"盛世之清尚"，写出了品评末茶的旷世奇书《茶论》（后称《大观茶论》）。

到了明代，朱元璋罢造福建上贡的龙团茶，遏止了宋代以来斗茶引起的过分奢靡的社会风气，肇始了明清时代的饮茶习惯，使得江南地区出产的新鲜绿茶成为新的品茶风尚。随着植茶与制茶技术的发展，到了明代中叶社会经济繁荣兴盛之时，上层社会对精品茶的需求也出现了新的风尚，特别嗜好江南品味清灵的新茶，造就了名盛一时的虎丘茶、龙井茶、松萝茶等精品。明人张谦德（1577–1643）写的《茶经》，论明代精品茶叶，就详列了当时著名的产地：

> 茶之产于天下多矣，若姑胥之虎丘、天池，常之阳羡，湖州之顾渚紫笋，峡州之碧涧明月，南剑之蒙顶石花，建州之北苑先春龙焙，洪州之西山白露、鹤岭，穆州之鸠坑，东川之兽目，绵州之松岭，福州之柏岩，雅州之露芽，南康之云居，婺州之举岩碧乳，宣城之

阳坡横纹，饶池之仙芝、福合、禄合、莲合、庆合，寿州之霍山黄芽，
邛州之火井思安，安渠江之薄片，巴东之真香，蜀州之雀舌、鸟嘴、
片甲、蝉翼，潭州之独行灵草，彭州之仙崖石仓，临江之玉津，袁
州之金片、绿英，龙安之骑火，涪州之宾化，黔阳之都濡高枝，泸
州之纳溪梅岭，建安之青凤髓、石岩白，岳州之黄翎毛、金膏冷之
数者，其名皆着。品第之，则虎丘最上，阳羡真岕、蒙顶石花次之，
又其次，则姑胥天池、顾渚紫笋、碧涧明月之类是也。余惜不可考耳。

可以得知，明清时期环太湖区的苏州与湖州引领了饮茶的风尚，而
全国各地都有出产好茶的特定区域，以早春的炒青新茶为上品。

饮茶习惯与风尚的变化，有一个历史的过程，也有特殊的社会原因。
唐宋流行的末茶，在明代之后逐渐绝迹于中土，却在 14 世纪之后流行
于东瀛，逐渐在 16 世纪形成日本茶道系统。明清开始流行的炒青新茶，
一直到今天还是中国茶饮的主流，但是明末清初在武夷山一带出现的变
化，逐渐开拓了世人饮茶的新风尚，即陈茶发酵过程的掌握。茶叶发酵
技术的精致化，引出了半发酵到重发酵的乌龙茶，以及全发酵的红茶，
带动了清代中叶的福建茶产业，同时也影响了其他地区制作的红茶与后
发酵茶，成就了今天多元茶饮的兴隆现象。

《三联生活周刊》推出的《茶之境：中国名茶地理》，选取过去刊
登的关于中国茶的文章，主要是通过深入产茶地区，以田野调查的方式，
介绍蒙顶茶、六安瓜片、武夷山茶、西湖龙井等中国名茶背后的地理环
境、制作工艺与当地文化等。

　　本书的作者们都痴迷于茶的生产，理解不同茶区产茶的实际情况，亲身探访名茶产地，细致讲解制茶工艺，向读者全面展示中国名茶的面貌。从这本书中，我们看到各种茶类的诞生过程，知道绿茶、红茶、黑茶、白茶、乌龙茶、岩茶、普洱茶等名茶的前世今生。

　　这本书像茶区风光的导游手册，又像茶文化的地方史志，叙述观点有趣，文字又十分优美，还能让人清楚认识各地的茶叶制作过程，是很有意义的探索。

＊郑培凯，香港非物质文化遗产咨询委员会主席，集古学社社长，团结香港基金顾问。

目录

他山之茶：异彩纷呈

川滇之茶：闲适与疯狂

茶經卷上

竟陵 陸羽 撰

一之源

一之源　二之具　三之造

茶者南方之嘉木也一尺二尺迺至數十尺其巴山峽川有兩人合抱者伐而掇之其樹如瓜蘆葉如梔子花如白薔薇實如栟櫚葉如丁香根如胡桃

其字或從草或從木或草木并

其名一曰茶二曰檟三曰蔎四曰茗五曰荈

其地上者生爛石中者生櫟壤下者生黃

蒙顶茶：自然的馈赠与曾经的辉煌

作为一种"日用的奢侈品"，茶既可以平常到给贩夫走卒作解渴之用，也可以矜贵到成为皇室祭天的供品。这其中的天差地别，所依附的物质存在，归根结底也只是山野间的一种植物和一泓可供饮用的水，以及人力在其中的投入。在拥有漫长种茶、制茶历史的蒙顶山，正可以看到这种种差别。

"老川茶"的滋味

上得蒙顶山来，已经是 2015 年的清明过后。在四川，春天总是来得早一些，山脚下大片的油菜花都已经结了籽，树叶的绿色也已经分出了深深浅浅的层次。制茶师傅刘思强在半山腰处领着我们下车，步行去看山上的茶园。

"你们该在清明之前来啊。"这是他与我们见面时候的第一句话，"我们这边最好的名茶都是清明前采摘加工的。"听到这话时我们有点懊丧，但跟随着他深一脚浅一脚地走在山路上，看到坡地和褶皱处分布的茶园在雨雾中青翠的样子，暗自庆幸到底还是没有错过这"蒙顶茶畦千点露，浣花笺纸一溪春"。

"今年天气奇怪，清明前采茶的好天气没几天，忽然就热得不行，一过了清明，又冷得很。"刘思强说。采茶的天气一般最好能连续三天稳定在22摄氏度左右，许次纾的《茶疏》曾记载江南一带采摘春茶适宜的节气在清明和谷雨之间，"清明太早，立夏太迟"，不过对于川茶来讲，要达到茶芽萌发的温度往往不需到那时候。

"清明后的叶子已经有点老了，不如明前茶好。"刘思强摘下一颗茶芽递给我，"你嚼一嚼。"入口有点涩，但保持几秒钟后，口腔里充满了回甘。一路上不善言辞也表情不多的刘思强有点得意地笑起来："这是老川茶，品质好着呢。我们制茶，说到底就是怎么把它回甘、清新的特点保持在最后的成品茶叶中。"

那时候我没有想到"老川茶"会成为此后几天一直困扰着我的问题。它之所以如此关键，是因为它背后勾连出蒙顶茶乃至川茶最辉煌的历史。面积不大，风景也不险奇的蒙顶山之所以能够成为与峨眉山、青城山并称的"四川三大名山"，也要多亏了曾经著名的蒙顶茶。一句"扬子江心水，蒙山顶上茶"的古老民谚，直到今天在一路前往蒙顶山的途中还随处可见，仍然是当地证明这里出产好茶的最脍炙人口的宣传语。

古代蒙山的范围比现在宽，跨雅安、邛崃、名山、芦山四县，包括漏阁山、七盘山、始阳山、天台山、名山上清峰，称为"五岭"。蒙顶茶产于上清峰，《图经》称其"受阳气全，故芳香"，其他四座山则因为与上清峰脉络相连，合称蒙山。

然而如今地名更易，今天所指的蒙山，就等同于在名山县城（名山县已更名为雅安市名山区）境内的蒙顶山。2003年时"蒙顶山茶"成为地域保护商标。"这是一个证明商标。"当时代表名山县茶叶协会、商会、学会申请商标的杨天炯说，"就是说凡是在这个地域保护范围内，通过协会认证，达到蒙山茶国家标准，就可以叫作蒙顶山茶。"

蒙顶山茶的地域范围包括整个名山区，以及雨城区地处蒙山的碧峰峡镇后盐村和陇西乡陇西村、蒙泉村。相较于古代蒙顶茶，它的范围大大扩宽了。传统的蒙顶名茶，在今天严格说来只包括出自蒙顶山上的茶叶——"蒙顶茶"和"蒙顶山茶"的一字之差，在茶叶市场上造成了无数不经意的困惑。

这让刘思强这样的制茶师傅时常觉得，正宗的蒙顶茶因此被湮没了。蒙顶山上的茶园，原先大部分属于1963年正式建立的国营蒙山茶场，茶场于2003年改制为私人所有，茶园尽数归如今的四川省蒙顶皇茶茶业有限责任公司所有。80多岁的杨天炯和50多岁的刘思强，都曾是当年茶场的职工。

这些国营时代的茶园，大都生长着几十年的老茶树，不少都是1963年和1973年两批从成都市和雅安市来到蒙顶山开山垦荒的知青种下的，茶树的树种，就是刘思强说的老川茶中小叶群体种。

但这实在是一个非常模糊的概念。到底什么是老川茶？如今的茶树树种与历史上红极一时的蒙顶茶的茶种是否一样？经历了漫长的历史以及频仍战乱后，蒙顶茶从唐朝时的贡茶地位上衰落，湮没在四川制造的大宗边销茶中，根据当年来垦荒的知青留下的资料，那时的蒙顶山几近荒山，不可能有管理有序的茶园。

刘思强1982年接替父亲的职位进入国营茶场，那时候的茶园已经颇具规模了，不仅如此，良种茶的推广试验也已经开始。这些良种茶树都是从当地种植的中小叶群体、福鼎大白茶群体品种中选育的。

作为茶场的技术人员，杨天炯 20 世纪 70 年代时与茶叶专家李家光等人参与了选育工作，选育的标准有几个，"找蒙顶山上生长得好、外观好、生长速度快、生理状态好的单株培养繁殖"。

杨天炯说，同时他们要拿福鼎大白茶做对照，要求所选品种的内含物质、生长状态都要达到一定标准。良种茶采用的是扦插无性繁殖的方式。直到今天，名山全区的茶园良种化率达到了 95% 以上，"福选 9 号""名山白毫 131"是种植最多的茶树，在山下平坝上的茶园里种植的，几乎都是良种茶树。

"其实很难保证今天蒙顶山上的茶树种是以前四川的老茶种，从古到今的老川茶是少之又少，很多被砍掉了，山林里面也很少。"四川农业大学茶学系主任陈昌辉说，"20 世纪 70 年代初四川曾大面积从湖南、福建、浙江、贵州等地调种，扩大当地的茶叶面积。福建、浙江调过来的小叶种就接近四川以前的小叶种，贵州、湖南调过来的相当于中叶种的形态。它们有共同的特征，同时保留了原来有性系的繁殖方式。"

它们成为杨天炯、刘思强口中的"老川茶"。相较于"名山白毫131""福选 9 号"等良种茶，老川茶更加紧实，长势团团簇簇，叶形也更小，颜色深翠油亮，要很仔细才能看到叶子背面有极细小的白毫。"名山白毫 131"则芽形大，叶子略偏黄，白毫极为明显。"131 做出来的甘露茶，特别显毫，像毛毛虫一样。大家觉得这样的茶品相好，在市场上也就更受欢迎。"

岳龙是皇茶公司市场部的前员工，在他看来，市场上茶叶的消费者，在同样名称的茶叶面前，其实往往更看重茶叶的外形，这造成蒙顶好茶

刘思强介绍位于山腰的品种园，这里种了『福选9号』『名山白毫131』『梅占』等多种茶树

的困境。"又比如'福选9号'，它是出茶最早的，就能在市场上占得先机，卖好价钱。"岳龙说，"而且这种茶本身偏绿，有时候人们为了让茶看着更青绿，泡出来的颜色更好看，就杀青得不那么彻底。好看是好看，但喝着容易有一股青草味，不注意就变成青臭味了。"

所有与我交谈的人中，只有杨天炯特别坚定地认为老川茶并不比良种茶好。80多岁的老人说起这一点时就激动地要纠正人们认识上的误区："现在培育的良种是从老川茶群体品种中选出来的，怎么就不好了呢？这是一个进化和优选的结果。我们不能一味地迷信什么'老茶树'，就像不能一味地迷信手工茶一样。"

即便我没有非常敏感的味觉细胞，还是能够感觉出喝到的两种茶叶的不同。分别用老川茶和"福选9号"制成的甘露，都有清甜的香气，老川茶甚至在开始冲泡时还有丝丝不那么让人舒适的涩感，但是几次冲泡过后，良种茶的香气与滋味就慢慢地淡了，而从老川茶的清香里则慢慢品出了甘醇。几年与几十年，茶叶滋味上的醇厚，仿佛如人一般，浓缩了时间的内含物质在其中。

"其实杨老先生的观点不是没有道理的，并不是说老川茶就一定比良种茶好，这跟它们的繁殖和生长习性有关系。"陈昌辉说，"我们常说根深才能叶茂，有性繁殖的茶树根扎得深，就能更好地分泌一种有机酸，溶解土壤中的营养元素、矿物质，被茶树吸收得更多，组成茶叶品质的这些化合物就更丰富。而扦插的良种茶树没有主根，根系向四周扩散，茶树能够吸收到的元素就少了。"

扦插的良种茶树最大限度地复制了母树的特点，在放大优点的同时也放大了缺点。它们的品种种性如高产、生长快速等虽不易退化，但根系最多只能扎到地下的三四十厘米处，而老茶树的根最多可以扎到一两米深。

何况，在茶树赖以生存的蒙顶山，无论是土壤、空气或是雨水、阳光这些可以吸收的一切，又是丰富的、多变的。种性稳定的良种茶就像是一个模子里刻出来的乖孩子，而在这充满变化的山野，随着变化而呼吸生长的老茶树自然拥有了更多千变万化的魅力。

蒙顶茶的标准

蒙顶名茶历来是石花、黄芽、甘露三种，必须采明前的茶叶，清明

蒙顶山上的顶级绿茶有甘露、黄芽、石花三种

之后的茶叶就只能做当地普通的毛峰或者炒青茶了。石花的工艺出现得最早，在唐代时成为贡品，"或小方，或散芽，号为第一"。尽管也有散茶，但品质最好的还是蒸青团饼。

当时的蒙顶石花，名贵至"束帛不能易一斤先春蒙顶"，"是以蒙顶前后之人，竞栽茶以规厚利。不数十年间，遂新安（今雅安）草市岁出千万斤"。根据杨晔在《膳夫经手录》中的这段记载，产于蒙山一带的大宗茶叶，虽非真正的蒙顶茶，但品质也很好，统称蜀茶，运销到南北各地，"皆自固其芳香，滋味不变"。

唐代时已经有使用炒青方法制作的鹰嘴茶，但蒸青仍然是主流。后来"炒后闷黄"工艺逐渐成熟，蒙顶黄芽问世。蒙顶甘露的出现在文献记载中要迟至明代嘉靖时，不同于石花与黄芽只取芽头不加揉捻，甘露则需经过"三炒三揉"，卷曲而形如蚕钩。

蒙顶茶之所以在唐代奠定了贡茶中"号为第一"的地位，固然与四川地理位置上接近当时的政治中心西安有关，茶叶本身的品质与生长环境也不可忽视。

蒙顶山上五峰环立，以上清峰为主，左右分别是菱角、灵泉、甘露、毗罗（又称玉女）四峰，状如莲花。据传由蒙顶山茶祖吴理真亲手栽植的七株茶树所在的皇茶园就位于峰顶。

贡茶分为两种，一种是采仙茶七株的"正贡"，第二种是采菱角湾的"帮贡"（陪贡）。直到今天，这一带仍然被认为是最适宜茶树生长的位置。最高峰1456米，整个山脊呈波状起伏，平缓开阔，起伏坡度小于20度，到了1000米往上，接近主峰的位置地形变得陡峭，坡度常常大于 45 度。往上攀爬的路上，茶园散落其间。

山中树木葱茏，香樟、杉树、丹枫、桦树间杂，构成荫蔽空间，而一旦到了视野略微开阔之处，阳光穿过正午逐渐散去的雾气，东南面的青衣江就像一条闪闪发亮的带子蜿蜒在层叠的矮山之间。"这是阳坡，天气好的时候能够看到远处的峨眉金顶呢。"和我们一起登山的刘思强说，"山背面的阴坡属于雨城区，叶子薄，滋味就淡。你看上清峰皇茶园那里树木那么多，只有正午的阳光能够透进来，和山坡上的茶又不一样。"

茶树的确是一种千变万化的树种。《大观茶论》中说"植茶之地，崖必阳，圃必阴"，这意味着茶树适宜种植在阳光可以照射到的向阳处，而又必须有荫蔽的场所。《东溪试茶录》的作者宋子安形容茶树适宜生长的条件，要"先春朝隮常雨，霁则雾露昏蒸，昼午犹寒"，对于这样的条件，蒙顶山恰好能够满足。它处于四川盆地与川西北青藏高原的过渡地带，地势北高南低，呈东北—西南走向，邛崃山脉与岷山、夹金山可以为它阻挡盆地内潮湿气流的西进或北上，又防范了西北冷空气的南侵，从而让这一带气候温湿，既无严寒也无酷暑，雨量充沛。

这一切给了蒙顶茶天然的优越品质，但同时要抓住茶叶最佳的状态、最佳的配比，需要把握的是环境里一切要素细小变化可能带来的任何影响。"稍微采得慢一点，茶芽就变紫了。"刘思强说。阳光照射得强烈一点或者略久，茶叶中的营养物质就会流失，还会变得有点发苦。

事实上，仰仗着蒙顶山的天然优势，蒙顶茶历来没有多少复杂的工艺，即便在精工细作上不断发展，石花、甘露作为绿茶，黄芽作为轻度发酵的黄茶，都相对在茶类中最大限度地保留和呈现茶叶天然的特点与品质，这就让茶叶本身显得尤为重要。

中国农业科学院农业气象研究所的闵瑾如及茶叶研究所的陈文怀曾在1982年对中国茶树气候区划进行研究，以极端最低气温的多年平均值和极值作为指标，辅以年平均气温和活动积温，参考年降水量等因素，分析茶叶适宜栽种的区域和适宜栽种的茶树树种，四川盆地被认为适宜栽种中小叶种茶树。

"环境是老天给的，就像大叶种和小叶种的种性也是天生的。"陈昌辉说，"茶树在漫射光的条件下，含氮的物质高，而光照更强的地方，含碳物质就多。川西以雅安为代表出绿茶，川南以宜宾为代表出红茶，就是因为含氮物质高一些的茶叶适合做绿茶，滋味比较纯一些，含碳物质高的茶叶就比较适合做红茶。而且，春茶的含氮量又是最高的。"

但在唐朝之后的很长时间里，以清新为特色的四川绿茶并不占据主流，而是被口感更加粗放和浓烈的边销茶所替代。宋代开始，名山县已经逐渐发展为边茶生产地，宋人吕陶《净德集》记载，淳熙四年（1177）熙河易马全用名山茶，"运茶二万驮（每驮一百斤）"。名山一带人口不多，负担二万驮茶叶的生产，大量发展细茶失去了可能。此时川茶逐渐成为"以茶易马"的重点，贡茶中心则转向福建。经历了元代的凋敝和明初的战乱，四川人口曾大量减少，边茶生产更具有压倒性的优势。

"现在蒙顶石花、黄芽、甘露也并没有流传下来的制茶规范，是人们根据陆羽的《茶经》、赵佶的《大观茶论》一类的史料加上一些制茶老师傅的经验摸索出来的。"刘思强说。

1958年，蒙顶山就恢复了名茶的生产。当时西康省撤销后，原来的西康省茶叶试验站改为茶叶生产场，并且以净居庵为场部，另建立了茶叶培植场。1963 年成立的四川省国营蒙山茶场合并了两场，将场部设在永兴寺，开始了蒙顶山新一轮的茶叶种植与制造。

直到今天，茶场虽然已经属于私有，"蒙顶"二字也成了皇茶公司独家注册的商标，但蒙顶茶的品质，在刘思强看来仍然保持着当年国营茶场时的标准。他领我们到海拔 1000 米左右的位于福善寺的一片茶园。福善寺早已不存，这附近一带是他们的有机茶园。茶园边有猪圈和粪池，远处有疏朗而高大的泡桐树，枝上是紫色的大花。虽然不是刻意栽种，但据说桐性与茶性恰好相宜，所谓"茶至冬则畏寒，桐木望秋而先落；茶至夏而畏日，桐木至春而渐茂"。

"每年这些牲畜的粪便都会经过杀菌处理变成茶树的肥料，还有油籽榨油后制作的油饼，都是上好的有机肥。我们平时都会雇村民除草、修剪老掉的茶树，让茶树保持在最好的发芽状态。"负责照料茶园的主任张从斌说。

茶园里的土壤是黄化紫色土，土质不砂不黏，表土疏松，通透性好。呈弱酸性，渗透性和蓄水性能也好。"土壤里空气含量要丰富，才能支撑微生物的活动。山区里的枯枝落叶都回到土壤里，这些腐殖质也能改善土壤的结构。以前我们翻土育肥的时候总是挖到蚯蚓呢。"

做名茶的时候，采摘恪守着严格的标准：紫色叶不摘，下雨天不摘，带露水的不摘，有病虫害的不摘。茶芽的成熟度是否合适，茶农通过经验就能够判断，对于我们而言，最直观的判断就是"一掰就断说明正好，如果还连着一层表皮，就说明它有点老了"。

采下来的茶青又经过挑拣，分别用于制作不同名茶。1.5 厘米左右的茶芽，采摘一芽一叶用来做甘露，1 厘米左右的芽头则用来做石花和黄芽。"其中饱满些的做黄芽更好，芽头里面并不是空的，有的里面还有好几层很小的嫩芽，泡茶的时候舒展开了就能看到，像一朵朵的小花，这样的芽头内含物质更丰富。工艺上石花更接近天然，而黄芽最耐泡。"岳龙说。

蒙顶山的困惑

刘思强如今不那么忙了。他中午和晚上各喝了二两白酒，还能坐下来和人唠唠嗑。春茶刚出来的那些天，他忙得脚不沾地，作为黄芽制作工艺的非物质文化遗产传承人，要到处监督制茶车间里的各个环节，在品质上"把把关"。

其实即便如今到了做名茶最忙的时候，比起以前，刘思强也没那么辛苦了。机器制茶已经在很大程度上取代了手工制茶，刘思强的手不再像以前因为炒制茶叶变得通红而皲裂，那些愈合的手掌皮肤上长着厚厚的茧，眼睛里也不用再因为熬夜而布满血丝。而且，在机器的控制下，按照一定的标准来制作茶叶，做坏的风险也变小了。他还记得自己刚刚学做茶的时候，一个月工资 21 块，一锅最好的茶青要 6 块，做坏了损失就要自己承担。被扣掉一次钱后，他花了大半天站在制茶师傅的锅前，一遍遍地观察杀青的手法、力道和程度，最后才敢小心翼翼地重新开工。

对于如今这种变化，他也没有表现出任何高兴或者不高兴，灰黑色而且瘦得颧骨明显的脸上，总是看不出来多少情绪。"我反正还不是做茶咧。"他说。说起每天早上他一定要冲一杯浓浓的绿茶喝完以后再吃早饭这个不太健康的习惯，他会难得地露出我在茶园里看到的那一抹笑意，解释道："大家都说绿茶是凉性的，但是蒙顶茶不一样，这茶性温，喝了不伤胃。"不管健康与否，他和张从斌都如此，茶与酒，是这山上许多人多年养成的生活习惯，哪一天不这么做身体反而会不舒服。

人们对于茶叶的需求看起来总是那么多层次的、值得玩味的事情：当茶叶产量不高、不能满足日常饮用需求的时候，茶叶的标准化、机械化种植和生产就成为追逐的目标；当它已经变得普通易得之后，我们就开始怀念起前工业时代的制茶工序和那工序中所暗含的牧歌田园、手工细作、天然精致的生活品质了。

即便在古代，茶也是一种"日用的奢侈品"，既可以平常到给贩夫走卒作解渴之用，也可以矜贵到成为皇室祭天的供品，相传凡夫俗子连偷喝一口都要被雷劈死。这其中的天差地别，所依附的物质存在，归根结底也只是山野间的一种植物和一泓可供饮用的水，以及人力在其中的投入。

皇茶公司所生产的几种蒙顶名茶，定价从几百元一两到几万元一两不等。"最贵、最好的茶叶，要从用最严格工序制出的成茶中一片片挑选，必须叶形完整、大小一样，不能有一点儿破损、发黑、炒焦。这样泡出来，石花、黄芽一根根都立在水中，甘露的叶子舒展开也完全相同，不仅好喝，而且好看。有的时候，十几个人挑一上午也未必挑得出一斤这样的茶。"刘思强说。

在我看来，这大概也无非是延续了古时候贡茶的思路：用最少且最好的材料、最多的人力、最严格的工序，当然，还少不了最精致的包装。只不过那时候因此流传的种种故事，今天似乎也没有新的创造来代替，在山上听到的还是流传了千百年的传说。

无论如何，手工茶常常为时下要寻找有特点的好茶的人们所青睐，岳龙2013年离开皇茶公司后开了个网上小店，从熟客入手，走小众路线，卖的也是蒙顶山上的茶，保证是手工做的。

刘思强自己还没有茶叶作坊，岳龙找的是当地另一个做蒙顶茶很有名的师傅柏月辉。柏月辉的小茶厂开在离名山区政府驻地蒙阳街道十几里的徐沟村，在蒙顶山的东北方向，属于后山，但不完全是阴面。每年春天在蒙顶山上收完茶青，岳龙就直奔徐沟村，守在柏月辉的制茶车间里，几天几夜盯着他做茶。

2015年因为清明前采茶的时间短，最好的茶青甚至卖到了100块一斤。小茶坊边上是一条山间流下来的小溪，对面的山坡是蒙顶山的余脉，柏月辉说，虽然光照土壤条件比不上蒙顶山，但这里高处也种着不少几十年的老茶树。远近茶农的茶青他都收，根据对方不同的要求做茶。手工茶无疑最费事儿，如果没有像岳龙这样的熟人上门提前说好定做，那是肯定不做的。小小的作坊里炒茶机、揉茶机、烘干机都在轰隆隆地运转着，空气中弥漫着茶青的鲜香味。

"茶叶摘下来要堆放几个小时香味才会更浓，里面的芳香物质会从破损的地方散发出来。"柏月辉抓起一把叶子嗅了嗅说，"如果是普通茶叶，闻着就像下雨过后的青草；如果是蒙顶山上的好茶叶，闻着有一

股像兰花一样的香味。"

　　他这里还存着一些给岳龙做好的手工黄芽和甘露，拿出来和机器做的对比。机器做出的甘露颜色更绿些，不像手工的那样暗沉。他用普通的玻璃杯子冲了两杯甘露递给我："你看哪种是手工做的？"我拿过来闻了闻，指着香气更足的一杯，猜想那或许是手工茶，却恰恰猜错了。

　　"机器做的甘露泡出来更香气扑鼻，我管它叫'外香'，手工茶的香气更柔和些，是'内香'。"柏月辉解释道，"你慢慢地喝两口就知道了。"机器制成的甘露，入口有一股火气，香气更干燥些，而手工甘露有一种清润之感。柏月辉说制茶要诀就在甘露制作过程中的揉捻和烘干上。摊晾之后的甘露要经过三次杀青、三次揉捻，每一次杀青与揉捻之后，茶叶就会丧失一部分水分，而茶叶中的儿茶素、氨基酸、茶多酚、咖啡碱就会在转换与化合的过程中形成不同的口感。每次杀青的温度和湿度都有大致条件，比如第一次温度要到200多摄氏度，此后就逐渐降低到七八十摄氏度、四五十摄氏度，而揉捻的力道和手法也各有不同。

这些都可以通过机器实现精确的、大规模的控制，但是熟悉茶叶品质、特点的制茶师傅在手工杀青和揉捻过程中则可以凭借自己的经验与感觉进行细微的调整，一锅鲜叶最多 1 斤，不能够像机器制茶一样大规模生产。

在柏月辉看来，这就是一个好的制茶师傅最值得骄傲的地方。"为什么可以说我做的茶比你的好，其实就是这种控制调整。每一锅茶叶都是活的、不一样的，它的水分、各种含量会影响做茶，天气也会影响做茶。"柏月辉说。茶叶最后的烘干过程也是"提香"的工序，为了让香气更足、更长久，他一般都会采取烘两次的方式，用竹子做成的烘笼将茶叶烘到九成干，第二天再烘一遍。

石花的工艺相对简单些，同样杀青 3 次，但是每次杀青之后需要用手压茶，使它呈扁平状。茶叶越来越干，就会变得越来越烫，而力度稍微掌握不好，就会压碎茶叶或者烫伤手掌。黄芽则更为复杂，在一次杀青后，需要发酵 3 次。在机器控制温度的房间里，茶叶可以直接渥堆发酵，但是手工黄芽还是保留了纸包"闷黄"的工艺。

"必须是那种竹子制成的草纸，无味、吸水性好，一包六七两茶叶，将温度控制在 40 摄氏度左右，发酵 24 个小时。"柏月辉说。在这期间他要不时打开纸包检查颜色和水分，并且翻动茶叶，让它受热均匀。24小时之后需要将茶叶全部打散加热，重新用草纸包起来发酵 24 小时，直到第三次全部茶叶再整体发酵。"因此做手工黄芽的时候，这 72 小时不能够好好睡觉的，得不时检查。它发酵第一次带着鲜香，第二次就变成甜香了，大概到什么程度，必须心里有数。"

　　"心里有数"是我在蒙顶山上接触到的制茶师傅们给我最大的感触——这是他们制茶的诀窍，一种长期在生活实践中积累起来的、无法被人窃取的经验。

　　手工茶的制作的确称得上精细，但也可以说它是一种粗放的、松散的制茶方式与节奏。没有绝对的规范，更多的是师傅与徒弟间的手口相传与心领神会。

　　和刘思强的交谈中，他又一次露出笑容时，是他谈起做茶的方法——"简单着呢"。但和柏月辉一样，他对于自己独特的手艺又自信满满。2003 年茶场改制的时候，许多国营时代的职工纷纷离开了这里，刘思强

春茶季节名山县到处
是收购鲜叶的小车

也一度出走，去了浙江，他想在沿海的茶叶工厂里学习。提起那次出远门的经历，他有些严肃地抿着嘴摇头："人家的制茶工艺和管理确实规范，我们这边比不了。"

也许还是更适应家乡这边放养式的生活与制茶节奏，刘思强到底回到了蒙顶山。"有的人会担心蒙顶山上的茶也和外面大部分茶一样有很多农药化肥什么的，其实我倒是觉得不可能的，原因在于，把它们运上山的成本也是很高的。因此山上的茶农会利用山上就近的资源，茶园有时候就是散养着，能长成什么样，大家并没有很计较——毕竟，这里是可以靠山吃山的。"岳龙说。

凭借蒙顶山自然的馈赠与传统中曾有的辉煌历史，名山区依然是重要的茶叶交易市场。走进熙熙攘攘的茶市，到处是南腔北调的茶商与应有尽有的茶叶。不过我遇到的所有人都说，你不能够通过这样的市场找到真正的蒙顶茶——这还是让我觉得困惑。

*本文作者周翔，摄影于楚众，原载于《三联生活周刊》2015 年第 19 期。

川茶之路：
茶是旅程，而非终点

"明前这个概念是江浙的。川茶讲的是雨水。"

视野和海拔开始不断升高。我们从成都平原出发，两小时左右到达了蒲江茶产区，一路尚不觉地势有起伏，继续向龙门山系前进，顺河到达"百丈"这个《茶经》里的地名。漂亮的绿道在丘陵中蜿蜒，缓坡茶山开始以连片的形式出现。眼前的景象变得有了想象中茶园的样子，骑行游春的人追过我，去往拍摄纪录片《茶，一片树叶的故事》片头的红草坪和国家茶叶科技示范中心所在的牛碾坪。

再往雅安名山方向前进，茶园消失，山中道路有时通有时断，眼前只见参天大树，却难觅茶树。这是中国中小叶茶的种源之地，给我指出这条路线的是四川农业大学茶学教授杜晓。

比北方早来45天的春季，2018年2月以舒雅清淡的绿梅绽放为信号，粉梅开得遍地，到了3月，海棠、玉兰、桃杏梨李重重叠叠。岩壁之上，山隘之间，从来不曾以一望无垠的茶海示人，茶的形态远远比人能描述和想象的更自然多姿。"只在此山中，云深不知处。"

"老川茶"复兴

"高不盈尺，叶片细长，叶脉对分"，川茶种的特征说起来简单，要真找到完全对分的叶脉，倒也不易。虽然宋代就"岁产三千万斤"，川茶在历史上却没有肉眼可见的宏大规模。

"四川茶和四川人一样，最大的特点是诚实。"杜晓说，20 世纪 90 年代之前，农民还不会用无性繁殖的扦插技术来种植茶，更不用谈"良种化"的推广了。唐代起四川开辟大量人工种茶地，但大都在山中，那些浅丘茶实际上很晚才出现。

"你听到弹琴蛙的叫声了吗？"余正龙哄着我往上"再走几步"。"哆来咪发唆拉西！哆——"最后一个"哆"还要拖长些，峨眉山里这种声调优美的弹琴蛙极为珍稀。

可爬山找茶一点也不轻松浪漫，四川的茶都是林间茶，看得到，要走到跟前却费劲。余正龙是峨眉山土生土长的农民，对山里繁茂的西梅树兴致勃勃。"西梅是头两年才新栽的，现在 30 块一斤。"

茶树就在果园之下，山阳坡上的树荫正好给茶树提供了遮风挡雨的庇护和漫射光的滋养。淡紫色的兰花长在涧边，星星状的苔藓匍匐在地表潮湿的岩石表面，景色美得让我忘记了气喘吁吁。我确实听到了蛙鸣，却不具有任何的曲调，余正龙很淡定，"再往里走一个半小时我保证你听到"。

馒头似的"老川茶"丛丛环抱，在峨眉山西北山脉之上，我们到达了黑苞山。四川是中国茶叶原生种最大的基地，也是中国中小叶茶种的发源地。已故茶史学者李家光曾在 2009 年我第一次上蒙顶山时，对我感慨过，千年里的政治经济和文化流变，给四川留下茶的物质和精神传承，在近几百年里逐渐被淡化了。当时蒙顶和峨眉产的茶认知度在我看来远不及江浙，但是只不过 9 年时间，今日川茶之路却展现了新的样貌，让人想起了古代四川茶的鼎盛和底蕴。

"春天到了，草木萌生，人对自然百草发生兴趣，而茶从百草中脱颖而出。"四川省社会科学院巴蜀文化学科带头人谭继和细细给我分解了人与茶，尤其是川渝地区人与茶的关系。

他说，茶的发音来源于古代蜀方言的 cha，脱胎于"葭萌"。而文字由秦灭蜀之后，才开始进入巴蜀。唐代之前无"茶"字，以"荼"代指茶。荼的发音和茶相差很大，到了汉代，"荼"才可以念"cha"。"蜀人作茶，吴人作茗。"晋代陆机写道。茶传播到长江中下游，吴人把"萌"字演变成"茗"，有"早采为茶，晚采为茗"之说。

西南地区在汉代已经出现对茶的人工驯化，当时佛教尚未进入中国。两千多年有意识的播种、栽培，历经时间的打磨，给川茶留下了最丰厚的物质的"家底"和精神的"成熟度"。

无论我喝到的是古法炮制的黄芽、农业大学教授培育的紫笋，还是茶农现在所做出的极棒的甘露，其中，总有一个若隐若现的时间线和文化线交相呼应。"我们的农民只会就近收母树的种子，然后随便地种植在田边、林边。"

从西汉开始，蜀地出现中国最早的人工植茶记录，到唐时，已经有了茶种这个专门的行业。唐以前，茶唯贵蜀中所产。除了蒙顶甘露、石花、紫笋等最古老的品种，唐代的蜀茶已经富有极多名品，"鸟嘴、片甲、蝉翼、小团、兽目、骑火"等等，而有名的茶山也从蒙顶、峨眉、青城一直扩大，出现了很多新的小产地。

　　尽管 20 世纪 50 年代以后，全国调种的计划在四川省推广，但是历史上几千年来形成的茶的播种和繁育习惯，却无意间造就了这个最大的，现在还至少有 130 万亩的老川茶"群体种"。

　　"杠上花"是余正龙心爱的一只尽管眼睛瞎了却仍欢天喜地的小狗。我们来了后它就自动往山里跑，而且偏偏就知道停在一株"白芽"前面等着。这株峨眉特有的雪芽生机勃勃，被黑色的遮光布稍微挡了一下。农民刨地的时候伤害了这棵茶树的根，茶树僵了一半，今春有意维护了起来，也告知过往的人们心疼它。

　　"峨眉雪芽"是历史上四川的名种之一。"一年白，二年绿"，自有一套生长规律。奇怪的是，与之相隔不远的紫芽也是老川茶种，更不用说这满山的叶子大小、品类和口味都完全不同的茶树。

　　"老川茶只是一个群体的概念，正因为没有使用无性系良种来保证种的纯正，所以茶的品种极杂。"杜晓说，老川茶是中小叶种，也就是说，在绿茶中，无论怎么做，采用多么细嫩的芽头，都显得肥大、粗壮。川茶叶片的大小，介于云南茶和江浙茶之间，"大叶是比较原始的茶种，经过演变，中途产生了分支，四川气候开始寒冷，从江北到江南，中小叶、小叶开始出现了分化。"

　　农大实验室的边老师给我泡了一杯杜晓做的老川茶中的北川早茶，那芽叶一舒展，确实胖，而且杯泡法也是为了要茶叶沉底。香气轻浮，滋味醇美，这只是最普通的绿茶，杜晓也并没什么秘密工艺。这里出产的好茶多，绿茶才是主力。四川的绿茶从来没有要求叶片精细，"我们喜欢马上沉底，这样用盖碗喝起来方便。"边老师说。

　　既然有这么好的茶种，为什么成都"啖三花"却令人如此印象深刻呢？从西汉到唐宋，蜀茶贡往陕西，直到京杭大运河开通，政治经济文化中心开始南移。四川的环境发生了巨大的变化。被边缘化的四川和四川茶，大多数成为从宋代开始的"以茶治边"的利器。

　　茶和盐一样，中国的交子、飞钱，正是茶政的结果，也都诞生于四川。茶马交易的贸易量巨大，为了财税来源和边疆稳定，四川茶被政府人为定下了"重量不重工艺"的方向。花茶的制作工艺本来并不精细，历史上绿茶的工艺被缩减到了很小的范围里，而原料多、加工技术低，导致绿茶马上就会变黄，因此才以花茶的形式来附加香气。

　　杜晓说，20世纪70年代的"三花茶"就已经达到了非常高的水平，口味跟现在的特级"三花茶"比毫不逊色，而绿茶工艺这些年却整个提高了。

　　虽然产量巨大，20世纪90年代以前，四川生产的茶还不够四川人喝，"我们不仅是花茶生产大省，也是消费大省"。川渝地区的饮茶习惯平民化到了极致。

　　1951年创立的蒲江三花茶厂原本在成都市区，因为"东迁"被移到了原来蒲江的生产车间。三花茶厂的茶原料用蒲江本地的绿茶，当地也是历史名品"绿昌明"的产地。

　　我们在三花茶厂喝到的花茶，是把茶叶送到广西去窨制，1斤茶至少用7斤花，因此香气不走，花香持久得惊人。四川最有名的茉莉产区犍为，这些年开始受到小众玩家的关注，当地产的茉莉花茶因为量少所以价格开始飙涨，而广西却是全中国最大的茉莉花茶产地。计划经济时

代花茶销往三北市场最多，然而四川花茶却远不如福建那样销路广泛。

老川茶的"即山树茶"的种植，不对小环境做精致要求的"艰苦"品性，保证了极大的产量和不高的价格，因此四川人对茶的态度至今随意轻松，从不以奇货可居的态度和来人交谈。甚至，大量小茶农的价格都在一个公约数范围里，对待几十年的老客户、我这样偶然来访的人和打着任何名头来的人一样，定价相当统一。

但是所有的人都向我展示着新的实验品。"找到什么茶树""让谁制了一点""到底发酵不发酵，蜜味好不好"。从20世纪80年代开始，爱茶的人最先开始在工艺上下功夫。当我真正采访了现在制甘露、黄芽的顶尖高手，才发现，高超的制茶工艺并没有断绝，而是进入了一条隐秘的川茶传承路线。他们言必称"师父""师叔""师兄"，并且互相像暗号一样对应着。

蒲江成佳镇的五彩桂嫁接茶苗，嫩芽中带玫红色

茵花啜茗茶家乐

从春天开始，山林溪水就成了四川人喝茶的秘境：三两人一桌，无关琴棋书画，却小桥流水，风日晴和，心手闲适，连个玩手机的都没有。水竹幽茂，打牌者众，瞌睡者亦有，在松荫下午餐，饱后，穿梭于万松中，山林内，茶铺煮新茶以供。晚上大抵都是不回城的，四川的农家乐大都以"包茶"作为招牌。晚上至桃花下，月色朗耀，花香熏人，"茵花啜茗"，彼此畅适。

"中国人早已经不再把茶当作美学理念，而只是一种美味的饮料，贯穿于生活。"祁和辉是西南民族大学中文系的名教授、四川省杜甫学会的会长，她对我说起茶的好，富有诗情与人情。

"'文革'后期我们这些偏远地方的文化干部，什么事情也不能做，喝茶、做茶就成了一个私密的乐趣。"徐金华年逾古稀，声音洪亮，神清气朗，这位"碧潭飘雪"的创始人，20世纪70年代末还是新津县（今成都市新津区）文化局长，完全是自己在家里窨花茶玩。"我去四川所有的山头收绿茶，当时量很小，回来我和夫人种了三亩茉莉，花大半丢弃，要取那将开未开的花骨朵，自己做。"

我坐在树下，夕阳时分，看着他夫人将采集的大量茉莉花用簸箩撮成堆，在花山面前，陶醉不已。祁和辉说，徐金华茶做得好，是知识分子小圈子里几十年前就达成的共识。"他不卖，只送，我们谁要喝茶、吃鱼，就去徐大哥家。"

有意思的是，尽管徐金华有许多徒弟，认真去做了茶叶这一行的却很少。包括他自己，现在为"碧潭飘雪"也只是做做技术顾问、写写文章。爱玩茶而且玩出了高水平，但这在他们"以茶会友"的几十年里极其次要。"中国人喝茶讲究的是和、礼、亲、品，茶更像是一个媒介。"

"成都与江南都是市民生活发源之地。"茶风在四川与江南的区别，在于天然的地理环境和神奇的自然生态。祁和辉说，四川人的生活态度，逍遥自在、行云流水，这里的民俗民风都强调"神仙似的想象"。

"所以我们喝的茶并没有定数，更看重人的体验。"四川茶历史名品众多，至今仍有最重要的几种。从唐宋至明清，四川的茶只在形式上从蒸青、团饼变成了散茶，形成现在川茶以绿茶为主，衍生花茶，恢复了少量的黄茶的状况。

"全世界每年消费 400 万吨茶，中国只占 100 万吨，我们喝得精细、讲究。不能接受英国茶用各种各样的东西给茶调味。我们对于茶的嗜好，并不能改变它是一个初级农产品的本质。"四川农业大学茶学系的何春雷老师更加直白，"茶无贵贱之分，从不用披上虚伪的外衣"。

"不抱着一个执着的心态"一直以来是四川人喝茶的一个标准。"川茶本身有很多茶种多酚氧化酶活性低，本来就适合做绿茶，而多酚氧化酶活性高的才适合做发酵和半发酵茶。因为品种和栽培方式都在变，绿茶的滋味也不是一成不变的。甚至可以说，20 年前的茶，大部分都不如今天的好。"

四川人并不喜欢在茶上搞神秘。杜晓分析中日茶味，茶的物质感在日本绿茶中体现得非常明显。"日本人喜欢鲜度高、苦涩度低、颜色浓、混浊的茶汤。"而中国的茶饮要求很复杂，白茶之所以流行，是因为味淡不苦，而对苦味执着的是中年人，年轻人和老年人要求都不高。

相对于日本的茶，福建的茶就有更强的物质感。"他们在海边，晚上气温低，降低了生理代谢的强度，茶的消耗少，积累多，物质感就强了。"四川茶是光照弱、云雾多，但是代谢旺盛。老川茶的茶芽以顶端为主，侧芽少，产量自然比不上侧芽居多的江浙品种。但胜在出芽早。"明前这个概念是江浙的。川茶讲的是雨水。"

有趣的是，农大茶学系觉得好的茶，却不受一些茶人的喜爱。"没有鲜明个性、反应迟钝但是平和的茶，是他们最喜欢的。"每次被送到实验室的一些堪称"高贵"的茶样，老师们检测和品尝之后，发现达不到灵敏的味觉要求。"可是这种茶却被包装得很高端。"

品四川的茶可以一坐一天，以家庭和个人消费占绝对的主流，"所以四川只有极少的几个茶叶品牌，绝大多数小茶农很容易在老茶客之间把茶卖掉，比起安徽、河南和福建，四川几乎找不到茶行业的'销售'"。

茶不仅本身不以故事示人，也解除了禅的神秘。谭继和说，日常禅和生活禅才是中国禅茶的真谛。"茶要给人多少恩赐？你喝的越多就越有觉悟吗？并不是，喝茶不是为了功利之心。"

自从我9年前上了一次蒙顶山，甘露之味就留存在了我的记忆里。"味道的关键是味。"谭继和说。禅在中国化之后，在《华严经》中有很明确的分类：禅觉是觉悟，禅境讲的是干净，也就是竹林精舍，禅味是味道和品味。而味道最难描摹。

《蒙山施食仪》与都市禅茶

　　我在上茶山之前先去了一趟文殊院。"矮纸凝霜供小草，浅瓯吹雪试新茶。"文殊院茶房的风铃下面，小楷写的纸条随风带出叮咚之声。楼下"养身"，楼上"修心"，环境将喝茶者自然地分开。

　　上午 10 点，饮茶区域的老茶客们，已经迫不及待地自己把翻扣的竹椅都摆好了。从一个院子里，延伸到一座三层的小楼，再延伸到一条开满紫藤的廊檐下，继续往里走还有一进院落楼阁，哪怕上茶的人还没打起精神来应对。

　　竹林老树之下自然成了本地人竹椅区，欢闹自畅。我以为文殊院的茶总要贵一点，没想到庆普师父说："老茶客们也是香客，他们有张优惠卡，一杯茶大约是 7 块钱。"紫藤树下是圈椅茶几区，偶尔来玩的新茶客们聚集这里，脸上从起初的新鲜到逐渐地适应。

　　这个位于成都市中心的古老院落里，"乐求饱足"的人们渐渐满上来。文殊院的茶，和其附属的茶点心老铺"闻酥园"的椒盐素饼一样，都是老成都味道。寺里有师父学习志野烧做出的茶碗，两手一捧正合宜。庆普师父喜欢拿着这个茶碗时的"润"，"即使冬天手也不枯干"。

茶瓯贵在色泽洁白，用多了盖碗，对于这样雪白之中泛绿含黄的茶汤之美更能欣赏。尤其是明代开始散茶的撮泡法大行其道。近些年市民茶楼普及了大玻璃杯，方便打牌聊天的人，投茶量也大。除了那些顶级金贵的甘露、黄芽，我总觉得四川的粗茶比如素毛峰和花毛峰，还是茶馆里的好喝，喝得人神思清明，有时午饭已经消化得差不多了，茶味才减淡成了水味。

才几步上了二楼，那热闹就被隔绝了。楼上有抄经室，大陶缸里的枝丫上盛开小小的白花，"咦，这是爆米花呀！"庆普师父给我摘一个，果然是用爆米花插在枝头，灯光打着居然很好看。上午这里清静异常，服务人员正在用一个"色空"练习敲击佛教曲乐。"心静境清"的二楼门口写着，在这里喝茶，"精进莫贪神速，舒心为佳"。

"文殊院的禅房是清代的建筑，一砖一瓦，行事坐卧至今严守清代的规矩，连步法都有规定，从未改变过。这总不是日本的吧！"看我对茶室榻榻米和茶钵的式样觉得太眼熟，亦真师父好脾气地解释着。

唐代的茶瓷窑大多生产茶盏，四川大邑古代生产瓷茶碗，杜甫《又于韦处乞大邑瓷碗》中写道："大邑烧瓷轻且坚，扣如哀玉锦城传。君家白碗胜霜雪，急送茅斋也可怜。"

两晋南北朝以后，蜀茶进入上流社会。在唐元和之前，一斤先春蒙顶也难得。8世纪大慈寺方丈的茶偈写道："不劳人气力，直耸法门开。"

文殊院亦真师父

到 9 世纪流传于蜀地的煎茶法，蜀茶在唐代已经有了至高地位。"扬子江心水，蒙山顶上茶"是自古以来对于蜀茶味道的推崇。

"漉水囊"这样的佛家茶具显然已经不存。外出的僧人用自然山泉水怕伤及其中的水生物，要"还如漉水爱苍生"地过滤。丛林将茶作为日常供养之物，唐代起，蜀地的寺院就有植茶的传统。"种、摘、制、饮"不在话下。"全天下汉传佛教，下午或晚课一定是《蒙山施食仪》。"《蒙山施食仪》虽出自四川，却是全天下佛门地位第一的茶仪轨，论述的是茶如何度饿鬼的原理。

蒙顶甘露在茶界地位一直极高。"甘露"这个词从佛教而来。"目连救母"的故事在中国民间有多种演绎。这位作恶的母亲喉咙像针孔一样细，肚子却极大，口吐火焰，不能吃任何东西。

《蒙山施食仪》中的目连用佛陀的三个咒语，靠众多出家人，把一个食物变成七个，把水变成甘露，再消恶，这就是佛陀的三个咒语，从这三个咒语衍生出许多思想理念，以诵经的形式加持，形成整个仪轨的形式。

"中国自古以来就有茶文明和茶习惯，只是我们把艺、术、道分得很清楚。中国的道境界太高，并且要打破茶的仪式，日本却形成和固化了茶的仪式。"

亦真在中国佛学院读了 7 年书，其中学习了日本里千家的茶道课。"最高级的茶道师认可茶道是在寺庙里进行的。茶道只是日本禅宗的支流。而在中国只是平常事，我们叫茶事。"

四川饮茶自唐代蜀相崔宁之女发明茶船之后，一直以盖碗为特色。

四川很少见到白色以外的茶碗，而茶船也就是茶托，从唐使用至今，到民国时期还以银、铜、漆为主。与京都大德寺所藏的和尚品茗图中的茶具在形制上看起来几乎一致。

"明觉和洞察，在佛教里的追求与茶有一致之处。但只是我们寺院中'一茶一汤'的一部分，汤中的茱萸汤等都已经分离出来，而茶的仪式感，在禅堂里并不追求。打坐累了，拿一个杯子灌上，没有仪式也不追求味道。"

"茶在中国没有被神圣化，是因为它本身是一个媒介，是一个很中正的东西。"茶道是日本文化代表的生活规范，唐日本高僧圆任回国时，获得的赠礼就是蒙顶茶二斤。《吃茶养生记》里，荣西禅师写"成都府，唐都西五千里有此处，成都府一切物美也，茶必美也"。

日本茶道在宗教意义上的第一宝，是从一休手中流传下来的成都禅僧圆悟克勤的印可状，也是日本现存最早的禅僧墨宝。在日本，圆悟克勤的《碧岩录》被称为"佛祖心肝，苍生命脉"。

这幅印可状被称为"飘来的圆悟"（流圆悟）。宋代的茶道达到了超高峰，从禅里剥离了出来。至今看这 64 行的"禅林第一书"里的字句，依然有电光火石之感。"脱洒自由，妙机遂见，行棒行喝，以言遣言，以机夺机，以毒攻毒""心地既明，无丝毫隔碍"。

这种不依定式的书风，毫无拘束的语言，给珠光的禅茶一味找到了最合适的境界：饮茶并不是为了健康和形式，和佛法一样并无特别之处，存在于每日的生活之中。印可状先被千利休收藏，在伊达政宗的恳请下，被一裁为二，前半截的 19 行现保存于东京国立博物馆，后半截由伊达

我们今天享受到了蒙顶山的「蒙」，蒋昭义带我在黄昏时分冒着细雨上了山

家世代保存，如今下落成谜。

全篇并没一个"茶"字，却是茶与禅最初结合的标志。《蒙山施食仪》以最触动人心的故事传播了茶的本来妙用，并不是关于茶道仪式的具体操作，诸如水、柴、茶、杯、泡之类的做法，而是第一次指出了精神世界里人与茶的关系，是根本上的自然的靠近。

真正的"茶道"根本没有任何特殊的仪式。轻松自在，获得的宁静并不是一种形式，也不是喝茶的准则和指导方针。亦真师父和我聊起圆悟克勤，认为中国本来就有自己的茶饮文化。"禅宗里精彩的太多，并非单说克勤讲禅茶，只是明以后佛教归隐山林，与政权的联系不再像唐宋时期那么紧密。茶也在此间走向了寻常人家，变成了普通的生活用品。日本截取了一个片段，当然这个片段是非常漂亮的。"中国并非没有茶饮文化，而是经过了普及和变化，饮茶不再是少数贵族的专利，而成为普罗大众的生活物资。喝茶应该纯粹发自内心，至于怎么泡、怎么喝，完全取决于你在哪儿。

真实而美：甘露与黄芽

雨雾蒙蒙，我一心想在 9 年后再上蒙顶。到达的前一晚还没预兆，第二天早上大雨就倾盆而下了，我拖着 83 岁的蒋昭义不愿意放弃，他一边说肯定不能上山了，另一边拿出了自己珍藏的光绪版《名山县志》。

"仰则天风高畅，万象萧瑟；俯则羌水环流，众山罗绕"，这是蒙顶山在明代的样子。这一天傍晚时分，雨终于停了，我们赶在最后进山的时间，一路上关卡都在问"是不是姓蒋"，我大声说是，处处放行，连缆车都特意给我们留下了。

蒋昭义是蒙顶山的灵魂，人称蒋爷爷。他记忆力和体力远超我，在茶农家看到健身器材就上去做了20个引体向上。对于一草、一木、一石、一人，他能闭眼背诵全部诗词与来历。1963年蒋昭义从抗美援朝战场上回到名山县担任县委机要秘书，见证、扶持、记录了整个蒙顶山半个多世纪的发展。

来和他打招呼问候的人每走几步就能碰到一个，还有被他吸引跟上来的陌生人。因为他自然而然、真情流露，因此更加直率。蒋爷爷从不炫耀自己的茶知识，他尊重每一个给我们抬杆的保安，帮我们联络的工人，但并不有意地去热络地对待任何地位的人。

他的口中除了古文之外，没有一句其他人的语言，都是他自己鲜活的理解和描述。"茶经历风霜雨雪，把最美的芽，甚至花与果都努力奉献给人了。"他说，茶文化之所以让几千年来的中国人那么着迷，本质就在于和、敬、谦、朴，超越味道和芳香本身。

"不是她给毛主席炒的茶，而是毛主席喝了她炒的茶。"蒋昭义纠正了外界对于徐淑贞的说法。对于蒙顶山的历史、地理和茶，他从不卖任何人面子。

1958年3月名山县县委办公室接到一个电话，西南局来电，说首长要在成都金牛坝开会，点名要喝蒙山茶。然而1951年，蒙顶山上智矩寺的最后一个和尚还了俗，自1911年"废贡"，蒙顶茶自唐建立的进贡历史就结束了。

当时的县委书记姚清是南下干部，找到了地区劳模、世代居住在蒙山的"政治成分最好的"徐淑贞。然而那时 3 月初，整个蒙顶山一个芽头都没有出。茶园荒芜，农民无暇顾茶，只有极少量自采自喝的茶而已。

徐淑贞所在的金花大队，1957 年来了一个外县的农业技术干部，他私人委托徐淑贞制 5 斤茶，徐当时留心多做了 1 斤。三层草纸包着，吊在前炕竹芭上，一筒熏得黑黢黢，没想到打开居然清香扑鼻。然而徐说这还不到一斤茶，自己舍不得喝，是之前当地的农业银行副行长带两个人来给农民贷款，她接待了两次，总共泡了 6 碗茶。西南局来拿茶的工作组给了徐家每顿饭 8 分钱的补助。

"这就是姚清送到金牛坝宾馆的那一包蒙顶茶。姚清回忆说，他当时连开一路车，到成都已经是下午 3 点，警卫室来了个警卫员，说领导正好午睡起来，这茶立刻拿了进去。"此后毛主席做出"蒙山茶要发展，要和群众见面"的指示。

1958 年，名山县组织了"800 壮士"上蒙顶，个个通过考试选拔，还有女子战斗队，总共 22 个村组组成，互相竞争，在蒙顶山开荒 900 亩，其中包括了原有的 300 亩茶地。合并了永兴寺在 1949 年后成立的"西康茶叶试验所"，成立国营蒙山茶场。这就是今天我们看到的蒙顶核心产区的雏形。

1963 年蒋昭义来到名山县时，蒙顶的茶面积已经达到了 1600 亩。原本蒙顶山的五寺各有分工，千佛寺种茶，净居庵采茶，智矩寺制茶，永兴寺供茶，天盖寺评茶。今天在故宫博物院里存放着的，装在黄色小箱中的蒙顶"菱角湾茶"，是"蒙顶五峰"之一。

"12 个采茶僧人每人采 360 枚，锅里铺纸揉捻"，这样真正的蒙顶甘露，揉得很松散，而不像碧螺春紧实，是真正的甘露工艺。我曾经在永兴寺的茶田里随机找了一位采茶的圆通师父简单采访，莽撞的我受到有礼的接待，那茶的滋味至今难忘。这些年蒙山茶复兴，级别不高的圆通师父也常常作为永兴寺的代表出现在媒体的影像和文字当中。

"20 世纪 80 年代蒙顶山的寺院再兴，我找了名声最好也是最年轻的师傅去给尼姑们教制甘露，他叫彭光强。"彭光强当年还是个意气风发的青年，跟着雅安最好的制茶师傅袁万昌学习制作甘露。袁万昌是雅安地区制茶的元老，师门庞大。

彭光强进厂时只有 20 来岁。"凤鸣乡是雅安雨城区的茶厂，1978 年建厂后改名'峨眉毛峰'，成了改革开放初期最早获得公认的川茶。"当时川茶式微，四川这一名不见经传的新茶获得了 1982 年商业部评选的"全国名茶"称号，到 1985 年，峨眉毛峰在葡萄牙里斯本获得了第 24 届世界食品评选会的金奖。这是当时中国茶在世界级评比中获得的最高奖。

但峨眉毛峰是国营茶厂，属于完全的外销茶，归外贸管理，"加班加点地工作完全是为了给国家挣外汇"。茶厂改制后，奖牌被私人老板占有，厂名也不能再使用。

蒋昭义知道彭光强有轻揉捻的手艺，因此请他上寺庙教学。而彭光强本人则成了彭家茶手艺的代表，至今是蒙山茶界内行们乃至整个四川茶界都知道的最高超的手工制茶师之一。

我在他家简陋的门脸儿里，一会儿碰到川农的茶学教授，一会儿看到徐金华，用他的茶来做"飘雪"。我问徐公哪里找茶他还语焉不详，没想到到了蒙顶山，彭家的茶是"飘雪"美味公开的秘密。

蒋昭义对茶的情感是亲近，以及基于真实的赞美。"茶多不容易，经历霜雪，贡献了这么一点点芽头。"在蒙顶山周边不停地寻访古茶树和老川种后，蒋昭义发现一棵"叶脉对分"的老茶，就给农民 1000 块钱，让他们帮自己照料、"认养"。

他有严格的时间表，亲自上山采摘、炒制，所获不过几两。"喝茶和生活并没有什么不同。古法里有一种茶需要压膏，我就试着压，再弄点胶来做墨水，蘸着浓浓茶膏写字，书法家们居然猜不到我的墨色了，哈哈哈哈！"

川渝地区饮茶的方式最有参与感，而不是试图从外在来观察茶。此时正是蒙顶山最繁忙的季节。9 年前我来蒙顶山，晚上受邀在茶山一住，却发现万籁俱寂，全山头上就我的房间有灯，风雨大作，实在有些害怕，步行下山住了一个饭馆楼上的小旅店，四川话谓之幺店子的，条件简陋。

然而 2018 年我再上蒙顶山，却发现蒙顶的茶山、茶价都活络热闹起来，以至于此前出现了"满山福建人争做白茶"的场景。芦山地震后，名山作为灾区受到了中央政府援建，蒙顶茶得到了新的发展机会，有技术的茶农很快成长，当地的民营茶企一下子多了起来，我看了几家，打上品牌的最好的甘露，今年价格已经堪比最好的江浙碧螺春。

石花茶的干燥使用的是古老的晒青工艺，芬香的茶青在石头上逐渐晒干，因此得名"石花"，唐玄宗年间被叶法善推举入贡。唐代文献里，蒙山茶以"白泥赤印"的形式入长安，当时贡茶一共有 40 多种，分属于 17 个郡。而到清代出现了明确的记载，蒙山茶是皇帝用来拜祭天地之用，与其他贡茶又不可同列。

蒋昭义整理过蒙山所有的茶诗，历代有名的就达到了两千多首。他却最钟爱耶律楚材。他在诗中一改元人贵族喜爱喝酒的豪放，认为茶的飘逸更胜过酒。尤其是他写的黄芽一改文弱形象，"金刀带雨剪黄芽"是元朝贵族的气魄，喜欢喝茶，崇尚中原的文明，直白洒脱，追求的是"啜罢神清淡无寐，尘嚣身世便云霞"。

比起甘露，黄芽从 20 世纪 80 年代起就一直存在于市场上，只是技术不好掌握，没有一个统一的标准。川农教授何春雷说，黄茶最早应该

蒙顶山深处溪水潺潺，柏月辉在制作当年最后一批黄芽

是"色黄而白"，因为带有轻发酵的特色，所以回甜。

"甜香是不对的，如果你到名山的茶叶交易市场，闻到所谓黄芽的'高火香'，就说明是在学龙井的技术，黄芽，绝不是火香。开汤之后，入口就甜，那滋润的甜最后会留在舌中间，一丝一缕地绵延不绝，那种味道是一喝就记得住的。"制茶人柏月辉说。

黄茶近年来开始复苏，然而黄芽的制法"闷黄"却特别难。"不到那个时间，转化不够，就带着绿的味道，要三次'包黄'，让'半干不干'的茶叶以低温缓慢烘干提香，所以慢而有风险。"很多商家以龙井工艺直接炒香炒黄，"昨天订今天就卖给你了，绝对是假的。黄芽不等三天三夜不能出来"。

我一直以为蒙顶不下雪，没想到拍摄了30年蒙顶的黄健说："我有一年开春第一场雪上山，刚刚长出的芽，被雪盖住了，然而阳光一照射，芽又顶开了雪面，那光亮的生命感让我毕生难忘。"

蒙顶山不是每年都有雪，但是偶然只有山顶天盖寺下一点，返春时也有可能出现，蒙顶的雪过夜就所剩无几。笼罩于800米到1200米之间这一段海拔高度的雨雾和温度，茶才有这样的味道。

黄健一年拍一点，观察它。"你看到的茶树不大，然而根系却特别长特别壮。"20世纪60年代到70年代，雅安的山上开始迎接大量的知青。"我这个年纪谈蒙顶，当年碰到的至少是100年以上的茶树。"黄健1978年到蒙顶山永兴寺公社下乡，做"农业工人"，当时寺里已没了僧尼，寺院还在，他说知青们就住在寺院的石头房子里，全石构的房梁、墙和门板，没有腐坏。石门板至今还可以手推开关，只是屋内即使是白天，也几乎没有一丝光。

"我们当时要种茶，管理茶园，永兴寺已经和蒙顶茶场合并，茶场面积当时一直在增加，默认海拔 650 米以上，从徐淑贞所在的金花村往上，全部都是老川茶。"

我曾在蒙顶山上喝过当地人以紫色的野茶试制的"甘露"，那一股兰花香，"山水之中才能发其精英"。香只是基本条件。香其上是清，再上是甘，再上为活。在山中呼吸着松林和银杏树的气息。现在到蒙顶和峨眉，农大老师、茶农对我欢欣雀跃地拿出新品种，提醒我，这是平静、欢乐，偶然闪现出非凡的现代社会。是极富实践精神的充满想象力的我们，在茶里发现了和谐的秩序。

文人茶事在四川

陆游要看一幅《山谷帖》，却不愿意在长安逆旅中看，更不想被贵人传呼去高门大户中看，而是要出门去，戴小头巾挂杖，渡青衣江，相羊唤鱼潭瑞草桥清泉翠樾之间，还要和山中人一起做一点"龙鹤菜饭"，然后扫石置风炉，煮蒙顶紫苗，"然后出此卷共读"。

陆游是四川茶的大玩家。按照今天的地理概念，四川茶树产地分为"盆地西部"、川江沿线。第一个中国茶故事，就来自四川的"武阳买茶"。川茶在陆羽《茶经》里出现了 17 次，以州为名"蜀、茂、邛、眉、嘉、雅……"不仅有大小产地，还有品名。几乎所有出身或在四川居住过的文人都有一套自己的茶事。

峨眉山茶农

　　从成都出发开车 2 小时左右，已经足够进入峨眉、青城、蒙山的清幽之中。峨眉四十八峰并不都产茶，小环境复杂，"不过数峰有，各寺观所藏，各不能满一斤"。

　　以黑水寺和万年寺为核心，紫背龙芽、白背龙芽、白芽、紫笋，我们就这样被前方无限的美景引诱，在山溪水沟里也长出了旺盛的老川茶丛。峨眉山的药草多，但是茶和天下的茶都有些不同，"二年绿，一年白"，尤其是黑水寺产区，陆游曾获茶僧所焙峨眉雪芽，吟诗赞叹："雪芽近自峨眉得，不减红囊顾渚春。旋置风炉清樾下，他年奇事记三人。"川茶发芽早，已经夺得了先机，反而喜欢放长一点生长周期，"早则茶神未发，迟则妙馥先消"。

　　泥溪河是本地的叫法，滩涂到处是鹅卵石，水清澈见底，从山上流下来，还会找到野生鲫鱼，运气好时还有鲶鱼。原来峨眉到洪雅的乡道，现在路面开裂，坑洼不堪，把游客拦在了外面，把世外桃源一样的茶山留在了这么一个群山环抱的小范围里。

　　茶的生命力与境界，在山中感受得更强。遥想当年，张大千拒当汉奸，不受日寇伪职，化装逃出北平后，独独选了青城山，隐居上清宫。张大千在青城山上清宫与家人长居了 3 年，绘画数量更胜峨眉，达到上千幅，受到了道士们的厚待。摆龙门阵、品茗、逛花园、作画，年复一年，雷打不动。他的弟子回忆说："大千师在青城山时，经常带着我去采蘑菇、找野菜、挖竹笋……而且，他乐得上灶，炒的青菜，碧绿如鲜；他做的狮子头和粉蒸牛肉，与众不同，尝过的人无不称赞。"

　　接着又谈起茶聚的宁静和自然。"先生对茶叶的种类不太在意，在中国大陆，喝西湖龙井茶、庐山云雾茶，在台湾地区喝铁观音；在日本喝玉露茶。但在茶艺方面却颇多考究，他平日用紫砂壶泡茶，用陶土烧制的棕色托盘，配竹绿色的茶碗喝茶，两色相生，如雨后新笋。" 张大千弟子回忆昔日在青城山居时说："先生已沏好茶等着我们，当我接过茶盏，一股清雅的香气，悠然飘来，他说，这是青城山的'洞天贡茶'。呷一口，满嘴生香，青城有茶甲天下，此话不谬。"

张大千在青城山上清宫所作《春日品茗图》，传递的是高古之意的中国茶道的胜境，老叶尚未褪尽，新叶还未长成的山中早春时节。画中绘一高士手持拂尘闲坐松下，神色淡泊，悠然倚几，书卷在侧，却无心卒读，将目光投向蹲踞在炭炉前摇扇煮水的小童，若有所思。小几上还摆放着用白蒲编卷而成的"畚"，用以储碗，它是陆羽精心设计的品茶二十四器之一，碗已取出三只，量茶用的"则"放置其上。想来壶中煮着的泉水还未沸腾，儒者所约之客还未到来，香茶尚在罐中，雅集只差高人。

能够在人的精神世界里扮演如此重要的角色，茶作为媒介传递的是一种无法以语言表述的和谐。从内，而不是从外把握，才能返璞归真。

* 本文作者葛维樱，摄影张雷，原载于《三联生活周刊》2018 年第 17 期。

很少有人知道中国三大红茶中，滇红和川红完全是为了出口而在中华人民共和国成立前后诞生的。尤其是川红，这个中国三大红茶中最年轻者，它的历史脉络、起落沉浮，几乎就是红茶在我们这个茶叶之国尴尬处境的缩影。

初识川红

在川红集团总经理陈岗的办公室，我面前的透明玻璃杯里泡好了一杯红茶。

这座带着空中小花园的朴素办公楼位于宜宾市金沙江南岸，距江边不过百米，位于川红集团下属宜宾茶厂的前厂区。陈岗说，这里过去被称为"上渡口"。历史上宜宾一带制作的川红工夫红茶正是从这里装上木箱，用轨道小车送上江边的货船运往武汉、上海等地出口海外的。

宜宾在中国地理上是个颇有特点的地方。上渡口几百米外的金沙江下游，从川西北茂县、九寨一带发源的岷江清流从北向南注入金沙江，冲开了一江铁锈色浊水。从宜宾这两江交汇处开始，金沙江始称长江。

川南这地方，地理和气候上与四川其他地方颇有不同，比如看着下游浩荡壮阔的长江，很难想象在上游的宜宾一带，它竟然如此曲折而充满诗意。

此行从位于乐山地区的峨眉山开始，本意是寻找中国最早萌发的川南早春茶。品味了几天清爽淡雅的早春绿茶后，这杯汤色亮红、别具一格的工夫红茶显得那么不寻常。

其实宜宾一带出产的红茶多年来深藏川南河谷，并不太为国人所知。但从历史产量和质量看，川红工夫红茶和安徽祁门红茶（祁红工夫）、云南红茶（滇红工夫）齐名，一直并称为"中国三大红茶"。

眼前玻璃杯中浸泡的是和绿茶类似的微曲芽叶，呈丝状而颜色黳黑，交织着烟黄或金黄色的芽丝，状若挑染，非常漂亮。陈岗说，这是川红工夫中著名的"早白尖"工夫。

"'工夫红茶'和'功夫茶'是两个完全不同的概念，许多人都容易把两者混淆。"陈岗说，流行于潮汕一带的所谓"功夫茶"是沏泡的学问、品饮的功夫。而"工夫红茶"则是以特殊方式制作的红茶茶类。

中国人历来讲究喝春茶，四川、贵州一带由于气候温暖，所产春茶为全国最早。得益于这一气候，四川红茶出产期同样为全国最早。冲泡一两次后，由于茶叶里的茶黄素和茶红素的逐渐浸出，浅黄的汤色开始变为鲜亮的深红色，所谓"红茶"正因此而得名。

此后在川红位于高县的林湖茶厂，当我们用传统的茶壶浸泡，以小白瓷碗饮用早春芽制成的川红工夫茶时，白瓷碗中亮红色的茶汤最上层更是似乎漂浮着一层金黄色的油层。最优质的印度大吉岭红茶以白瓷杯冲泡，就会显露出这种金色的黄晕，它正是上等好茶的标志。

正在采茶的茶农

尴尬的"工夫红茶"

作为当今世界第一大茶类的红茶过去有许多不同的制作工艺，但最终逐渐沉淀为两大类，即流行于国外的红碎茶（简称 CTC）和流行于国内的"工夫红茶"。中国茶叶进出口总公司前总经理施云清先生是国内最资深的茶叶营销专家之一，他向我解释了这两种红茶各自的特点和源头。

红碎茶的优点是能迅速把茶叶的滋味浸泡出来，让茶味显得较浓。这种加工方式尤其适合制作袋泡茶。"我们的工夫（红茶）就慢吞吞的，汤色不能一下子完全出来。"川红工夫第一道水呈现暖黄色，要两三道水后，才开始呈现迷人的深红，同时有一种特殊的香气，汤色亦非常好看。

红碎茶的最大缺点正是香气差。由于加工过程中温度较高，跑掉了一部分香气，所以不适合用这种方式制作斯里兰卡、大吉岭那样的高山高档茶。许多人都知道红茶适合加奶加糖调饮，但实际上，世界顶级的大吉岭红茶和斯里兰卡红茶，至今仍强调净饮，因为只有这样才能品味到顶级红茶特殊的香气。

"从它的名称上就可以看出，生产这个茶叶很花工夫的。特别是它做成毛茶后，要经过多种调制，调制后外形又不大好看，就需要再进行复杂的精致加工，其实无非是让叶索大小一致，轻重分开。"

由于长期主持海外销售，施云清对于海外红茶消费市场的历史非常了解。在红茶的最大市场英国，50% 以上的消费者喜欢浓汤红茶，而亚洲和非洲的伊斯兰国家由于禁止饮酒，茶叶消费量也非常大，尤其喜欢味道浓重的红碎茶。

"我在巴基斯坦待过，我们出口给他们的一些红茶曾经只卖1美元多1公斤，当时肯尼亚的红茶还卖3美元1公斤呢。有些伊斯兰国家非常热，形成了马路上有人顶着茶壶卖茶的风俗。"施云清说，他曾经问当地人："你们消费也不高，为什么放着中国1美元的工夫茶不要，去买肯尼亚3美元的红碎茶？""他回答说：'先生，你们的红茶喝几遍就完了，它（肯尼亚）的红茶再多泡几次都可以喝啊。而且，它的味道比你们的好一点。'"

不认同的结果便是价值低估。中国工夫红茶费时费力，成本高，价格却远不如印度红茶和斯里兰卡红茶，甚至不如非洲某些国家的茶叶。"我们那时出口红茶，卖1亿多美元，要补贴好几亿元人民币。"施云清说。

补贴的费用，则出自绿茶的出口，当时的说法叫作"出绿补红"。"1988年的时候，1美元大概兑换8元多人民币。我们（中茶公司）卖1美元，国家只给我们3.62元人民币补贴，所以我们卖1美元的茶叶要亏好几元人民币。"

红茶企业也意识到工夫茶成本高又不受国际市场认同的尴尬局面，但在当时的国营体制下，长期的生产方式又难以迅速掉头。施云清说，中国当时的国际关系也是左右红茶生产出口的一个重要因素。

"最典型的就是我们1956年给埃及的那批茶叶。1956年爆发运河危机，英国就不给埃及茶叶了，那我们就支持它。用什么支持呢，除了牛羊肉，很重要的一部分就是红茶。"施云清当时正好被派往埃及常驻，亲历了埃及人对于红碎茶的渴求，"我们给它（埃及）的工夫茶他们根本不要，所以那时候埃及需要什么我们就提供什么"。

这命令一级一级下到茶厂，中国的茶企又不太生产红碎茶，最后只能动员很多地方茶叶工厂，把精心制作的工夫红茶轧碎做成红碎茶卖给埃及。由于埃及需求量巨大，当时用这种方法制作了好几千吨，盈亏结果可想而知。

中国的工夫茶在出口中的多次教训，最终迫使茶企开始放弃工夫红茶，改做红碎茶。川红当年也大致经过了这一历史脉络，直到由于亏损，最终停产数年。

气候和地理的恩赐

具有60年历史的川红工夫红茶重现江湖，其实不过5到6年的时间，但时间并不是唯一的秘密。好茶的秘密，还在于孕育它的土地。

从宜宾驱车南行，南广河劈开山崖，成为宜宾以下第一条注入长江的支流，汽车就沿着这条似乎忘记了流淌的清水向上游进发。这河中的绿色也不知道是因为水质过清，还是沿岸绵延不绝的竹林掩映。新修的水泥公路很好、很窄，让车窗外的世界多变而刺激。

3月的川南，南广河两岸山头河谷，所见之处都为金黄色的油菜花和竹林茶园交织覆盖。从一个弯道驶出，阳光偶尔突然从云层射出，将所有沉闷的绿色变成活物。赞叹声未落，汽车突然转入山坳，竹林用最单纯的绿突然填满刚才留有万花筒般记忆的眼睛。

我想，所谓世外桃源正是这种中国人的传统生活。川南的丘陵山谷

川红集团下属林湖茶厂的工人在制作茶叶

中，几乎没有任何现代大工业的污染，只有山头偶尔有高压线塔越过。油菜花，瓦房，戴着包头和围裙的老农，穿着蓝布褂子、系着围裙的妇女，几个世纪延续的农耕时代场景似乎未曾有过多改变，哪怕是在南广河边川红集团的茶厂，茶叶的制作，大致还延续着几个世纪古老工艺的传承。

川红集团主要有金叶茶厂（过去的宜宾茶厂）和林湖茶厂。前者主要制作边销茶，也就是黑茶。后者则主要生产红茶，近些年才开始生产绿茶。无论黑茶还是红茶，都是为边销和外销而制，并不为产茶区所消费，因此广大内地消费者对此二种茶叶比较陌生。比如，我们曾以为会看到所谓"红茶茶园"，陈岗说，其实他们的茶园和我们此前在峨眉山所见没有什么不同。"红茶、绿茶是用同一种茶树制成"，其实是红茶的制作多了一道发酵的工艺。

比如金叶茶厂的边销茶，同样是用绿茶制成，不过选料和绿茶、工夫红茶正好相反，用的是夏秋时粗粝的老叶。

传统上高级绿茶讲究一芽一叶或一芽两叶，近些年来，竹叶青等顶级绿茶的选料更是讲究用开春后茶树冒出的单一芽头。陈岗说，现在川红工夫茶的选料也开始精致讲究如绿茶。川红的"早白尖"工夫红茶，就是选择清明前的一芽一叶为原料。边销茶用的则是夏秋之后的老叶，经过发酵制成，正式的名称则是"黑茶"（普洱就是黑茶的一种）。

历史上，汉族人不习惯饮用黑茶。一则汉人缺少肉食，黑茶叶料粗糙，汤味浓烈，过于"刮油"，不适合清淡的饮茶口味。西藏和内蒙古一带边疆民族却因为长期大量食用肉类和奶制品，加上缺乏蔬菜，必须饮用砖茶以去除油腻、补充维生素。黑茶的出现正适合调理他们的身体。

陈岗说，过去有人说汉族人把最差的茶叶卖给其他民族，其实饮茶习惯很大程度是气候和生活方式的自然选择。

在金叶茶厂车间内，工人们正将发酵好的黑色茶叶进行压制：先把铸铁制成的模具刷上油，放入茶叶，然后用机械加温压制，做成一块块长方形或饼状的黑色茶砖。抚摸砖面，还能触摸到那黑色粗老叶脉的纹理。

除了砖茶，在金叶的展品室内，还有长1米左右、围径10余厘米、用竹席包裹的黑茶。这种茶我数年前在康定的杂货店中曾经见到，一件不过几十块钱。过去都是用骡马和人力装运，沿着从川滇到康藏的茶马古道，运往西藏等边疆民族地区。边销的黑茶虽然沉重却耐饮，价格也异常低廉。陈岗说，1块1公斤左右的砖茶不过几元钱。在不可一日无茶的西藏，过去几乎最贫穷的人也能消费得起。

红茶的秘密同样在发酵，不过工艺和黑茶不同。在南广河中游高县县城附近的林湖茶厂，我们试图毫无遗漏地看到传统的红茶制作工艺。

晾晒室的地面上摊晾着昨夜收来的茶叶鲜叶。从外形上看，和此前在峨眉看到的用来制作绿茶的鲜叶毫无二致。"你所看到的鲜叶，既可以制作绿茶，也可以制作红茶、黄茶。如果不考虑成本，也可以制作黑茶，不过由于这是嫩叶，所以做成黑茶滋味反而不浓。"川红副总经理邓晓林说，中国六大茶类，完全以不同制作工艺而形成。而对于红茶，从种植、采摘到制作，几乎无一不受到天气和气候的影响。

头一天若下雨，次日则不能摘茶。因为嫩叶吸收了太多水分，在揉制过程中会被揉烂而无法成型。白天采摘后，下午和晚上则是交易和送鲜叶的时候。林湖茶厂的茶园最近的只有几公里，远的则在几十公里外的山上，每天都有专车去收茶。"这些鲜叶是农民头天晚上送来的，还没有完全晾好。"

这几天送来的茶叶，就包括周耀均送来的。周耀均过去是高县可久镇的村干部，在林湖茶厂的帮助下，和村里另外三个人成立了一个茶叶收制小组，负责将附近村子里收上来的茶叶统一送往林湖茶厂。

从林湖到可久镇，开车转来转去的要1个多小时。周耀均的收茶点就在海拔1000米左右的山上的一所老祠堂里。这里现在是所小学，但留了一间屋子给他放秤收茶。

周耀均自己有十来亩茶园，一部分种植茶厂推荐的"131"新种，这部分茶园必须按照茶厂的要求进行施肥、采摘，茶叶则有茶厂收购，其余茶园则可以自己选择支配。

可久镇周边茶叶密度不小，这几天天气也不错，从清早开始，茶农就开始上山采茶。下午，四邻八乡的农民纷纷来到祠堂里送鲜叶。有的几斤，有的几两，用个塑料袋装着，按茶叶的品种和鲜叶的质量过磅付钱。新品种好的每斤可以卖将近60元，普通的本地老茶种则是40多元。

有个老太太从十几里外送来几两老叶子。周耀均一看，品种、质量

周耀均的收茶点在海拔 1000
米左右山上的一所老祠堂里，
这里现在是所小学，留了一
间屋子给他放秤收茶

到周耀均茶叶收购
点卖鲜叶的茶农

都不符合要求，但同情老人年纪大，按每斤 20 元付了钱。到了 21 点，送茶的人群全走光了。新鲜的茶叶不能在这里过夜，周耀均吃完晚饭，开着租来的一辆"面的"开始下山，将今天收来的所有鲜叶连夜送往林湖。

摊青室隔壁的厂房内，工人们正将摊青（晾晒鲜叶以去除部分水分）好的鲜叶放入加温的滚筒，这一过程称为"杀青"，目的是中止茶叶的酶化进程。经过风冷后，茶叶放入加温的机器进行脱毫（茶叶上的绒毛）和叶片成型。最后通过数道工序进行精选和精制。

"不过今天我们不做红茶。"邓晓林说，这批茶叶本来可以制作红茶。但红茶需要发酵，对制作当天的温度有一定要求。从 20 世纪 50 年代至 70 年代，川红一直沿袭古代贡茶制法，其关键工艺在于采用"自然萎凋""手工精揉""木炭烘焙"，所制茶叶紧细秀丽，具有浓郁的花果或橘糖香。随着技术的改进，现在已经大多数采用机械制作。唯有发酵部分，对于气温的要求难以摆脱自然条件的限制。

这或许就是地理的自然选择，阳光、空气、地形和土壤都是无形的上帝之手。比如，川南拥有"中国四大白酒"之三（五粮液、泸州老窖和郎酒），这正是由河谷环境和温湿气候所决定的。

相隔不过 200 公里远，高县、宜宾、筠连一带的茶园和峨眉山一带茶园相比也并没有太多不同，但两地茶叶则是红绿之分。我很想感性地解释为，峨眉山的高山茶园被浓密的竹林和云雾弥漫，造就了高山绿茶的清凉。而川南的阳光和浓烈的油菜花，让红茶中似乎有阳光的温暖。遗憾的是，今天的气温只有 5 摄氏度左右，不足以进行充分的发酵。是变红，还是变绿，阳光和温度对这批茶叶做了选择。

川红集团在四川宜宾高县
可久镇的茶园基地

国内的冷落和海外的衰退

你很难想象，勃艮第人和波尔多人会漠视葡萄酒，苏格兰人会拒绝威士忌。那么我也很难对这些天看到的一个现象视若无睹——即便这个问题对于接待我们的主人可能有所冒犯。那就是，为何一路从成都、峨眉走来，作为中国茶叶最重要产区之一的四川，或者，即便在川红的产地宜宾，川人的饮茶习惯却多年集中在绿茶和花茶。

"过去成都人多数喜欢花茶，价格便宜，气味也香，现在绿茶已经超过了花茶。"川红集团负责销售的经理何斌说，然而川红在本地的销量也是不如绿茶。在成都，川红还没有直营的专卖店，何斌说，重庆人相对比较喜欢尝试新鲜事物，在那里红茶的消费者要多些。

施云清认为，红茶在中国的落寞其实是个历史和习惯问题，"就如同内地人不喝边销茶一样，红茶不折不扣是为了出口而生产的产品，它本身就是因为出口才发展起来的"。施云清说，对于茶农来说，即便自己喜欢喝茶，也多是摘点不那么好的叶子简单手工炒一炒、烘一烘就喝了。"种茶人自己是舍不得喝那么好的茶叶的。许多品种的种植都是为了销售，为了他的生计而生产的。"

出口的需求，是因为红茶的巨大利润。

美国人威廉·乌克斯写的《茶叶全书》中就记载，在 1705 年英国爱丁堡刊登的广告上，绿茶每磅售 16 先令，红茶则高达 30 先令，几乎是绿茶的两倍。由于武夷山正山小种红茶茶味浓郁、独特，成为英国、荷兰、法国等地最受欢迎的茶饮料。

就连艾米丽·勃朗特也不忘在希斯克利这样一个乡村粗鄙农夫的客厅里，描述一下那必不可少的锡制茶叶罐。当然，那里面装的是红茶。拜伦则在《唐璜》中写道："我觉得我的心儿变得那么富于同情，我一定要去求助于武夷的红茶；真可惜，酒却是那么的有害，因为茶和咖啡使我们更为严厉。"

从源头武夷山开始，红茶迅速延伸到邻近的江西、浙江和安徽等地，如今中国约有19个省曾生产红茶。"大家现在都知道的祁红，也就是'世界三大红茶'之一的祁门工夫，更是在著名的武夷山正山小种以后差不多两三百年才出现。"施云清说，英国最早的茶叶文献中的"bohea"，即特指武夷山的正山小种红茶。

正山小种流行后，祁门红茶开始后来居上。祁红的采摘标准非常严格，高档祁红都以一芽二叶为主。其实和四川一样，安徽祁门历史上一直是绿茶产区。清朝光绪以前，祁门生产的绿茶，其品质制法都类似著名的六安绿茶，被称为"安绿"。

光绪元年（1875），安徽黟县人余干臣从福建罢官回籍经商，在至德县（今东至县）尧渡街设立茶庄，仿照"闽红"制法试制红茶。1876年，余干臣从至德来到祁门设立茶庄，再次试制红茶成功。由于茶价高、销路好而被纷起仿制，形成"祁门红茶"。

然而和瓷器一样，中国茶叶出口的最大问题在于没有掌控销售渠道，缺乏本土品牌。闭关锁国的清朝直到乾隆时期才缓慢地开放，此后更是开闭无常，导致红茶的出口仅局限于广州口岸。在这个过程中，消息闭塞、生产分散的茶叶种植者只能被买办垄断收购，饱受盘剥。而海外的渠道则完全被控制了世界市场的英国人所控制。在种茶人完全不可能和客户发生接触的情况下，生产国国民的极度贫困，极大地抑制了内需市场的形成。

战乱、封闭、日渐落后的技术，还有各种永远不符合生产者利益的体制，不但让中国红茶始终没有能够建立起国内市场，也让历来完全以出口为导向的中国红茶在国际市场销量剧减，价格也远不如印度红茶和斯里兰卡红茶。

1880 年中国红茶出口出现第一个高峰，历史上第一次出口超过 10 万吨，占据了当时中国出口茶叶总量的 80%。而那时候，茶叶出口这一宗超过了过去最大宗的出口产品——丝绸，超过全国出口总额的 50%，成为海关、税收的第一大来源。然而也是在这一年，英国人将中国茶种带出国门，开始在印度、斯里兰卡（当时叫锡兰）种植红茶，并迅速将中国红茶挤出世界红茶市场。

施云清说，中国红茶在国际市场上的衰落，主要因素在内部。生产方式的落后，国内的腐败、各种盘剥太厉害，生产工艺缺乏进步都是原因。于是不过 20 年，在 1900 年前后，印度的茶叶出口第一次超过了中国。到了 1913 年、1914 年，斯里兰卡的茶叶出口也超过了中国。"后来甚至连英国的出口量也超过了中国。"施云清说，"到 1949 年，中国茶叶总出口连 1 万吨都不到了，红茶的出口就更不用提了。如果把红茶销量下降画成一个下弧线，从 1880 年后半个多世纪，到 1949 年就算触底了。"

川红的起源：出口和脱贫

中国茶叶出口的反弹是从 1949 年开始的。和历史上的祁门红茶一样，川红工夫茶的诞生，同样是因为出口。

中华人民共和国成立后，为出口换汇，开始再次大规模出口茶叶。由于此前历经战乱，武夷山红茶产量几乎为零，为增加红茶产量，中华人民共和国成立前后，中国茶人开始在四川和云南一带气候、地理环境适宜的老茶区生产红茶。郑金贵和杨宝琛夫妇就是川红集团前身宜宾茶厂的元老。他们二人因为红茶而定居宜宾，成为四川红茶历史的见证人。

杨宝琛是石家庄人，至今说得一口流利的普通话。当年因为日本侵华，杨宝琛跑到重庆读中学。浙江人办的私立学校重庆农工学院（后并入西南农学院）在重庆招收了两个班，毕业后可以分配工作，于是中学毕业后杨宝琛就考上了这个学校学习茶科。这一届学生有 80 多个人，来自全国各地，老师则多来自浙江，教授从绿茶到红茶各种制茶的原理和工艺。也是在这所学校，杨宝琛遇到了籍贯重庆的同学、他后来的妻子郑金贵。

坐在杨宝琛家朝阳的阳台上，推开窗户，正对着跨过长江的大桥。左手边，岷江的清流和金沙江汇合。挂在阳台墙壁上的毕业纪念照上写着"1951 年 10 月，重庆农工学院茶叶专修科同学实习留影"的字样。两位老人对我回忆起从 1951 年开始的茶人生涯，那正涵盖了川红工夫茶的全部历史。

1951 年西南地区虽然已经解放，但剿匪还在继续，四川省尚未成立

（四川省在 1952 年成立），行政上划分成西南区，分川北、川西、川东和川南四个行署。当时为了向苏联、波兰等东欧国家出口换汇，国家开始在西南区设置 7 个茶叶推广站，目的就是推广红茶。杨宝琛被分配到川东北大巴山万源县，那里是传统的绿茶种植区。郑金贵则被分配到宜宾以南的贵州怀仁地区。

"川南宜宾一带气候好，去年那么冷都没有下雪，非常适合做红茶。"杨宝琛说，万源一带虽然出绿茶，但山区气候不好，温度不够，不利于红茶发酵，最终到 1953 年还是改回了绿茶。在几年的推广试验后，最终认定，宜宾周边高县、珙县、宜宾和筠连四县气候最适合生产红茶。红茶作为一种重要物资，进入国家的经济体系中。

"当时是计划经济，茶叶属于国家管理的二类物资。为了推广红茶，这四县不允许制造绿茶。"为了推广，一方面，国家宣传红茶对于出口的政治意义；另一方面，国家规定了合理的收购价格。杨宝琛说："当时山区茶农卖 1 斤茶叶可以买 1 斤盐巴。"茶叶种植，成为川南农民改善经济的重要手段之一。

郑金贵则说，她毕业后最初分配到贵州赤水一带的推广站，相对于川南，那里农民的赤贫状态，今天她都忘不了。

"我这一辈子搞茶叶可以说非常苦。当时女同事甚至要背着孩子爬（茶）山，因为孩子小，要吃奶。我为啥搞了 60 年红茶，就是因为这个东西对农民的生计太重要了。"郑金贵说，"我们第一次去推广站，看到有些小女孩，十四五岁还没有穿裤子，就用树叶子围一下。推广站在那个原始森林边上。当时我们白天去推广一芽二叶的采摘标准，一天到黑也找不到一间房子，跑一整天也找不到个住家。好不容易晚上看到一间房子有点灯光，好高兴哦，终于找到人家了，走过去一看，原来是我们自己住的房子的后门。"

郑金贵说，那时候茶叶推广站周围都是原始森林，晚上还能听见老虎的咆哮，却不能关门。原来当时贵州一带，农民烧的是所谓"棒棒柴"，也就是将一整根木头的一段塞到堂屋的火塘中，烧一截，推一截。由于木头太长，不得不伸到门外，门自然关不上。"木头屋子内基本没有床，屋子里只有一个大锅，煮一锅青菜，洋芋就埋在锅边的灰里。"

"当时印度和斯里兰卡大叶种茶全部用的是一芽二叶的标准，车间一进门就是一个一芽二叶的标志，他们的茶叶杂志有一种就叫《一芽二叶》，所以我们当时向农民宣传采摘，主要就是宣传一芽二叶。"办训练班，办黑板报，开大会小会，敲锣打鼓，甚至还编成歌：一芽二叶做红茶，做成红茶人人夸……

"当时我19岁，扎个揪揪辫子，男同事打锣，我们真的就去跳舞宣传。"郑金贵说，"我们到处都宣传，卖了红茶能赚钱，还能换回苏联老大哥的拖拉机和肥田粉，农民喜欢听得很……当时农民卖一背篓茶能换一斤盐巴就很高兴了。"

其实在今天，种茶依旧是川南一带农民的重要收入之一。陈岗说，宜宾现在其实还有适合种茶的地方。当林湖茶厂在2005年恢复红茶生产后，很多农民都开始找公司想种茶。"现在山上1亩茶园明前可以收20斤鲜叶子，最少能赚1200元。如果不种茶叶，这种地只能种苞谷，除了人工和肥料，能赚几百块钱就不得了了。"

时代和命运：川红的衰落

1951 年，川南 7 个推广站首次收购了上千吨毛茶，运到重庆茶厂加工，经由水路运往湖北（当时四川没有出口权），主要出口到苏联和其他东欧国家。

到 1952 年重庆茶厂搬到了宜宾，推广站也只留下筠连、高县、宜宾三站，组成川南茶叶公司，这就是金叶茶厂前身宜宾茶厂的发源。

到 20 世纪 50 年代中期，又在宜宾、万县、达县等十余个县的部分国营茶场试制工夫红茶，经过地理和气候的筛选，最终将四川工夫红茶的生产主要集中在宜宾、筠连、高县、珙县四个县。

当时四川红茶没有出口权，全由上海出口，所以连商标都是上海的，名为宫殿牌（Palace），只有一部分宜宾茶厂的三级川红（相当于高级红茶）被做成小包装，以"节日之夜"的商标出口到苏联、罗马尼亚和英国等国家，还在罗马尼亚被当作国庆用茶。在金叶茶厂的展览室里，我看到了这些茶叶的原始样品，和今天用铁罐精心包装的川红工夫茶比，颇有历史文物的感觉。

杨宝琛说，当时这种三级红茶，每斤差不多要 3 斤一级毛茶才能做成。"我们的红茶只有三级、四级，一二级（相当于顶级红茶）很难评上。其实也不是没有，就是量很少。"

当时川红工夫之所以有质量瓶颈，主要因为工艺和采摘标准。"当时我们收的茶叶主要就只有一芽二叶，因为给群众宣传的就是这样，所以也不能有更好的芽来做茶。"杨宝琛说。如今的川红工夫红茶已经不再仅仅用一芽二叶的标准了。在近年高端绿芽茶的启发下，红茶也开始用单一的芽来制作工夫茶。

由于气候适宜，四川工夫红茶的质量很好。杨宝琛说，那时候湖北的"宜红"有白毫，类似今日川红工夫茶中金黄色的细芽，营养价值高。由于川红质量好，武汉茶厂甚至还要求每年向武汉调几十吨红茶作为"宜红"的拼配。宜宾茶厂在1978年产量达到了史无前例的5000吨茶叶，其中80%都是工夫红茶。

历史总是如此巧合。和1880年中国红茶从巅峰的急剧衰退一样，四川红茶从辉煌到消失也只用了20余年。根本的原因还是体制。

在计划经济时代，红茶出口还有配额，不能随便出口。杨宝琛说，到了1980年红茶改成三类物资（绿茶是在1984年），宜宾茶厂开始结束由中国茶叶总公司安排出口的历史，进入市场化的自负盈亏的状态。

杨宝琛说，计划经济时代，川红向苏联和其他东欧国家出口都是通过北京的中国茶叶总公司。1978年调往上海出口5000多吨，总价值虽然才400多万美元，但国家以货币和实物返还，至少不会赔钱。计划经济的取消迫使数十年来只懂得生产的宜宾茶厂突然间得自己寻找客户。从过去由国家以记账贸易代为销售突然要自负盈亏，亏损马上出现了。

"当时供销系统和乡镇系统都可以做茶了，外贸不但从没有做过内销茶，外销一时都很不适应，还做不过乡镇企业。"杨宝琛说。亏损后红茶生产稍一停顿，过去那些从没有直接谋面交易的"老客户"就迅速流失了。

此时恰逢苏联解体、东欧剧变，川红工夫茶的传统市场在1990年前后迅速重构。杨宝琛说，最低的时候出口量连 1 吨都没有了。为了谋生存，宜宾茶厂不得不从做外销红茶转而做内销的花茶和沱茶。21 世纪初期，著名的四川工夫红茶曾完全停产了数年时间。川红一度消失。

川红在半个世纪的时间内都未能培育起本土消费市场，无疑是川红工夫茶急速衰落，并在 21 世纪初期完全停产消失的重要原因之一，这其中有很微妙的历史背景。

"毛主席 1949 年访问苏联，当时苏联给我们 3 亿美元贷款，要求用 3 样东西还，第一样是中国土特产，第二样是外汇，第三样就是茶叶。"施云清说，因为这个，中国茶叶总公司才成为中华人民共和国成立以后第一家中央批准的专业公司。施云清说，当时生产出来的茶叶销售政策非常明确。"保证出口，保证边销，剩下的才内销，自然是数量小，品质也不好。"

重出江湖的川红工夫

如果不是几代茶人的川红情结，难以想象今天能品尝到重生的川红。2005 年陈岗在林湖茶叶公司开会，听到厂里老一辈茶人一再提到川红。川红在 1985 年赢得第 24 届葡萄牙里斯本博览会金奖和金牌是所有川南茶人最喜欢提及的。这个 22 克重的纯金金牌在改制时的省茶叶公司里被借来借去，最后不知所终。如今在金叶茶厂的展品室内放着一个锈迹斑斑的复制品，缅怀着川红当年的辉煌。

陈岗说，当时想能不能重新恢复川红，于是和四川农业大学的教授杜晓等人商量，开始从头进行创新。"工艺是教科书上都有的，关键是怎么掌握发酵，芽厚，叶子薄，发酵的程度，如何利用日光，都要慢慢摸索。"于是在 2005 年，陈岗他们开始首次用独芽试验生产红茶。陈岗说，这也是受到生活水平提高后，绿茶日益精细化的影响。

"事实上用独芽品质比传统的一芽二叶更好，有润香味，清香、口感也更好，只是浓度和耐泡度差点，毕竟芽的浓度和耐泡性就不如叶子。"陈岗说，中国人其实也不像外国人那样习惯很浓的茶汤，而更讲究口感、香气和叶形。

川红恢复生产后，宜宾周边一些从来不做红茶的小厂都开始做红茶了。"2010 年我们去川西名山一带，他们的优势一直是绿茶，但是他们也说，他们要做红茶了。" 2011 年四川红茶总产量大概有 100 万斤，陈岗说，2010 年福建从宜宾调走的红茶芽就有 20 万到 30 万斤。

* 本文作者蔡伟，摄影张雷，原载于《三联生活周刊》2011 年第 13 期。

滇红：
澜沧江畔的味道

人头马 VSOP，呈深金黄色或琥珀色，通透如水晶，有清淡的香草味和橡木味。高品质滇红散发出标志性的蜜糖香，并伴有甜甜的花果香，色泽橘红透明。先倒干邑几滴入杯打底，再把热滇红倒入，高温激活酒香。茶香、酒香交汇融合，大口畅饮则一股热流直抵体内，中西合璧，感受奇妙。

红茶常可做调饮。但与白兰地的搭配，则是我们在云南见到的最有想象力的饮法。

安石村

2011 年 3 月 9 日，农历二月初五。安石村的茶厂"开秤"收茶了，这恐怕是国内最早开采的春茶。

一大早，19 岁的李寒玉和爷爷挎着竹筐走上了茶山。经过一冬的休养生息，茶树重新焕发了生机，顶端墨绿肥厚的老叶上萌发出了细嫩的芽头，如同覆盖了一层翠绿的细绒毯。露水还躺在叶片上，映射着芽头上的绒毛，纤毫毕现，更加青翠欲滴。

李寒玉把茶筐斜挎在肩头，两手同时采茶，动作熟练，如同弹钢琴一般在茶树上划过。她用拇指和食指轻轻捏住叶梗，手腕一转叶片就掰了下来，然后塞入手心攥住。当两手的青叶满了，就转身放入筐里。

采茶是很有讲究的。最值钱的部分是芽头，长到 2 厘米左右才可以摘；其次是一芽带一片叶子，可以制作特级滇红茶；再次就是一芽两叶，制作普通滇红茶。好几片叶子一把采下，就是最普通的"大众茶"了。只用芽头做成的滇红，俗称"一根针"，香气最强，价格也最高，是特级茶的两倍以上。"一芽一叶"制成的特级滇红，虽香气略逊，但是滋味更浓，久泡不淡。

采摘茶鲜叶时，将精粗原料分开采摘，分级制造，能大大提高生产效率，也能保证成茶品质的一致性。此外，采摘的叶片老嫩程度必须一致。细嫩的鲜叶，叶质肥厚软嫩，内含物含量高，纤维素含量少，制成的红茶，条索紧结，香气浓爽鲜醇，汤色红亮，叶底红匀。

"采过之后，下面要留一片叶子，这样后面的芽才长得快。"李寒玉说。一名采茶熟手只采芽头，一天最多采 2 公斤，"一芽一叶"则可得 8 ~ 10 公斤。春茶初采，一片茶园一周可采一次。3 月 21 日春分后，雨水渐多气温升高，就可 3 ~ 4 天采一次。

安石村在滇西的群山深处，属于云南临沧市凤庆县。海拔 1700 ~ 2300 米。全村有 4 个自然村，23 个村民小组，768 户农户，总人口 3000 多人，大部分村民居住在海拔 1800 米以上的山区。这里被称为"滇红第一村"，全村 6560 亩土地，除了 60 亩地种蔬菜，其余全是茶园。在这个村的田地里，捡不到一粒粮食。

李寒玉家有十几亩茶园，都在山坡上。直起身四周望去，附近是海拔三四百米的丘陵，红褐色的泥土之上是大片青翠的茶园。从高处看，一圈圈的茶田如同古树的年轮；层层叠叠又似老人的额头皱纹。远处青

凤庆县安石村的茶园
开始采摘春茶，此刻
梨花也在茶园中开放

黑色的群山如同屏风一般挡住视线。从印度洋上空飘来的暖湿气流压在山头，云雾缭绕。

茶园里种着桃树、梨树与核桃树。桃花、梨花正当怒放，红白相间，生机勃勃。果树与茶树共生，可使茶叶平添水果的芬芳。蚕豆就种在茶园边，掰开豆荚，一路走一路吃，清香可口。

山区气候多变，突然一阵细雨落下，打湿了泥土。对于春天的雨水，茶农的态度有些复杂。有些雨水，利于植物生长，茶叶新芽萌发得就早，采茶时间也可以提前，便于抢占春茶市场。如果雨下多了，空气湿气温低，则不利于茶叶发酵，制不出高品质的红茶。若是连日下雨，则连采茶都不可能了。

滇红集团茶叶科研所所长张成仁也在茶山上巡视。"今年的气候好，风调雨顺，雨水不多不少，每个节气都来了一点。"张成仁说。按照以往的采茶旧历，一般农历二月初八"开秤"采茶，今年还提早了几天。

日头过午，李寒玉已经采满了一筐青叶，大概七八斤重。她把茶筐背在身上去茶厂卖鲜叶。今年的收购价比去年略高一些，芽头每斤45～50元，一芽一叶每斤13～16元，大众茶每斤5元钱。以前李寒玉一直在广州的一家电子管厂打工，每个月有接近2000元的收入。今年茶叶价格好，李寒玉打算在家待到清明后，抢完春茶再走。

在茶厂门口过秤后，茶农就把鲜叶背到楼上摊晾。楼下是生产车间，揉捻机、烘干机发出嗡嗡的震动声，放在烘干箱中发酵的叶片逐渐变黑发热，散发出浓烈的果香，甚至有一点酸味。时间长了，这种味道会让人感到有点头晕，就像喝醉了酒。

靠山吃山，安石村自古以来就种茶采茶，山顶上还存留着明清时期的老茶园。以粮为纲的年代，茶树被砍掉，在山坡上种粮。但是山区气候冷凉，又缺乏灌溉，只有靠天吃饭。一亩地只产300多斤，口粮尚不足三分之一，遇到灾年连种子都收不回来。

21世纪之初，全村人均年收入只有600多元。2002年后，村里开始大面积种茶，日子于是好转。现在农民年收入达到了6000多元。

李寒玉的家里还培育很多鲜花，以山茶和兰花为多。农民将野生山

滇西山区几乎没有平原，茶农种粮食收成很少

茶树移植嫁接，便改良出许多优良品种，如"珍珠""恨天高""童子面"等。现在一棵长势茁壮的茶花能卖到六七百元。2007 年，茶花成为炒作对象，一棵普通的茶花也能卖到三四千元。

滇红地理

每年 5 月中下旬至 9 月底为滇西的雨季，10 月至第二年 5 月中则为旱季。春茶的采摘从 3 月中旬开始，至 5 月中旬。此后，开采夏茶至 8 月。9～10 月就可采秋茶。滇西茶区一年可采三季，产量丰富。这也是区别于其他茶区的一个重要特点。

3 月是滇西最漂亮的季节。雨季还未到来，怒江与澜沧江的水势平稳清澈。鲜花开满山冈，三角梅、山茶、木棉、春槐争奇斗艳，即使在贫瘠的石头缝里，也摇曳着紫茎泽兰的白色花朵。

"六山五水"构成了云南山岭纵横、河谷渊深的地形地貌。这种帚形的地系、水系，使云南西北高东南低，既可抵挡西北大陆性气候的入侵，又可接受来自印度洋、太平洋的温暖季风，随地形产生温度水平、垂直的变化，形成独特的低纬度高海拔的气候特点——冬无严寒、夏无酷暑，霜期很短，雨热同季。

云南划分为滇西、滇南、滇东北三个茶区。滇红产于滇西、滇南两个茶区。其中又以滇西茶区为主，包括临沧、保山、德宏、大理 4 个州市，种茶面积占全省的 52.2%，产量占全省总产量的 65.5%，系滇红的主产区。其中又以临沧为滇红的核心产区，滇红产量的 90% 左右来自临沧。

　　这块主产茶区基本上分布在横贯东西的北纬 23 度 27 分附近。在北回归线附近不超过 3 个纬度范围内，被科学家称为"生物优生地带"。20 世纪 80 年代初，我国气象专家张坤、李继光、刘运章论证，临沧地处西部型云南低纬山地季风气候的中间带，从地理位置、海拔、光、热、水等气候资源看，全部符合世界一流的种植茶叶的气候条件。

　　怒江、澜沧江两大水系将临沧夹在中间，北回归线从境内穿过。境内群峰起伏，平均海拔 1000 米以上。全区气候温和，光照充足，低纬度、高海拔，水资源丰富，土壤红壤 pH 值偏酸，最适宜茶树生长。同时，海拔高的地区，茶叶的生长周期较长，茶叶的品质也就相对较好。

　　如果再将产区缩小，临沧又以北部的凤庆县为红茶的核心产区。全县有 30.1 万亩茶园，面积为全国第三位。每年产茶 2.1 万吨，其中 80% 用于制作滇红茶。1938 年第一斤滇红茶就是在这里诞生的。

　　凤庆县在滇西纵谷南部，境内群山连绵，山川相间。澜沧江从北向南流淌，在凤庆境内却拐了一个弯，自西向东流，然后再折向南奔流出境。由于澜沧江及其支流顺甸河、黑惠江、迎春河切割，从北至南形成四大峡谷。西部地势较缓，呈波浪式向西延伸，形成丘陵盆地。

　　境内山脉，属怒山、云岭两大山系。云雾缭绕，溪涧穿织，雨量充沛，土壤肥沃，多红黄壤土，腐殖质丰富。年平均气温 13 ~ 15 摄氏度，年降水量 1200 毫米，相对湿度约 70%。由于全县经济基本为农业，几乎没有产生大的工业污染。

　　得天独厚的自然条件，孕育了优质的茶种。

　　从植物学的分类上看，云南大叶种茶分为三个品系：勐海大叶茶、勐库大叶茶和凤庆大叶茶。其中后两者分别原产于临沧的双江和凤庆两县。

"三大品系中，勐海种和勐库种比较适合制作普洱茶，而凤庆种则适合生产高档红茶。"张成仁说。凤庆种茶叶面宽大肥厚，内含物质多，结实力较强，产量也高。其中茶多酚与儿茶素含量高，适合生产红茶。"用凤庆大叶种生产的红茶，香气高、汤色好，味道更浓。"茶叶专家、滇红集团监察部经理杨明柱说。

我国著名茶学家、湖南农学院（现湖南农业大学）教授陈兴琰在凤庆考察时得出结论："顺宁（凤庆原名）之自然环境，极易于茶树生长，茶树品种有类似于印度及锡兰（即斯里兰卡）所植之阿萨姆种，单宁成分甚多，极宜于外销红茶之制造，且可试植于全国之低级红茶区，以求增进全国红茶之品质，进而与印锡红茶相竞争。"1984 年凤庆大叶种被评为国家级良种，开始在云南、四川等地大量引种。

凤庆茶厂在 20 世纪 70 年代末建立了茶叶科学研究所，在凤庆大叶群体种中继续寻找更优的植株。经过 30 多年的研究，陆续培育了"清水三号""凤庆九号""早春翠芽""探春银毫"，用于高档茶的生产。张成仁说，培育一个优良品种至少需要 10 年的时间。

一种特殊的"蜜糖香"被认为是滇红独有的气息，而在此基础上通过拼配产生出的玫瑰花香，则是目前最高品质滇红的标志。滇红的汤色橘红，通透明艳。如果用白瓷杯盛放，则看到茶汤边缘有一环金圈，茶水冷却后呈乳凝状，被称为"冷后浑现象"。"冷后浑"早出现者质更优。

作为大叶种红茶，滇红的味道更加浓烈、厚重，富有刺激性，如同云南高原肆意奔放的生命力，带有一股野性的魅力。尤其是以外销为主的红碎茶，口感冲击力强悍，需要牛奶调饮，很少用于清饮。"别的红茶往往三泡之后味道就淡了，滇红可以冲六七泡都没问题，所谓'七碗至束味'。"杨明柱说。

岁月的味道

滇西的大山层层叠叠，似乎永远绕不出去，从凤庆县城到锦绣村不到 50 公里的路程，我们走了两个多小时。其中有一多半的路程穿行于浓雾中。

路的尽头是一处名为香竹箐的小村寨，村子的山坡上有一棵被称为"茶祖"的古茶树。2003 年 2 月，云南农业大学茶学系教授蔡新亲自测量了茶树。树高 10.2 米，树幅 11.1 米 × 11.3 米，树根周长 5.67 米，直径 1.59米，要四五个人才能合围抱住。

锦绣村村干部李玉禄说，1986 年小湾镇茶叶推广员毕文才来村里指导茶叶种植，发现了这棵长在村民李文朝家田埂上的大茶树。由于茶树体形庞大，枝丫繁多，极为罕见，引起了毕文才的注意。于是他将这棵古树的信息通报给了凤庆茶厂。茶厂随后派人实地考察，初步认定是一棵上千年历史的古树，县茶叶学会迅速对古树进行了保护。

古树的发现引起了生物学界广泛的注意。北京农业展览馆馆长王广志教授采用同位素方法，推断香竹箐古茶树树龄在 3200 年以上。随后，广州中山大学植物学博士叶创新对香竹箐古茶树进行考察，得出和王广志一样的结论。2004 年年初，日本农学博士、茶叶专家大森正司以及中国农业科学院茶叶研究所林智博士对香竹箐古茶树做了测定，认为树龄在 3200 ~ 3500 年。这是目前已知的世界上最古老的茶树。

3200 年——当这棵古树萌发的时候，中国还处于商朝末期。算起来，它比商纣王还年长近 100 岁，比孔子大近 700 岁，1000 年之后秦始皇才出生。

更让人吃惊的是，这棵古树有明显的人工栽培迹象，即使不是为人所植，也是经过了人工驯化和利用。"我们这里自然生长的古茶树都会长得很高，不会有太多的分权；而这棵树并不高，分权也多，顶端明显经过了修剪。"李玉禄说。

换句话说，在 3200 年前的商朝末期，滇西大山中的先民已经开始有意识地利用茶树，采撷茶叶了。

东晋《华阳国志》中曾记载，巴蜀军队支援周武王讨伐商纣王，并向武王进献茶叶，这是中国最早关于茶的记载。恰好也是在 3000 多年前。有学者认为，献茶者为巴蜀军中的濮人。而古代濮人则是现在德昂族、布朗族和佤族的祖先，就居住在滇西澜沧江、怒江流域。或许周武王所得的就是这一类古茶树所产的茶叶。

目前，这棵栽培型的"茶祖"品种尚难确定。按照茶叶高级工程师夏祥明的观察，从性状来看，既不同于茶系中的茶和（C.sinensis）种，又不同于阿萨姆（C.sinensisvar.assamica）种。相较之下，叶面光滑平展，手感较硬，叶脉细直，叶背无茸毛。这类茶，本地人称为园埂茶，基本上种植在房前屋后的菜地边。

3000 多年过去了，香竹箐古茶树依旧郁郁葱葱，枝繁叶茂。李玉禄

凤庆县香竹箐古茶树有
3200 年历史，是目前发
现的最古老的茶树

说，每年 4 月 15 日左右，村里开始采摘古树的茶叶，每年可采鲜叶 400
多斤，制成七八十斤干茶。每年的 5 月 1 日，都要举行盛大的活动祭拜
茶祖。2007 年，一块 498 克重，由这棵古树茶叶制成的普洱茶饼，拍卖
到了 40 万元。

香竹箐古茶树的发现和确认，进一步证实了茶树原生地在中国云南
的澜沧江流域。关于茶树原生地在哪里，茶学界最早认定的是印度的阿
萨姆。

直到 20 世纪，在西双版纳发现勐海巴达贺松野生大茶树后，全世
界的茶学专家才把关注的目光转向中国。中国茶学家吴觉农 1923 年撰
写了《茶树原产地考》，对茶树起源于中国做了详细论证，用史实驳斥
英人勃鲁士（R. Bruce）于 1826 年提出的"茶树原产于印度"的观点。
吴觉农根据当时掌握的茶叶资料和地理学、生物学的有关原理推断，茶
树的原产地应该在云南，中心地带就在澜沧江流域。

随着对澜沧江秘境的不断深入，越来越多的古茶树、古茶林被不断
发现。从 20 世纪 50 年代起，凤庆县政府曾经先后 4 次对境内的古茶树
资源进行普查。2005 年 5 月最后一次普查也是最详细的一次普查，历时
3 个多月，考察组走遍了县内澜沧江两岸的原始森林。最后统计出凤庆
共有古茶树群落 5.6 万亩，其中野生古茶树群落 3.16 万亩，民国以前栽
培的古茶园 2.13 万亩。

杨明柱对这次考察印象深刻。"我们在向导的带领下，进入了大、
小尖山地区，海拔 1900 米至 2600 米，位于距澜沧江约 40 公里的大丫
口山。"杨明柱说，"那里的山如同刀削斧凿，人迹罕至，只偶尔有猎

人才能上去，当地有 50 多名彝族和汉族居民。"

　　那里的古茶树群让杨明柱震惊不已，"这才是真正意义上的野生古茶树群"。在这片原始深山中，他们发现了野生茶树 8000 亩，约 3.2 万株，最高的茶树有四五十米高。野生古茶树与黄竹、云南松、各类藤本植物混生，没有极好的辨别力很难发现。最大的一株茶树生长在大尖山的一个熊窝边上，根部周长 1.49 米，直径 0.45 米。

　　"大、小尖山野生茶林的发现，充分证明了凤庆是世界茶叶原生地的中心地带，到目前为止还保存着原始野生茶的品种基因，可以称为真正意义上的茶叶基因库。"杨明柱说。

　　我们在锦绣村香竹箐考察的古茶树则是另一番景象，由于这里早有居民点，古茶树也多为人工栽培型。它们以 3200 年树龄的"茶祖"为中心，呈辐射状分布。海拔在 1759 米至 2580 米的山间，面积约 5000 亩。

　　除了"茶祖"，直径 1 米以上的有 3 株，直径在 0.5 米左右的有 2000 多株。最使人难忘的，是在锦绣村上甲山村民小组，古茶树的造型姿态各异：有的像睡美人，有的像奥运火炬，有的像龙口衔珠，有的像大象。

　　大寺乡平河村与永新团结村的古茶树中，有相当一部分就是凤庆大叶种的祖先，其中根部周长 1.88 米、高 12 米的白岩大茶树是典型凤庆大叶种的代表。它正是滇红茶的最佳原料。

　　在临沧，野生、半野生茶树南起糯良乡，北至凤庆县诗礼乡，从海拔 1200 米至 2700 米的范围内，全市 8 区县均有。沿着澜沧江画出一条线：双江勐库大雪山、永德大雪山、云县白莺山、凤庆香竹箐，这些地方都发现了树龄在千年以上的古茶树、古茶林，这是世界上茶树变异最多、资源最丰富的地带。

如果将这些已发现的古茶树群落用一条线连接起来，正好形成了一条沿澜沧江西岸向南通往今天普洱市、西双版纳的古道。还有一条则沿着怒江东岸通往今天的缅甸、老挝的古道。"在第四纪冰川期内，澜沧江下游地区并没有被冰雪覆盖，从而保留下来了很多原始物种，古茶树就是其中之一。"杨明柱说。这两条茶叶之路，也体现了茶树传播移植的通道。

村民韩国景一家就住在香竹箐茶祖树附近。他家一共六口人，有十几亩的茶园分布在附近山坡。"我们家地头上就有上千棵古树，直径50厘米的古茶树就有40多棵。"韩国景的儿媳李映松说，最大的一片古茶林在对面山顶，要走一个多小时的山路。每到春天，家里人都会背着书包爬上树采茶，每棵树都能制出 10 ～ 20 斤的干茶。

茶叶的制作保持着普洱茶原始的方法。鲜叶采回后先在大铁锅里大火杀青，然后反复揉制成条索，再到太阳底下暴晒。新茶不能吃，否则会拉肚子。按照老人的说法，野生古树茶要放在袋子里 3 个月后，泛出成香后才能食用。这种办法做出来的茶也就是青毛茶。

火塘中的木柴噼啪作响，火星迸出，把脸膛映红，白色的炭灰轻轻飞舞。我们围坐在火塘边，将湿漉漉的裤子烤干。60 多岁的韩国景为我们烧上一壶"百抖茶"。他把老树的芽茶放在陶制的茶罐里烤，一边烤一边抖，防止茶叶烤焦。渐渐茶叶变得焦黄，茶梗发泡，一种酥香味溢出。然后加入滚热的开水，茶罐顿时就像开了瓶的香槟，泡沫喷涌。

这时韩国景顺势一吹，将上层泡沫吹出，再注入少许开水，放在火塘里煮一会儿就可以饮用了。

这种独特的饮茶方式与古树一样久远。老茶似苦非苦，谈不上爽口，但是粗犷醇厚，回味悠长，就像岁月的味道。

创制滇红

与历经沧桑的古茶树相比，滇红的历史则短暂得多。

1937 年抗日战争爆发不久，长江中下游的传统茶区相继沦陷。中茶公司技术员冯绍裘被疏散离开安徽皖南的祁门茶叶改良厂。

祖籍湖南衡阳的冯绍裘生于 1900 年。1923 年他从河北保定农业专科学校毕业，1933 年担任江西修水实验茶场技术员，负责宁红茶的初、精制试验工作。后受祁门茶叶改良场场长胡浩川的聘请，到祁门试制红茶，并在该场设计了一套红茶初制机械设备，开创了我国机制红茶的先例。

　　1938 年春，冯绍裘应中茶公司寿景伟、吴觉农先生电邀到汉口参加该公司工作，任技术专员，搞茶叶产销技术工作，同年 8 月随中茶公司迁往重庆工作。

　　红茶是当时中国重要的出口商品，茶叶贸易是赚取外汇的重要渠道。但战争爆发，使安徽、福建等传统红茶产区相继被切断，中茶公司必须开辟新的红茶产区，恢复出口，以购买军用物资，坚持抗战。

　　正是在这个背景下，1938 年 9 月冯绍裘受命前往云南调查茶叶产销情况。当时，云南各茶区只产青毛茶，属绿茶一类，高温杀青后，再揉捻晒干。茶商从茶区收购后运到市场，设厂压制成各种"紧形茶"以便运销，能否生产红茶还是个疑问。这年 10 月，冯绍裘从昆明出发，乘汽车沿滇缅公路颠簸了三天到达大理下关。他在下关仔细考察了沱茶，对来自凤庆的大叶茶非常感兴趣。

　　于是冯绍裘向南又走了 10 天山路，沿茶马古道的路线，翻过无量山，在巍山渡过黑惠江到达鲁史镇，跨过澜沧江，最后到达顺宁（凤庆原名）。

　　当时正是秋末冬初的季节，长江南北的茶区都已停止产茶。而此时顺宁附近的凤山上，茶树成林，一片黄绿，生机盎然。茶树有一丈多高，芽壮叶肥，白毫浓密，芽叶生长期长，顶芽长达寸许，成熟的叶片大如枇杷叶，嫩叶中含有大量的叶黄素，产量高品质又好。这些凤庆大叶种茶非常符合冯绍裘的要求。

　　于是他到凤山上采了十几斤鲜叶，分别制成红茶、绿茶各一斤多。结果令人振奋。红茶样：满盘金色黄毫，汤色红浓明亮，叶底红艳发光（橘红），香味浓郁，是国内其他省小叶种的红茶所不具备的。绿茶样：

满盘银白毫，汤色黄绿清亮，叶底嫩绿有光，香味鲜浓清爽，也为国内绿茶所稀有。随后冯绍裘将样品送到香港茶市，获得良好反响。

1939 年年初，云南省经济委员会决定由冯绍裘筹建顺宁茶厂，争取尽快投产。顺宁地处山区，交通困难，300 余里山路，只能靠骡马驮运，制茶机器很难运到。为了争取早日试制，冯绍裘在机器和动力设备没有配齐安装完毕的情况下，采取土法上马，使用人力手推木制揉茶桶、脚踏烘茶机、竹编烘笼烘茶等办法，保证云南红茶试制工作顺利开展。

1939 年，第一批约 500 担云南红茶终于试制成功了，成箱 16.7 吨。当时没有木箱铝罐，就用沱茶篓装，由茶厂 60 批骡马组成马帮，经顺宁道运到昆明，再转运香港，改木箱铝罐出口。

茶叶通过中国香港富华公司转销伦敦，深受客户欢迎。与印度大吉岭、斯里兰卡的乌伐红茶比香气更高，味道浓厚。每磅售价高达 800 便士，仅此一批红茶便可换得近 13 万英镑的外汇。

最开始，冯绍裘将此茶定名"云红"，以对应安徽"祁红"，湖南"湖红"。而当时的云南省茶叶公司方面提议用"滇红"的雅称，即借云南简称"滇"，又取著名景点滇池的意境，于是"滇红"得以最终定名。

中华人民共和国成立后，1950 年原"顺宁实验茶厂"改称"顺宁茶厂"，收归国有，1954 年随县名更改为"凤庆茶厂"。此时，茶厂继续承担着出口赚取外汇的任务。50 年代所产之红茶全部整箱出口到苏联。

在这一时期，很多苏联专家也来到了这个边陲小县，帮助建设厂房。现在厂区内一栋二层的主办公楼就是当年苏联专家所设计的。楼门前的庭院里则矗立着"滇红之父"冯绍裘的铜像。

1958年，滇红特级工夫茶被国家定为外交礼茶，指定由凤庆茶厂独家定型定量生产，专供驻外使馆使用。1986年，英国女王伊丽莎白二世访华，期间到访云南。时任云南省省长和志强赠送给女王两件礼品，一件为云子围棋，另一件就是滇红金芽茶。1996年凤庆茶厂改制为滇红集团，成为股份制企业。

滇红的生茶遵循了传统红茶的生产工艺，包括萎凋、揉捻、发酵、干燥4道工序。其中最重要的是发酵。杨明柱介绍说，先将揉捻过的茶叶解块打散，铺入发酵箱，一般不超过20厘米厚，置于通风处，上盖一块布。

春天发酵温度在20～25摄氏度为最好，相对湿度控制在65%～70%，发酵时间不低于两个小时，必须保证茶叶完全发酵。在此过程中产生红茶的关键成分——茶红素和茶黄素。"发酵程度完全由人工根据原料、气候等条件灵活掌握，当茶叶发出类似于苹果的香味时，则发酵完成。"杨明柱说。如果发酵不足，则味道淡薄、汤色混浊；如果发酵过度，则产生馊酸的味道。

"调饮"是红茶的一大特点。"一方面，由于受外贸影响，西方人习惯加入牛奶；另一方面，红茶口味具有'中和性'，与其他味道的冲突性小。"张成仁说。滇红除了清饮，通常可以调入牛奶、蜂蜜、方糖，也可加入核桃、话梅、开心果。

最别具一格的当属与白兰地的搭配。选用人头马VSOP或轩尼诗VSOP，呈深金黄色或琥珀色，通透如水晶，有清淡的香草味和橡木味。

高品质滇红，最好选高香的金芽茶，散发出标志性的蜜糖香，并伴有甜甜的花果香，色泽橘红透明。先倒干邑几滴入杯打底，再把热滇红倒入，高温激活酒香。茶香、酒香交汇融合，大口畅饮则一股热流直抵体内，中西合璧，感受奇妙。此种搭配是我们在云南见到的最有想象力的饮法。

最后的马帮

我们赶到鲁史镇的时候，正逢集日，道路被挤得水泄不通。一大清早，就有驮柴的毛驴、担菜的农妇从四面八方的小路上聚拢来，青菜、萝卜、豌豆粉、苦荞糕、毛豆腐、腊猪肉、鲜鱼虾、锅碗瓢盆、床单袜子、家用电器……集市就此拉开。山里人赶集虽然不善叫卖，但也不乏讨价还价。

滇红之诞生，其初衷是为出口贸易。当时凤庆出产的红茶必须走茶马古道，翻山越岭，渡过澜沧江、黑惠江到达大理的下关，然后上滇缅公路转运至昆明。最后再由昆明运至香港出口。滇西山高谷深，最初的一段行程（凤庆至下关）必须由马帮完成。这一线路被称为"顺下线"，是茶马古道的重要一段。其中澜沧江以北的鲁史镇则是当中的重要节点。

现在的临沧地区，明清时期大致属于顺宁府管辖，其治所在顺宁县，也就是今天的凤庆县。每年清明节前后，下关、丽江等地的茶商就进驻顺宁采购毛茶。几十匹骡马为一队组成马帮，来往于顺宁和下关之间，为各地茶商运输茶叶，形成一年一度的"春茶会"。毛茶运到下关后，再进行加工压制成饼，或北上丽江进入藏区，或东进昆明经曲靖、昭通运到省外。

马帮的行进路线，除了从凤庆北上至下关外，还向西南进入缅甸。《鲁史镇志》的主编曹现舟老人说，从凤庆进入缅甸又有两条路线。其一是走北路向西，经过永德、镇康、南伞过境；其二走南路向西，经过云县、临沧、耿马、孟定、清水河进入缅甸。两条路的终点都是缅甸掸邦重镇腊戍。这两条入缅的马帮路线也是南丝绸之路的重要一段。

于是缅甸腊戍经凤庆至下关的这条国际贸易线路就连成了一体。凤庆处在这条贸易线中间，茶叶、山货北上经下关销往各地，盐巴及日用品向西南运至缅甸。这条由马帮串联的古老的路线，运行了上千年，直到 20 世纪 90 年代才退出历史舞台。

"茶马古道，凤庆到昆明一共有 18 个驿站，每个驿站间差不多 60 华里的距离，也就是说到昆明要走 18 天，到下关要走 10 天。"曹现舟说。走"顺下线"，从凤庆出发向北经过新村、金马、鲁史、犀牛，然后到了巍山，就进入了大理境内。其中最大的问题是如何跨过澜沧江。

早期的路线，马帮从漭街渡口坐竹筏横渡澜沧江天险。1639 年，徐霞客从凤庆出发前往下关，第一天走到澜沧江南岸的高枧槽驿，第二天从漭街渡口过澜沧江到达鲁史镇。目前凤庆至鲁史的公路基本就是这条线路。

1761 年，顺宁知府刘青带领百姓在漭街渡口下约 10 公里处修起了一座铁索桥——青龙桥。此后马帮就通过青龙桥过江。这座吊索桥一共服务了 200 多年，直到近几年小湾电站蓄水，它才沉入澜沧江底。

青龙桥建成后，交通条件改善，商旅与日俱增，位于澜沧江北的鲁史镇成为"顺下线"上的重要节点，也是澜沧江和黑惠江之间必需的住宿驿站。南来北往的马帮都要在此饮马住宿。400多年过去了，这个古镇至今还基本保留着当年的风貌。

鲁史古镇是滇西片区保存较为完好的古建筑群之一，东西长800米，南北宽500多米，建在半山缓坡上，南高北低。镇中心是四方街，和四方街连接的横街是鲁史古镇的主要街道，形成"三街七巷"的格局。

从整体上看，民居建筑风格受大理白族文化以及江浙一带的影响，具有典型的南诏建筑风格。民居以四合院和一正一厢一照壁式的三合院为主，形成"四合五天井，三坊一照壁"的风格。楼层上下各3间房间，

鲁史古镇入口，这里的石狮子已经有几百年历史

土木结构，屋顶用当地产的青瓦铺盖，墙体和椽柱相接处用麻布石或青石板密封以防火灾。

屋脊均向两头翘起，房檐设有勾头瓦，其上都雕刻有各种精美图案，或龙或凤，或狮或虎，栩栩如生，神气活现。宽敞的院落内，人们植树栽花，叠石造景。临街和靠路的墙体还请文化人或者自己亲自提笔作画题诗，以示高雅。

"惠不在大，救人之急可也；生何居小，悉其物命得焉"，横批："堂有仙草"。走近一看，原来是一家中医诊所。对联有些不凡，联头藏字"惠生"，正是这家医馆的名字。

镇中心是一条3米多宽的石板道，路中间铺着青石板，称为引马石，两侧为碎石。马帮从镇子的南侧进入，沿着青石板路行走。天长日久，石板已经被磨得光滑可鉴，上面至今保留着骡马踩出的脚窝。一路上有若干马店，最大的一家能安排住下四五百匹马，现在已经推倒改建为鲁史镇小学。路的尽头是村里的大水井，马帮在此汲水饮马。

"鲁史镇最繁盛的时候是在上世纪三四十年代，正是滇西抗战时期。大量的军用物资都要由马帮驮运经过鲁史。每天有七八百匹骡马经过。"曹现舟说。

曹现舟带我们找到了张东非老人。老人已经70多岁，赶了28年的马，他是鲁史镇最后的马帮人。张东非22岁开始赶马，跑的都是省内短途。向北跑一趟下关要走7天，向南到南伞走6天。

通常一个人要赶5匹马，普通的马帮有20多匹马，大马帮则有四五十匹。1952年凤庆县成立了民间运输管理委员会，组织全县骡马

1200 匹，制定有关驮运价格和饲料补助标准，往来于下关、巍山与临沧各县，以及凤庆县各乡镇村之间，1954 年改为县民间运输管理站，在鲁史设分站。

当地人说："穷走夷方富赶马。"这也只是相对的说法，赶马虽能赚钱，却是个危险而辛苦的活儿。"马帮有句话说：鬼见草结果的时候出门，白露花开的时候回家。"张东非说。

鬼见草结果是在 8 月份，白露花开是在 4 月份。每年过了 8 月马帮上路，直到第二年 4 月底回家。除开中间 4 个月的雨季，马帮都要在路上行走。马帮跑内地下关一带比较安全，沿途都有马站，吃睡都好解决。跑边疆就困难得多，没有马站，在野外生活，还可能遇到土匪、野兽、"砍人头的"，瘴气也多。

由于路途艰险，生死莫测，马帮形成了独特的禁忌，不吉利的话不能说，于是就有了自己人才能听懂的行话。比如"虎"是不能说的，要叫"猫猫"；篮子的"篮"音近"狼"，就叫"筐筐"；"刀"字和"倒"音近，要改叫"片片子"；"盐"与"淹"音近，形象地改叫"海沙"。"说错了话，马锅头就要惩罚，要请大家吃饭的。"张东非说。

1954 年，从祥云修至临沧的 214 省道修通，由东面绕过了鲁史，原先的茶马古道逐渐冷清了下来。1984 年，从凤庆修通了到鲁史的公路，在漭街渡口架起了一座能通行汽车的铁索桥，汽车可以无阻地驶入曾经的古道重镇鲁史。张东非也是在那一年放下了马鞭，在镇上开了一家小杂货店，经营至今。

凤庆县的国营马帮一直延续到 20 世纪 90 年代，随着村寨的公路建

鲁史镇位于澜沧江和黑惠江之间，曾经是茶马古道南线的重要驿站，现已不复往日喧哗

设，马帮最终消亡了。但在广大的山区，骡马仍然是老百姓不可或缺的运输工具，每到街天（赶集的日子），无论哪一个乡镇，都可以看到骡马喧嚣的景象。

如今，滇红依旧外销，而马帮与茶马古道都已不复存在。

2008 年，一座新的大桥在漭街索桥上游 10 公里处建成，澜沧江不再成为阻隔交通的天堑。我们从桥上走过，脚下是宽阔而平静的水面。随着小湾电站的建成蓄水，高峡出平湖，澜沧江不再如往日那般狂野奔腾。它像一条翠绿的飘带，静静地环绕在滇西群山之中。

* 本文作者李伟，摄影黄宇，原载于《三联生活周刊》2011 年第 13 期。

被澜沧江一分为二的西双版纳，不仅拥有中国面积最大的古茶树山林，也广泛聚居着拥有古老种茶制茶手艺的布朗族、爱尼族、拉祜族等原住居民。老寨子里的碑记和代代相传的习俗，能追溯到1000多年前，这些历史被鲜活地传承下来，成为普洱茶源起的见证。

又到采茶时

3月的西双版纳还是旱季。这个四季如春的地方，只有雨季和旱季之分，每年5月下旬到9月下旬是雨季，其余是旱季。云南茶叶的采摘，基本上从3月下旬开始，持续到10月。

虽然旱季原本就雨水少，但本地人都感觉今年格外少，去年年底的一场大雨后，近百日过去，至今滴雨未落。对于茶叶的采摘来说，这实在不是一个好消息，云南省农业科学院茶叶研究所（简称"茶叶所"）老所长王平盛说，"雨水太少，茶树发芽就慢，产量也很可能会受影响"，尤其是只依靠雨水灌溉的古茶树。

王平盛对于云南的茶树，有身体力行的认知。他从1980年开始，几次参加云南的古茶树资源普查，几乎踏遍了云南的茶山。王平盛和茶叶所课题组的同事们发现，古茶树分布呈明晰的地理脉络，"面积较大的古茶园70%以上集中分布在海拔1100米至1800米的区域"，这些地方都属于"澜沧江水系的山区丘陵地带，温凉、湿热气候地区"，"年均温度 18 ～ 22 摄氏度，土壤以红壤和砖红壤为主，pH 值在 4~6 之间，呈酸性"。

结合行政区划做更具体描述，云南的大叶茶原产地集中在西双版纳的澜沧江两岸，这里也是唐《云南志》所载"茶，出银生城界诸山"所在。茶叶所还有 2004 年最新一次调研得来的具体数据，"西双版纳的 8.2234 万亩古茶园，分布于两县一市 19 个乡镇 100 个村寨""勐海县古茶园面积最大，4.6216 万亩，勐腊县 2.7793 万亩，景洪市 8225 亩"。

分布着古茶园的地方，王平盛感叹，都是"经济较落后、交通不发达的山区半山区"，他们也发现，"现存古茶树资源绝大部分是栽培型的，野生型古茶树仅有零星分布"，这说明山寨中的原住居民们，千百年前就掌握了种茶的技艺，而且世代相传。

在实地踏访中我也发现，古茶树大都分布在山寨周边，只是这周边的概念过于宽泛，远的地方甚至要几个小时才能到达。通往那些古茶树的，只有踩踏出来的山路，大多数时连山路也没有，地上覆着厚厚的落叶。如果一直循着这些茶树翻山越岭，只要有气力，完全可以从一个寨子走到另一个寨子。

这也佐证了研究者们的另一个分析，原住山民们传承的种茶技艺，依旧停留在最原始的状态，刀耕火种，天生天养。在坡度高达 60 度的山岭上，山民们简单烧荒，开辟出一片坡地，然后撒种，只是从茶籽落地开始，生根发芽，他们再不会横加干预，雨水之外不会有额外的灌溉。

把史料和现实相对照，王平盛和同事们还发现了另一个有意思的现象，古茶树的分布呈现出另一条历史兴衰脉络。"清末民初是个分水岭，那之前，云南的茶叶产地主要集中在以勐腊为中心的古六大茶山，而之后，茶叶产区集中在以勐海为中心的新六大茶山。"

古六大茶山的说法来自史籍，如清乾隆进士檀萃《滇海虞衡志》载："普茶名重于天下，出普洱所属六茶山，一曰攸乐，二曰革登，三曰倚邦，四曰莽枝，五曰蛮砖，六曰慢撒，周八百里。"

清光绪年间绘制的《思茅厅界图》表明，古六大茶山都在澜沧江北岸，俗称"江内"，其中攸乐茶山现属景洪市，其余五大茶山均在勐腊县，以易武为中心。而新六大茶山指的是南糯、南峤、勐宋、景迈、布朗和巴达，集中于勐海，都在澜沧江南岸，俗称"江外"。

综合了历史和地理的各种因素，西双版纳茶产业办公室主任彭哲的建议和王平盛相似，如果要做普洱茶溯源考察，在勐海选择一个地方就好。

而大益集团勐海茶厂茶叶研发部经理曾新生给我提供了另一视角，2006 年年底普洱狂热到来的时候，勐海县布朗山乡班章村委会的古树茶创下了晒青毛茶收购的最高纪录，"1 公斤 800 元到 1600 元不等"。即便到了 2007 年下半年普洱茶价格回落，班章茶依旧是毛茶中价格最高的。

班章包括老班章、新班章和老曼峨 3 个村民小组，也就是俗称的寨子，聚居的是爱尼族和布朗族。有意思的是，3 个寨子的海拔依次递减，茶价也如此。综合多种建议，我们选择了布朗山班章，只是老班章和新班章是两个方向，因为时间关系，我们未能到达老班章，只能沿新班章到老曼峨的路线，完成此次田野考察。

种茶人家

四驱的皮卡车在山路上颠簸得厉害，敞篷车厢里装载的东西必须用绳子捆牢，不然都会颠飞出去。从勐海县到布朗山新班章，车程40多公里，驱车却要一个半小时。只有县城到勐混镇一段有水泥路，15公里，从勐混开始全是土路。正巧赶上了七彩云南茶厂前往布朗山茶园基地运送补给的车辆，他们的基地刚好在新班章和老曼峨之间。

茶厂司机李真春对这段山路烂熟于心，从2006年选址开始，他就经常在这段山路上奔波。李真春说，"现在的山路还是今年2月刚刚修整过的，已经平整多了，以前越野车最少也要5小时才能爬上布朗山"。

就像王平盛描述的，布朗山的土地都是红壤和砖红壤，没有石头，就算有也是风化岩，一捏就碎。这样的山路，旱季时，车过处尘土飞扬，似硝烟弥漫；而雨季时，路面泥泞塌陷，甚至山体滑坡崩塌，以致无法通行。

但这样的土壤条件，王平盛说，"恰好最适宜大叶种茶树的生长"。而布朗山山势起伏，"500多米到1800多米的海拔落差，让山上不同的区域形成了不同的小气候"，成为布朗山的大叶茶品质和口感的另一重保证。

和易武老产区的茶叶相比，彭哲说："布朗茶口感刚劲浓烈，而易武茶温婉绵长，所以品茶人中又流传着'布朗王，易武后'的说法。"班章茶创下的天价，也让越来越多的茶叶厂家看中了布朗山，到这里发展现代高产茶园基地。其实从1988年勐海茶厂的基地开始，陆续有茶

七彩云南茶厂的茶叶
基地，由于长期干旱，
工作人员给茶树苗喷
洒水和抗病药水

厂进入布朗山，只是因为交通和各方面条件限制，前期投入成本要求很高，这里现代茶园的数量依旧有限。

车到新班章村，终于又有了一截刚修的 800 米水泥路。这个爱尼人聚居的寨子有 88 户人家，是从老班章分出来的，陆续迁移过几次，最后一次迁徙在 1967 年，应政府号召，为了取水更方便，搬到了地势低的地方。

这"低"是相对而言的，新班章的海拔依旧在 1200 米以上。只是祖辈种下的茶地无法迁移，所以新班章的村民们采茶，往往都需要走漫长的路程。村干部李永勤感叹，以前全部是靠步行，走上一两个小时很正常，2006 年年底茶叶价格起来之后，村里人的手头才终于宽裕了一些，能够买得起摩托车代步。

现在去往茶地途中，不时可以看到路旁停着摩托车。不过车也只能走到这些位置了，采茶还是需要徒步到陡坡上的茶地中去。那些一人到两人多高不等的大茶树，采摘者必须爬到树上，在我看来高难度的动作，村民们却得心应手。他们借助一根粗竹竿或木棍作为辅助，搭在茶树上，就能轻松爬上去站在枝丫上。寨子里的女性，裹着头帕，系着民族筒裙，也能自如地站到茶树上，而且她们还是村里采茶的主力。

与古茶树相比，现代茶园因为经过了频繁修剪，都长成了灌木形状，不再显现乔木的身姿，所以二者的称呼也有了台地茶和大树茶的区分。比较而言，台地茶的产量是大树茶的数倍，每亩产量至少可以达到 40公斤。奇怪的是，高产的现代茶园对于新班章的爱尼人来说，并没有太强烈的吸引力。

易武茶山的普洱茶采摘期可以从3月一直持续到10月（蔡小川摄）

李永勤回忆，20世纪80年代初，茶学专家来过，指导他们种台地茶，茶苗和肥料都是勐海茶厂提供的，但新班章寨子里每家就种了几分地，"不喜欢""搞不懂那些技术"。他们甚至觉得，台地茶采摘起来，比大树茶还要麻烦，"芽头短，不好看，难采"。

其实在2006年普洱狂热到来前，李永勤说，他们采摘的大树茶和台地茶都是混在一起的，晒青毛茶的收购者们也不会强调二者的区别。"价钱都是一样的，上世纪90年代的时候，1公斤最多10块钱，到2006年年初，也不过涨到30元左右。"

70岁的冯炎培老人也被后来的大树茶和台地茶之分所困惑，他是大理白族人，17岁就到下关学习制茶，曾担任下关茶厂厂长，50年在茶叶领域的钻研，让他在退休后依旧成为各茶厂的追逐对象。2006年，他被改制后的勐海茶厂作为技术专家邀请到了勐海。他看到了大家对普洱的狂热，"一下子就冒出来大树茶和台地茶的概念，而且价格天差地别"。

想了又想，冯炎培这样的老茶人也只能用"物以稀为贵"来解释，在概念层出的普洱狂热年代，任何一种概念都是细分市场的钥匙和捷径。

只是冯炎培这样的老茶人很清楚，任凭那些概念如何被说得天花乱坠，其实普洱茶的制作工艺还是一样的，每一年的新茶制作，其实都要经过复杂的拼配，把不同产区、不同品种、不同级别的茶叶按一定比例组合在一起，就像白酒的勾兑一样，反复试验、冲泡、品尝，直到能达到同一类产品最恒定的口感。

除了少量的特别定制，生产者们其实并不会用任何一种单纯的茶叶来制作普洱茶，只是在那狂热的时候，消费者不可能看清这些。

村支书杨刚年轻的时候在布朗山乡做邮递员，骑着老式"二八"自行车，跑遍了整个布朗山，1999 年重新回新班章当起了村干部。他感叹山民们的淳朴和知足常乐，守着祖辈传下来的茶园、菜地和荒山，按照时令和节气的采摘和耕种，依旧是传统的刀耕火种，并不施肥，而是以轮作的方式让土地恢复自然的生命力。即便广种薄收，也没有急功近利的奢求。

杨刚也曾设想过让村民们脱贫的方法，但交通阻隔了村民们和外界的交流，这是个大问题。就拿修路来说，村里刚修的这条 800 米的水泥路花了 76 万元，其中好几十万元都来自村财政。如果不是前两年茶叶价格起来了，村里根本拿不出这笔钱。李永勤也记得，茶叶价格还没有起来的时候，村里人均收入有时候会是负数，一年忙到头，连买糊口的粮食都不够。

在李永勤的记忆里，2004 年之后，到新班章来收茶的外地人才慢慢多起来，广东人、日本人都有，大树茶和台地茶的价格区别开始逐渐显现。比如台地茶若是卖到 30 元 1 公斤，那么大树茶就能卖 180 元 1 公斤。

2007 年 3 月底 4 月初是李永勤的记忆里最神奇的时候，那时刚好是泼水节前夕，陆续来了很多广东的老板们，"一人一个价""前脚刚走一个人，后脚就有另一个人开更高的价钱"。大树茶最高价开到了每公斤 1200 元，李永勤觉得，"就像是天上掉下来的价"。只是这神奇只持续了 10 多天，也是突然间，"不知道又发生了什么，人全都不见了"。

陪同我去往古茶树的路上，李永勤陆续回忆起这些往事，我很奇怪为什么村民们不自己为毛茶寻找销路。这在李永勤看来根本就不是一个问题，"不懂销售，找不到销路"。

1997 年的时候，村里曾有人自己加工过绿茶，但只做了两年就关门了，此后，再也没有人开过加工厂。另一方面是运费太贵，"一车沙子，在坝子里是 1 立方米 30 元到 40 元，到了山上，就成了 120 元"。他计算过，如果雇用卡车运送茶叶下山去卖，一车的运费就是 1200 元，"挣的钱都给了司机"。

我顺口提了一句要尝试古老的烤茶，李永勤就记下了，回村时从古茶树上掰了几枝茶叶，在家里的火塘边给我演示起来。把茶叶先放在火上炙烤，然后放到盛满开水的烧水壶里，再放在火塘边滚烫的炭灰上熬焖。大约一刻钟后再喝，茶香扑鼻，回味甘醇。

其实从 2006 年年底开始的普洱茶热，在 2007 年泼水节高峰之后回落，过度炒作终于让人们对普洱茶的真实价值产生了质疑，而迅速涌入市场良莠不齐的生产者和销售者们，让这个以井喷速度勃兴的产业遭受重创。

不过好在因为几家传统的老制茶企业，诸如大益勐海茶厂、下关茶厂的存在，市场上依旧保留了很大一部分品质值得信赖的普洱茶，这也让普洱茶产业在被腰斩触底之后，找到了缓冲的平台。

李永勤和他的村民们并不清楚这些，他们只知道，茶叶是改善生活的唯一希望，如果没有人要，这些茶叶就会重新一文不值。

古寨茶香

夜宿新班章一晚后，我们跟随李真春的车，继续前往老曼峨。老曼峨距新班章车程大约还有 10 公里，20 分钟。不过这是一段下山路，抄小路也就 5 公里，当地人半个小时就能走到。

老曼峨距离布朗山乡政府还有 25 公里的路程，也是布朗山乡最大、最古老的布朗族人聚居地，有 152 户人家。布朗族和傣族的习俗很接近，男子都姓岩，女子都姓玉。村干部岩温宽说，老曼峨寨子的历史已经有 1371 年。

寨子分布在山坳中的平地上，海拔比新班章低，太阳也出得更晚。不过这里的古茶树同样分布在陡峭的山岭上，虽然距离寨子更近些，但进山的路却比新班章更难走，有一大段路几乎是直上直下的陡坡，一不留神，脚下的土就会松动打滑。可布朗族的山民们走起来依旧如履平地，大片古茶林里，总能看到身着民族服饰的采茶女们。

这些茶叶被采摘回去后，需要经过的第一道程序就是杀青，这也是普洱茶加工的第一步。用更专业的术语，就是钝化新鲜茶叶中氧化酶的活性，让茶叶散发掉 60% 到 70% 的水分，变得柔软。

曾新生说："不同时间采摘的茶叶、不同生长程度的茶叶含水量都不同，杀青所需要的时间也不同。"简单说就是"嫩叶老杀，老叶嫩杀"。而在依旧保留着传统手工的寨子里，铁锅杀青依靠的同样是经验，这些技艺难以言说，一代代口耳相传下来。

寨子里炒茶的都是大铁锅，直径 1 米左右。等到柴火旺起来，把茶

新班章寨村长李永勤
正在制茶（于楚众摄）

叶倒锅里，会迅速升腾起一股雾气。我们在新班章的时候，刚好赶上了李永勤晚上那一轮的炒茶。他的工具就是手，偶尔会在锅内温度过高的时候借助一下树杈。

他说用手炒茶更有手感，锅铲是万万不能乱用的，很容易就会损坏铁锅，一口可要 98 元呢。我凑近锅前，入鼻的是一股浓烈的植物清香，当地人都觉得那是一种樟树的芬芳。这样的一锅茶，大约 12 分钟可以完成杀青，接下来就是揉捻，科学的说法是破坏叶细胞，使茶叶有利于做形和冲泡。

曾新生说现代的普洱茶市场上有"泡条"和"紧条"两种概念，前者是完全不揉捻，让茶叶保持杀青后的原状，为的是形状好看。中国台湾地区市场流行炒作这种概念，"泡条"其实产量小众，揉捻的"紧条"才是普洱生产的主流。大圆簸箕里的茶叶，几分钟就能揉好。

紧接着是茶叶初制的最后一个步骤，晒青，实际上就是通过阳光使茶叶干燥。如果不下雨，茶叶一天就能晒好，若是暴晒，则六七个小时就能完成。寨子里家家户户晒台上都有可以晾晒茶叶的大竹簸席。村民们把做好的晒青毛茶用大化纤袋装起来，存放在家中，等待收购者的到来。晒青毛茶就是制作普洱茶的基础原料。

热情的村干部岩温宽选了村会计岩央么一家来招待我们，晚饭时间提前到了 19 点，热情的村民围拢过来，用他们从勐海镇买来的澜沧江白酒招待贵客。酒过若干轮后，地下一堆空瓶子，村民们还意犹未尽。晚上依旧是大通铺般的地铺。

传统的布朗族和爱尼族木楼，都跟傣族相似，一楼圈养牲畜、堆放木

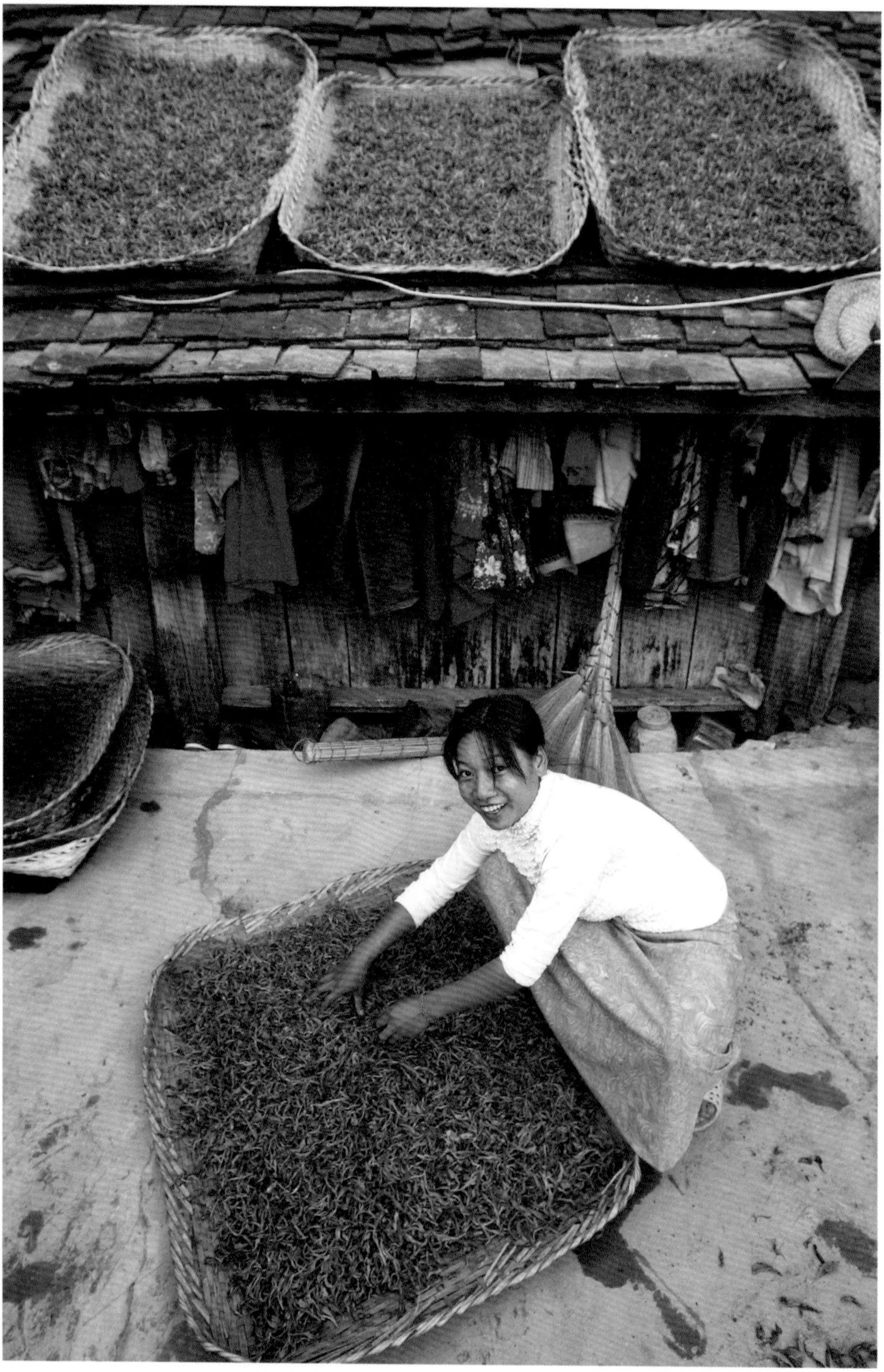

清晨老曼峨的村民都要把采摘的茶叶晒干（于楚众摄）

老曼峨寨中的古茶树已有
几百年的历史（于楚众摄）

柴和杂物，二楼敞开式的大空间兼具了生活起居的全部功能。砖块铺底的方形火塘在屋子的一角，这也是屋子的核心，唯一不可移动的部分。每户人家，只有主人睡的地方会用木板和布帘分隔出相对私密的空间，其余并无分隔，沿墙两侧铺上竹席、垫上被子就成了客人们的床。岩央么的妻子玉香旦为我准备的地铺，在距离火塘最远一侧的墙边，但因为跳蚤的侵袭，我还是难以入眠。等到大喇叭里传来诵经声，我已经睡意全无了。玉香旦也起了床，把柴火从屋外抱进来，架在火塘上，用一截松明引燃。树皮哔剥着冒出轻烟，不一会儿，火苗就艳艳地蹿了上来，舔着支在三脚铁架上的饭锅锅底，暖意和饭香一点点在清冷的屋子里弥散。

这时还不到 6 点，天还没亮，屋外低而密的星星依旧，山风清冷。玉香旦招呼我到火塘边烤火，用饭铲搅动锅里的米，不让它们煳底。

她说，诵经声来自寨子里的缅寺，是提醒村民起床，为寺庙中的僧人准备进供的早饭。村干部岩温宽曾说，这缅寺已经有了 1360 多年历史，"文革"期间被毁坏后重建，以前缅寺靠撞钟声来唤醒村民，20 世纪 90 年代寨子通电之后，广播喇叭中的录音诵经就取代了钟声。

从清晨 6 点多开始，村中的老人和少女们陆续会聚到缅寺，他们携带的供奉简单相似，用小搪瓷杯盛的一小杯米饭，还有用大竹叶包裹的一些菜。他们神态虔诚，沿着燃烧的松明子作为指引，到大殿跪拜，然后再把米饭放到缅寺的大托钵里。整个仪式大约在 7 点天亮时结束，村民们新的一天就此开始。

等到我从缅寺返回的时候，天已经大亮，玉香旦家二楼晒台上的灶火已经升起，岩央么正忙着用铁锅来炒制昨晚刚采回来的茶叶——其实严格意义上讲，采摘的茶叶要当天杀青。采茶的人们早上出门，带上中饭，一直要忙碌到太阳下山之后方才回家，忙完炒茶和家务后，时间往往都到了深夜一两点。这就是茶叶采摘季节山民们的日常节奏。

可是我们这些不速之客的到来，妨碍了岩央么家的正常劳作，所以他只能把杀青的时间延后到次日早晨。当我不好意思地道歉时，这个朴实的布朗族汉子反而以"早上炒茶比晚上看得更清楚"来宽慰我。

每一年普洱茶的行情，都从3月底的春茶开始。虽然西双版纳的茶叶采摘季节从3月底持续到10月，但根据节气会分为春茶、雨水茶和谷花茶3种，春茶最贵，雨水茶最便宜。所以，每一年3月底开市的行情，都将主导村民们这一年收成的高低。每一年的期待，就从3月底那一锅锅的茶青开始。

茶业兴衰

蒋红旗是个爽快的重庆人，到云南20年，口音也就带上了软糯的云南腔。他也跟茶叶打了若干年的交道，以前是茶叶所办公室主任，2007年开始担任七彩云南茶厂的副总经理，陪同各色人等跑遍了云南各大茶山。他觉得我错过了2006年年底普洱茶狂热的时候，勐海"全民皆茶"的盛况，"县城里唯一的大酒店根本订不到房间，小宾馆也爆满，走到街上，到处都是卖茶的。坐个三轮车，听到'茶叶'两个字，连三轮车夫都会拿出来给你看"。

勐海成为茶叶重镇，严格说是近代的事情。茶叶中心从澜沧江北岸向南岸的转移，其实跟动荡的时局以及其间现代机械化制茶企业勐海茶厂的建立紧密相连。

云南省茶叶协会主办的《云南茶叶》1999年第3期上，公布了1998年云南省20个产茶大县排行榜：勐海6909吨，景洪6708吨，凤庆6508吨……景谷1464吨，勐腊1372吨。旧时的老产区景谷和勐腊已经排到了末尾。

曾经若干次深入勐海采访的作家雷平阳搜集了丰富的一手资料，也在他的《普洱茶记》里对普洱茶的历史做了深入分析，在勐海的茶叶行家们眼里，这本书也是关于普洱茶最权威的资料之一。

在雷平阳看来，在明清普洱茶极盛时期，作为茶叶的集散地，普洱有六条"茶马大道"，均以普洱为圆心，向四方延伸，通向内陆地区、西藏和国外。这也是中国台湾的邓时海所说的"丝茶之路"的主干部分。

这六条路分别是：普洱昆明官马大道，茶叶经由骡马运到昆明，然后被客商贩卖到四面八方；普洱下关茶马大道，茶叶经下关运往滇西各地及西藏；普洱莱州茶马道，茶叶据此过江城，入越南莱州，然后转往我国西藏和欧洲等地区；普洱澜沧茶马道，茶叶据此过勐腊，到老挝北部各省；勐海景栋茶马道，这是6道中唯一一条没有经过普洱集散的"外线"，普洱茶商们直接深入普洱茶主产区勐海，购得茶叶后直接取道打洛，至缅甸景栋，然后再转运泰国、新加坡、马来西亚和中国香港等地区。

思茅和下关并不像西双版纳这样盛产茶叶，但因为特殊的地理优势，成为茶叶集散加工中心。冯炎培老人也证实，他记忆中下关的茶叶主要来自思茅、临沧和勐海。他听老辈人说，在20世纪30年代以前，思茅和勐海是茶叶的集散地和加工中心，后来思茅爆发了一场瘟疫，茶商和马帮不南下了，集散地就往下关转移。中华人民共和国成立前，下关大小加工厂有 30 多家，以大理西州人居多。当时出名的有四大家，下关成了紧压茶和沱茶的加工中心和集散地。

除了"内忧"，还有"外患"。1912 年至 1926 年，英国人在缅甸大修公路、铁路，1930 年公路修到了景栋，距离打洛仅几十公里，从打洛、仰光、加尔各答、噶伦堡至拉萨比普洱、大理、丽江、芒康至拉萨要缩短 1 个月的路程，普洱茶的生产、交易、出口中心转向了勐海。

1937 年法国人又在越南作祟，阻挠易武、倚邦的茶进入越南，澜沧江东岸六大茶山的销路受阻，1938 年思茅、普洱、易武、佛海（今勐海）4 个地区，仅剩佛海还有路可出，经打洛出境销往我国西藏和缅甸。1928 年至 1938 年佛海的私人茶庄已经增至 20 多家，进入黄金岁月，成为当时唯一能跟易武比高下的地方。

而 20 世纪 40 年代范和钧的到来，让佛海迅速取代易武，成为现代茶叶贸易中心。他从国民政府那里获得了一项特殊的许可证。1939 年 6 月，孔祥熙以财政部的名义下文，禁止私人运茶出境，茶叶外销权归中国茶叶公司，这使得澜沧江以东茶叶产区的私人茶庄动弹不得，而范和钧建立的佛海茶厂（今大益勐海茶厂）成了实质上的垄断者。

与范和钧同期的茶商还有南糯山茶厂的白孟愚，这也是一个传奇人物，不过和佛海茶厂不同，南糯山茶厂主要加工的是红茶。中华人民共和国成立后两厂合并，成了新勐海茶厂的基础。而以大益为商标的勐海茶厂的产品，至今是普洱茶市场上的绝对主力，也是普洱茶产业中产量上的龙头企业。

　　早年间的普洱茶更像是古思普府出产的茶的统称。冯炎培老人回忆，中华人民共和国成立后茶叶统购统销，云南一共 4 家茶厂，分别用 1 至 4 来标示；到了 20 世纪 50 年代末期，多了临沧茶厂；20 世纪 60 年代之后，茶厂迅速发展起来，各地州县都有了茶厂。不过各茶厂的生产分工不同，比如凤庆专门生产滇红，下关 70% 生产紧压茶，而勐海则红茶、绿茶和紧压茶都有。

　　1959 年后，云南各地都开始重新种植茶树，甚至试种植过小叶种，从江浙一带引进，大理和勐海都种过，但采摘之后发现还不如大叶种，后来就被淘汰了。

　　冯炎培记得，以下关茶厂为例，当时生产的几类茶都叫普洱茶。

　　第一类是紧压茶，也叫边销茶，从丽江、中甸往北进入藏区，这种茶压制成心脏形状。冯老曾经去易武看过，据说这种紧茶的形状是藏族人自己画的，后来就传到了下关。后来厂家都不生产心形紧茶，而改成了茶砖，所以 20 世纪 60 年代末的一批心形茶就被称为"末代紧茶"。边销茶可以选用夏茶来制作，因为茶叶运到藏区之后，藏族人的饮用习惯是煮制之后用来打酥油茶，他们试验过，用嫩的春茶来做紧茶，煮出来的口感远远不如夏茶。

　　第二类是沱茶，当时的下关沱茶主要运往昆明，然后再进入重庆，或者经昆明到昭通再进入四川宜宾。当时沱茶的销售地遍及全国 23 个省市，以重庆为主，其次是湖南长沙。沱茶是碗状的，用料比紧压茶讲究，用春茶。

第三类是内销的"三春茶"，分别叫"春蕊"、"春芽"和"春尖"，也是散茶。第四类是外销的"侨销圆茶"，也就是现在的"七子饼茶"，主要销往东南亚和我国香港、台湾地区。

2008 年开始实行的普洱茶标准中，明确区分了普洱生茶和熟茶。事实上，后发酵作为一种人工工艺，在 1973 年之后才开始大规模使用。

冯炎培回忆，普洱茶的后发酵工艺还是从广东传过来的。但说法还有很多种，原勐海紧压茶车间主任曹振兴曾回忆，1969 年，勐海茶厂就开始对销往西藏的紧压茶进行人工后发酵试验，并大量生产，只是后发酵工艺尚未成熟，后来销往中国香港等地的茶叶也按此法生产，并命名为云南青。

这种茶叶 1974 年是生产高峰。还有一说是法越战争期间，越南合江茶厂生产了一批茶叶，由于战乱无法外销，囤积了数年，战争结束后，才把这些茶叶销往广东、香港等地，人们食用后，发现它像普洱茶一样醇香，称之为"发水茶"。广东口岸公司河南茶厂受越南合江茶的启示，对这些茶叶进行了分析研究，形成了后发酵工艺。

不管怎样，广东的发水茶面市，对急于缩短普洱茶发酵周期的云南茶叶界来说是个喜讯。云南的茶叶生产者们纷纷到广东取经，然后回来研制改进。所以 20 世纪 70 年代普洱茶人工后发酵陈化技术的成功，尤其是在勐海茶厂的成功应用，成为现代普洱茶发展进程中的标志性事件。

如果一定要遵循历史，严格说，普洱茶人为的生茶和熟茶的区分并不为一些茶叶爱好者所接受。传统意义上的普洱茶，在压成茶饼后，通过茶马古道运送出去，在遥远的运输途中，自行后发酵，才成为普洱茶，跟人工发酵没有关联。

不过勐海茶厂的老赶马工项朝福老人在接受雷平阳采访的时候，曾经对于茶叶运输途中风吹雨淋导致后发酵坚决否认，他的理由是：茶叶均用竹笋叶包扎，雨淋不到，除笋叶外，还有大量遮蔽物。每年所产的秋茶，在版纳囤积的时间并不长，但路途运输时间长，仅勐海到下关，中间就有 48 个马栈，要走 48 天。所以后发酵的完成，还是因为制作工艺中的温度，让多酚类物质在微生物作用下发生复杂的生物转化和酶促催化反应。

不过目前大量的市场需求，和已经被熟茶培养出来的消费者的味觉，还是给普洱熟茶提供了广阔市场。人工后发酵工艺和普洱茶的拼配一起，成为普洱茶制作的核心秘密。这两个地方，任何茶厂都不会轻易让外人参观。朴素的晒青毛茶，经过若干工序，尤其是这两道核心工序后，就成了神秘的普洱茶。

* 本文作者王鸿谅，原载于《三联生活周刊》2009 年第 11 期。

布朗山：
在有机茶园里制作红茶

位于勐海县的布朗山是云南茶叶集中的新六大茶山之一。在这里的布朗山有机生态茶园里，传统的勐海大叶种和新培育出的"云抗10号"等成为制作红茶的原料。相比其他几种茶类，红茶对鲜叶的要求更苛刻，只有一芽一叶或单芽的鲜叶方可入选。

布朗山茶园

布朗山茶园基地位于西双版纳州勐海县的新班章和老曼峨之间，这里原本是属于少数民族农村的荒山，2007 年被昆明七彩云南茶业有限公司改造成为一个 7000 多亩的有机生态茶园。

魏聪在茶园刚建成后就来到这里工作，他说，那时这里还是一片荒凉。"以前路非常难走，越野车最少也要 5 个小时才能爬上布朗山。我第一次来的时候正好赶上下雨，路太滑，车根本爬不上去。在老乡家过了一夜，第二天天亮了还是爬不上去，在下面休整了好几天，天放晴后才终于上去。"

当年这片土地上少有人至，只有零星几户茶农在荒山上种植，这些来茶园"垦荒"的城里人，生活只能依赖半个月一次的长途物资补给。但魏聪深知这是一块不可多得的宝地。"俗语说，高山云雾出好茶，茶园所在位置有独特的气候特征。这里海拔在 1600 米至 1700 米之间，平

布朗山乡老曼峨寨的布朗族
采茶姑娘（于楚众摄）

均年降雨量 1374 毫米，年平均气温 18～21 摄氏度，属于亚热带季风气候，低纬度高海拔，雨量充沛，湿度较大，同时温度适宜。周围又有丰富的植被，有利于调节气候环境，保持水土。同时，越偏远，越远离工业污染。"

魏聪被公司派到生产基地后，做的第一项工作就是进行茶园的规划。"500 亩以上的有机茶园就必须规划主干道，在茶园的片区中间，规划出石子路或者土路，保证排蓄水，否则没办法满足植被对水土的需求。"

此外，有机茶园更重视树种的搭配。

第一种方式是同一树种的搭配种植，比如将"云抗 10 号""云抗14 号"两种国家级良种栽种在一起，这样做的最大好处是方便采摘。魏聪说："这是从经济效益来考虑，保证这里是一个密集、高产的茶园。"不同的品种鲜叶成熟时间是不一样的，将同一个品种的两种茶树种在一起，才能使采摘保持在同一时间段内。

第二种组合是将药用植物和茶树组合在一起，比如将紫云英和杜仲栽种在一起，这主要是从水土保持的角度来考虑，因为二者都是乔木型的植物，对于梯田式的茶园来说，是非常合适的水土保持方法。

专业化的茶园，更要重视植被的多样性。布朗山茶园的最外围是以罗汉杉、大叶冬青、翠柏为主的防护林，目的是防止强风吹进来，影响茶树生长。在防护林的内部边缘和各个片区的行道内，栽种国槐、小叶松等观赏性的树种。

在片区中，与茶树结合最紧密的，是一些覆荫树种，比如樟树、山茶、银杏等，间种在茶树内，形成"零星而不是成排的搭配"。由于茶树喜欢漫反射光，而不是直射光，和其他树种间种，既可以保证合适的光照，又能保证足够的阴凉。搭配种植更适合茶树的自然生长，植被越丰富，越有利于抑制病虫害，能让茶树依赖自然条件就可以调节环境，这是有机茶园比普通的生态茶园更有优势的因素之一。

红茶的原料

魏聪毕业于云南农业大学，所学的专业当时叫"茶文化与茶叶加工"，隶属于园林园艺学院，随后因为普洱茶惊人的发展，他所在的专业独立出来，成立了专门的普洱学院，原来的专业也被拆分为茶文化、茶叶加工两个方向。

魏聪上学的时候，从茶艺表演到茶叶生产、评估、质量管理通通都要学，不仅是普洱茶，全部的六大茶类都要涉及，这也让他在工作之后，在七彩云南茶业公司的茶叶生产销售的各个领域都有所参与。身在茶园，但他对茶叶生产的各个环节都如数家珍。

在勐海地区，用来制作红茶的大多是勐海大叶种，又名佛海茶，原产地在勐海县的南糯山，现在主要分布在滇南一带。此外，昆明七彩云南茶业公司现在正在更多地尝试由云南省农业科学院茶叶研究所在南糯山选育出的"云抗 10 号"来制作红茶。

之所以选择它们作为红茶的主要原料，是因为它们的叶面积比较大，光合作用更强，物质积累也就更丰富。魏聪说："叶片里的茶多酚和氨基酸的含量都会因此而比较高，茶多酚构成了茶叶的浓度，表现着茶的苦涩味，氨基酸意味着茶叶的鲜爽度，氨基酸含量越多，鲜爽度越高，喝起来鲜灵的味道就越足。"

茶树在不同的季节可进行多次采摘，而只有每年春末至秋初采摘的鲜叶才可用于红茶加工。魏聪说："即便是同一棵树，在不同的季节采摘，鲜叶的鲜度也是不一样的。每年这时候采摘的叶片最为肥硕，这个季节的叶片不会迅速地长出新叶，叶片的持嫩性比较强，不会迅速老去。"

这一时期，外界的气候条件也最适合进行红茶加工。七彩云南茶业生产部负责人万云龙说，红茶制作最关键的发酵、萎凋环节与气候关系

非常密切，温度太低不适宜红茶生产。"只有在最合适的条件下，将新鲜的叶片尽快进行加工，才能保证红茶的品质。"

国内很多企业，对待红茶和绿茶的态度有微妙的差异。与绿茶比，红茶的市场显得更加集中和高端，很多茶企都把红茶更多面向了高端市场，企业对红茶的生产要求也更为严格。

"嫩度决定了价格。"魏聪说，七彩云南茶业公司对鲜叶采摘的环节要求很高，在布朗山，红茶鲜叶的采摘要靠纯人工的方式，"单手或双手提采"来进行。"采摘的高度不能太低，要尽量在冠面采摘，下雨时的雨水芽不能采，霜冻过的芽不能采，过长、过短的芽尖不能采，紫色的芽尖不能采，因为紫色的花青素含量太高。"

红茶选择的是一芽一叶或者单芽的鲜叶，万云龙说，因为红茶的特点就是高鲜爽度和浓醇的香气，叶片少，意味着茶多酚和氨基酸的含量更加集中，更适合红茶的特点。和一芽两三叶的鲜叶相比，一芽一叶和单芽的采摘难度就大大增加了。一个熟练的农户，采摘一芽两三叶的效率能够达到每天 100 公斤，甚至更多，但对于后者来说，一天采摘的数量只有 10 公斤。

不同季节采摘的鲜叶制作出来的红茶口感也会有所不同，万云龙说："春季的红茶能散发出玫瑰花般的蜜糖香味，夏天因为叶片长速加快而香气减弱，到了秋初，香味虽然没有那么浓烈，但味道变得更加悠长，更有回味。"

在后期加工环节，鲜叶的香气都会因为红茶的工艺而发生变化。制作红茶时，最关键的环节是萎凋。将鲜叶放于萎凋槽中，薄薄地摊成 3～5 厘米厚，使鲜叶逐渐萎蔫。

经过萎凋机器加工，鲜叶会发生一系列变化：水分减少，叶片由脆硬变得柔软，便于揉捻成条；叶中所含酶类物质的活性增强，促使淀粉、蛋白质、不溶性原果胶等鲜叶成分发生分解、转化，生成葡萄糖、氨基酸、可溶性果胶等物质，多酚类物质也不同程度地氧化。

经过了萎凋环节，鲜叶的青草气就会逐渐消退，取而代之的是我们熟悉的茶叶清香味，有时还会伴有水果香或花香，茶的滋味由此变得醇厚。

* 本文作者吴丽玮，原载于《三联生活周刊》2011 年第 13 期。

八皖之茶：源远流长

茶經卷上

一之源　　　竟陵陸　羽　撰

一之源　　二之具　　三之造

茶者南方之嘉木也一尺二尺迺至數十尺其巴山峽川有兩人合抱者伐而掇之其樹如瓜蘆葉如梔子花如白薔薇實如栟櫚蒂如丁香根如胡桃瓜蘆木出廣州似茶至苦澀栟櫚蒲葵之屬其子似茶胡桃與

松萝茶：

今生前世

明代松萝茶的兴起，反映了江南以细致高雅为尚的审美品位，已经成为品茶的标准，而江南社会的富裕提供了附庸风雅的条件，使得本来是少数精英雅士的禁脔成了大众向往的高级奢侈品。

浓郁内敛

最近这段时间，也不知道是因为天气忽冷忽热，还是什么其他的缘故，我感到肠胃干结、口干舌燥、浑身不适，而且隐隐约约觉得牙龈有点疼，上颚似乎还有点肿。心想不妙，这一定是传统中医说的，阴阳失调，肝火亢旺。

怎么办呢？看医生很麻烦，而且还没生病，只是不舒服，医生一定是建议你多休息、多吃蔬菜水果、多喝水之类。突然想起初夏的时候，苏州的朋友送了我两罐松萝茶，说是徽州产的，特别有降火的功能，而且能够消积化滞，甚至还有防治高血压的功效。当时也就是听听，现在身体不舒服了，想不出其他好方法，于是从橱里取出茶罐，姑且试试。

现代的茶叶包装，十分考究，罐上贴了防伪的封条，里面是特制的锡纸袋，真空包装。打开来有一股田野的清香，有点兰桂的氤氲香气，但更接近夏天田野刚刚割过的青草气味。

我找了一只水晶玻璃杯，轻轻倒出茶叶，是一粒粒卷曲的小茶珠，墨绿色的，体积比保济丸稍大。奇怪了，我印象中的松萝茶是索条形的绿茶，产在徽州休宁县，介于黄山毛峰与庐山云雾茶之间，怎么变成一粒粒的保济茶丸了呢？

用 90 摄氏度的热水一冲，小小的茶丸缓缓舒展开来，墨绿色的叶片像萌芽得到雨露的滋润，在杯中散发春天浓郁的香味。原来这一罐松萝茶的制法，仿效了中国台湾地区的冻顶乌龙，在揉捻的技巧上花了不少功夫，把茶叶内蕴的滋味都揉成一团珠丸，等着冲泡那一刹那的璀璨。

我慢慢啜饮这一杯松萝，香气很重，微微带点苦涩，却是十分爽口的苦涩，好像喝到贮放了十几年的木桐古堡（Mouton Rothschild）红酒。刚开瓶时，还有丝丝涩口的感觉，在醇厚的酒香之中作怪。刺激味蕾的单宁酸，见到大千世界，接触了美丽的阳光空气，就像洪太尉放走的妖魔一样，霎时间就消失得无影无踪，只剩下阳光雨露抚育出的底蕴，绽放着馥郁的芳香。

松萝茶入口偏涩，懂茶的人都说茶有"三重"：色重、香重、味重，其实与茶底的单宁酸含量较多有关，焙制得法就产生浓烈的口感。松萝茶与龙井、碧螺春一样，都是绿茶，都没有经过发酵的程序，但是龙井的香气清扬开敞，像李白的诗；碧螺春的香气细腻芬芳，像李清照的词；松萝则浓郁内敛，像李商隐的诗句，有点浓得化不开。

喝到口里，松萝有一种沉稳广袤的乡野气息，更接近蒸青的太平猴魁，让你联想到暮春时节荼蘼花开，而与龙井因炒青而迸发的扑鼻香气，会令人想到清明时节杏花绽放，意趣十分不同。

或许是因为松萝茶炒青的方式不同，强调文火揉捻，把浓郁的茶香滋味都卷入了团丸之中，产生了接近橄榄香味的高爽口感。也有人说，制作最好的松萝，重点是烘焙的火候，炒青与揉捻则全凭巧劲，只可意会不可言传。总之，松萝茶的滋味不同于现在流行的龙井与碧螺春，味道要香醇厚重得多，适合喝酽茶的人。

异军突起

其实，我没有实际制茶的经验，对松萝茶制作过程的细节所知有限，倒是因为研究茶饮的历史文化，查过许多文献资料，很知道松萝茶兴衰的历史演变。松萝茶是明代隆庆年间发展出来的名茶，从晚明到清中叶大受文人雅士的追捧，可与杭州龙井茶、苏州虎丘茶媲美。隆庆、万历年间的松江人冯时可写过《茶录》，其中特别提到松萝茶：

> 苏州茶饮遍天下，专以采造胜耳。徽郡向无茶，近出松萝茶，最为时尚。是茶始比丘大方。大方居虎丘最久，得采造法，其后于徽之松萝结庵，采诸山茶于庵焙制，远迩争市，价倏翔涌，人因称松萝茶，实非松萝所出也。是茶比天池茶稍粗，而气甚香，味更清，然于虎丘能称仲、不能伯也。松郡佘山亦有茶，与天池无异，顾采造不如。近有比丘来，以虎丘法制之，味与松萝等。老衲亟逐之，曰："无为此山开膻径而置火坑。"盖佛以名为五欲之一，名媒利，利媒祸，物且难容，况人乎？

冯时可在这段文字里，说到万历年间的饮茶风尚，和当时其他的上层社会风尚一样，都以苏州马首是瞻，而松萝茶的异军突起，显示各地模仿苏州风尚与技艺，又另出机杼的现象。冯时可所说的现象，可以归纳成以下几点：

1. 在晚明的江南，苏州的虎丘茶与天池茶引领风气，以感官享受的乐趣，显示士大夫追求高雅品位的境界，倾向于清雅平淡之中的细致芬芳。虎丘茶与天池茶，以精妙稀少著称，文人雅士奉为精品，视若拱璧。松萝茶的出现，风行一时，就是徽州茶产在文化品位上模仿苏州的现象。

2. 创制松萝茶的大方和尚，原来是苏州虎丘寺的和尚，在那里学会了制茶的技艺。后来到徽州休宁的松萝山结庵，自立门户，同时用苏州制作虎丘茶的方式，焙制了松萝茶，风味接近苏州的虎丘茶与天池茶，大受欢迎。但是，松萝茶的品位境界，还是比不上苏州的原产。

3. 松萝茶一旦有了口碑，四处风行，价格开始飞涨，徽州各地山区的茶农也都采用松萝的采制方法，大量制作松萝茶，以应对广大市场的需求。其实，当时市场出现的松萝茶，都不是松萝山的出产。

4. 松江府的佘山也产茶，茶的质地与苏州天池茶相类似，却不懂得制作的工艺。近来有和尚带来了新的制作工艺，做出的茶可以达到松萝茶的水平，引起了老和尚的不满，赶走了制茶的和尚。理由是，佛门本清静之地，制茶而引进滚滚财源，带来世俗利欲腥膻，会玷污佛门，变成名缰利锁的火坑。

冯时可的评论，反映了晚明商品经济发展，直接影响到文化风尚的流行，风雅可以变成商品，连佛门都化作制造风雅的场地，令人浩叹。

传《宋徽宗《唐十八学士图卷》》局部，描绘宋代文人饮酒、品茶的聚会图，藏于台北故宫博物院

冯时可所说的松萝茶风行，影响到松江，连佘山茶也仿效松萝茶制法。

由此可知，晚明江南的富裕，提供了附庸风雅的环境与条件，使得茶饮风尚引发了名牌效应。先是苏州虎丘茶风行，然后有大方和尚以虎丘制茶法在徽州松萝山制茶，造就了明末声名鹊起的松萝茶。一旦成了名牌，人们追求风尚，商家就有利可图，争相仿制，价格也直线上升。

清初叶梦珠的《阅世编》就列出徽州茶托名松萝，在明末清初的江阴地区，价格昂贵飞腾，到了康熙年间，风尚一过，贬值七八成之多："徽茶之托名松萝者，于诸茶中犹称佳品。顺治初，每觔（斤）价一两，后减至八钱、五六钱。今上好者，不过二三钱。"松萝茶在明末作为高档时尚商品，一时风光无两。在利益驱动下，徽州附近出产的茶叶都挂上松萝茶的名目，结果当然是真假难分。明末在出版界活跃的徽州人吴从先，以追求高雅品位为职志，相当了解自己家乡的茶产细节，对松萝茶真赝混淆的情况，感到痛心疾首：

> 松萝，予土产也。色如梨花，香如豆蕊，饮如嚼雪。种愈佳则色愈白，即经宿无茶痕，固足美也。秋露白片子，更轻清若空，但香大惹人，难久贮，非富家不能藏耳。真者其妙如此。略混他地一片，色遂作恶，不可观矣。然松萝地如掌，所产几许？而求者四方云至，安得不以他泯耶？

明末松萝茶的兴起，反映了江南以细致高雅为尚的审美品位，已经成为品茶的标准，而江南社会的富裕提供了附庸风雅的条件，使得本来是少数精英雅士的禁脔成了大众向往的高级奢侈品。影响所及，全国各地一窝蜂，开始制作江南特色的细茶。近如佘山，远至武夷山地区，都出现以松萝法制茶的现象，这更加推波助澜，扩散了商品的名牌效应，直到清代中期才逐渐消歇。

以假乱真的现象，是商品射利的惯例，倒非松萝茶所独有，龙井茶的情况更为严重。万历年间性喜游山玩水的杭州明贤冯梦祯（1548～1605），就在日记中抱怨，龙井的茶农狡猾得很，在龙井当地卖的龙井茶，都真赝难辨："昨同徐茂吴至老龙井买茶。山民十数家各出茶，茂吴以次点试，皆以为赝。曰，真者甘香而不冽，稍冽便为诸山赝品。得一二两以为真物，试之，果甘香若兰，而山人及寺僧反以茂吴为非。吾亦不能置辨，伪物乱真如此。"

黄龙德的《茶说》（1615）说，江南各地的名茶产量都十分珍稀，因此充斥着赝品：

杭浙等产，皆冒虎丘、天池之名。宣、池等产，尽假松萝之号。此乱真之品，不足珍赏者也。其真虎丘，色犹玉露，而泛时香味，若将放之橙花，此茶之所以为美。真松萝出自僧大方所制，烹之色若绿筠，香若兰蕙，味若甘露，虽经日，而色、香、味竟如初烹而终不易。若泛时少顷而昏黑者，即为宣、池伪品矣。试者不可不辨。

不禁让人联想到今天随着生活逐渐富裕，也有类似的风尚追求。人们蜂拥到杭州西湖周边的龙井专卖店，去买贵州出产的赝品龙井；大陆游客群集台湾的鹿谷，抢购堆积如山的赝品冻顶乌龙，其实产地却是福建安溪附近的山区。时隔400多年，社会经济发展与文化风尚追求的脉络，居然十分相似，只好让人带着反讽的感伤，吟诵杜甫的诗句："怅望千秋一洒泪，萧条异代不同时。"

风行

关于大方和尚创制松萝茶及其风行的历史，地方志中有相当详细的记载。明弘治十五年（1502）《徽州府志》，说到地方土产有茶，著名的高档品种从来就有：胜金、嫩桑、仙枝、来泉、先春、运合、华英，等等。述及明代中叶，"近岁茶名，细者有：雀舌、莲心、金芽；次者为芽下白，为走林，为罗公；又其次者为开园，为软枝，为大号，名虽殊而实则一"。这一记载明确显示，明代中叶之前，徽州的茶产，并没有松萝茶这个名目。到了清康熙三十八年（1699）的《徽州府志》，在

"物产"项下，一开头是这么说的："茶产于松萝，而松萝茶乃绝少。"接着就全部引述弘治《徽州府志》的茶产数据段落，结尾的一句却改为"实皆松萝种也"。配合宋代淳熙二年（1175）《新安志》记载茶产，除本来就有的胜金、嫩桑、仙枝、来泉、先春、运合、华英等高档茶叶，还透露消息说，松萝茶作为新的品种出现，要迟到明代中叶以后，而且产量极少。到了后来，凡是徽州产的茶叶，因为茶种相同，全都归入松萝茶一类，造成真赝难分的现象。

徽州地方的县志，记载得更为详细。清顺治四年（1647）《歙志》物产类记载"茶"："多山、黄山、榔源诸处，往时制未得法。僧大方为薙染松萝者，艺茶为圃，其法极精，然蕞尔地耳。别刹诸髡制归，其以取售，总号曰松萝茶。间有艺园中者，制出尤佳，故其法已流布，住在能之。"

乾隆三十六年（1771）《歙县志》："茶概曰松萝。松萝，休（宁）山也。明隆庆间休僧大方住此，制作精妙，郡邑师之，因有此号。而歙产本轶松萝上者，亦袭其名。不知佳妙自擅地灵，若所谓紫霞、太函、幂山、金竺，岁产原不多得；其余若蒋村、径岭、北湾、茆舍、大庙、潘村、大塘诸种，皆谓之北源。北源自北源，又何必定署松萝也？然而称名者久矣。"可见大方和尚在隆庆年间创制松萝茶之事，在休宁的邻县歙县，撰写志书的人知道得相当清楚，而对徽州其他地区所产的茶叶都总名松萝，颇不以为然。

出产正宗松萝茶的地区，在徽州府休宁县的松萝山。休宁有明弘治四年（1491）程敏政主编的《休宁志》，其中完全没有提到松萝茶。万

历三十五年（1607）的《休宁县志》则说，松萝得名是因为山上多松林，本来不产茶。后来松萝茶出现，茶种还是原来的地方茶种，只是使用了新的制作法，结果受到追捧，名噪一时："邑之镇山曰松萝，以多松名，茶未有也。远麓为榔源，近种茶株，山僧偶得制法，遂托松萝，名噪一时。茶因踊贵，僧贾利还俗，人去名存。士客索茗松萝，司牧无以应，徒使市恣赝售，非东坡所谓河（汧）阳豕哉？"

这里用苏东坡汧阳豕的故事来比喻松萝茶，充满了讽刺的口气，是说世人没有能力辨别好坏真假，人云亦云，以讹传讹，居然把松萝茶的名声炒起来了。东坡汧阳豕的典故，来自《东坡志林》，是苏东坡自己叙述的："予昔在岐下，闻汧阳猪肉至美，遣人置之。使者醉，猪夜逸，置他猪以偿，吾不知也。而与客皆大诧，以为非他产所及。已而事败，客皆大惭。"

名满天下

明万历年间，江南经济起飞，社会繁华，士大夫生活优裕，吃要吃山珍海味，穿要穿绫罗绸缎，住要有亭台楼阁、花园假山，口腹享受之不足，还要精益求精，讲求品位，出现了一大批讲究美食茶饮、园艺居室的书籍。

大量的茶书面世，所胪列的高档名茶，成为追求风尚的指标，而松萝茶的名目也就逐渐出现在万历晚期的茶书之中。高濂的《遵生八笺》提到了虎丘茶、天池茶、罗岕茶、龙井茶，没提松萝茶。陈师的《茶考》认为天池茶与龙井茶最好，雁荡山茶、大盘茶、罗岕茶次之，没提到松萝茶。

杭州人胡文焕编写《茶集》，收集历代有关茶的文献资料，在万历癸巳（1593）的序中说到自己喜欢喝茶，收罗了当时各地名茶，有虎丘、龙井、天池、罗岕、六安、武夷等名目，也没有松萝茶之名。苏州人张谦德的《茶经》有万历丙申年（1596）的序，书中有"茶产"一节，罗列历代名茶的产地之后，品评当时的名茶，是这么说的："虎丘最上，阳羡真岕、蒙顶石花次之，又其次则姑胥（苏州）天池、顾渚紫笋、碧涧明月之类是也，余惜不可考耳。"显然也是没听说过松萝茶。

袁宏道（1568～1610）于万历二十三年（1595）开始担任吴县（今苏州）县令，两年后不堪案牍劳形而辞官，在1597年游历江南各地，早春先到无锡，以惠山泉瀹茶，品评当时江南名茶，说："一日，携天池斗品，偕数友汲泉试茶于此。一友突然问曰，公今解官，亦有何愿？余曰，愿得惠山为汤沐，益以顾渚、天池、虎丘、罗岕，陆（羽）、蔡

（襄）诸公供事其中，余辈披缁衣老焉，胜于酒泉醉乡诸公子远矣。"

不知袁宏道此时是否试过松萝茶，总之没有提及。但是在同年仲春，他经嘉兴到杭州，在龙井与陶望龄等友人汲泉烹茶，分析各地名茶特性，品评名茶等级，就说到松萝茶，并且以之名列天池茶之上："近日徽人有寄松萝茶者，轻清略胜天池，而风韵少逊。"杭州茶饮名家许次纾著《茶疏》，有万历丁未（1607）刻本，书中"产茶"项下，特别标出了长兴的罗岕茶，随后就指出："若歙之松萝、吴之虎丘、钱塘之龙井，香气秾郁，并可雁行，与岕颉颃。"许次纾是万历年间最精于茶道的名家，他的说法还出现在高元濬的《茶乘》之中，可见，到了万历末叶，松萝茶已经得到苏杭一带文人雅士的青睐，视为高档茶的上品了。明末以高雅品位著称的文震亨（文徵明的曾孙），在他的《长物志》中描述松萝茶，说："十数亩外，皆非真松萝茶，山中亦仅有一二家炒法甚精，近有山僧手焙者更妙。真者在洞山之下，天池之上。新安人最重之，两都曲中亦尚此。以易于烹煮，且香烈故耳。"

明末的江西名士费元禄（1575～？）在《鼍采馆清课》中，品评当时各地的名茶，论述甚为精到：

　　孟坚有茶癖，余盖有同嗜焉。异时初至五湖，会使者自吴越归，得虎丘、龙井及松萝以献。余汲龙泉石井烹之。同孟坚师之叔斗品弹射。益以武夷、云雾诸芽，辄松萝、虎丘为胜，武夷次之。松萝、虎丘制法精特，风韵不乏，第性不耐久，经时则味减矣。耐性终归武夷，虽经春可也。最后得蒙山，莹然如玉，清液妙品，殆如金茎，当由云气凝结故耳。

费元禄这一段品茶记录，罗列了当时最负盛名的虎丘、龙井、松萝，同时又比较武夷茶、云雾茶、蒙山茶，指出各种名茶的特性，可以视为明末嗜茶者流行的看法。其中说到松萝茶与虎丘茶不耐久，不像武夷茶可以久存，经年不败，指出松萝与虎丘质地类似，品类相同，不能久存，是与制茶的方法有关的。

万历年间的罗廪著有《茶解》一书，有 1609 年屠本畯的序，书中列出当时最受人称道的名茶，有虎丘、罗岕、天池、顾渚、松萝、龙井、雁荡、武夷、灵山、大盘、日铸。讲到制茶的方法，罗廪特别提到松萝茶：

> 茶叶不大苦涩，惟梗苦涩而黄，且带草气。去其梗，则味自清澈；此松萝、天池法也。余谓及时急采急焙，即连梗亦不甚为害。大都头茶可连梗，入夏便须择去。松萝茶，出休宁松萝山，僧大方所创造。其法，将茶摘去筋脉，银铫炒制。今各山悉仿其法，真伪亦难辨别。

罗廪对松萝茶十分了解，明确指出，其制作程序，与苏州一带的精致炒焙方式，如出一辙。以同样方法制作，各地也都可以做成类似的茶叶，当然难免会出现真伪难辨的情况。

为《茶解》写跋（1612）的龙膺特别推崇松萝茶，说自己要喝好茶，首选是松萝，喝不到松萝，才喝天池茶或顾渚茶。他对松萝茶的制作方法，因为亲自观察过大方和尚的制作程序，也颇有心得，认为松萝茶的制法与岕茶不同，其"色香而白"的优良质地，全在炒焙揉捻之功。因此，按照大方和尚的制作程序，别处的上好茶芽也可以制出媲美松萝的好茶：

> 宋孝廉兄有茶圃，在桃花源，西岩幽奇，别一天地，琪花珍羽，莫能辨识其名。所产茶，实用蒸法如岕茶，弗知有炒焙、揉捼之法。予理鄣日，始游松萝山，亲见方长老制茶法甚具，予手书茶僧卷赠之，归而传其法。故出山中，人弗习也。中岁自祠部出，偕高君访太和，辄入吾里。偶纳凉城西庄称姜家山者，上有茶数株，翳丛薄中，高君手撷其芽数升，旋沃山庄铛，炊松茅活火，且炒且揉，得数合，驰献先计部，余命童子汲溪流烹之。洗盏细啜，色白而香，彷佛松萝等。自是吾兄弟每及谷雨前，遣干仆入山，督制如法，分藏董董。迩年，荣邸中益稔兹法，近采诸梁山制之，色味绝佳，乃知物不殊，顾腕法工拙何如耳。

龙膺在他自己写的《蒙史》中，对松萝茶的制作，说得更为清楚：

> 今时茶法甚精，虎丘、罗岕、天池、顾渚、松萝、龙井、雁荡、武夷、灵山、大盘、日铸诸茶为最胜，皆陆（羽）经所不载者。乃知灵草在在有之，但人不知培植，或疏于制法耳。……松萝茶，出休宁松萝山，僧大方所创造。予理新安时，入松萝亲见之，为书《茶僧卷》。其制法，用铛摩擦光净，以干松枝为薪，炊热候微炙手，

将嫩叶一握置铛中，札札有声，急手炒匀，出之箕上。箕用细篾为
之，薄摊箕内，用扇搧冷，略加揉接。再略炒，另入文火铛焙干，
色如翡翠。

松萝茶以制作精良考究取胜，明末宁波人闻龙的《茶笺》也讨论过，
并称之为"松萝法"："茶初摘时，须拣去枝梗老叶，惟取嫩叶，又须
去尖与柄，恐其易焦，此松萝法也。炒时须一人从旁扇之，以祛热气，
否则色香味俱减。予所亲试，扇者色翠。令热气稍退，以手重揉之，再
散入铛，文火炒干入焙。盖揉则其津上浮，点时香味易出。"

万历年间的谢肇淛（1567 ~ 1624）在《五杂组》书中，也记录了
他亲自到松萝一带，听制茶的和尚说"松萝法"："今茶品之上者，松
萝也，虎丘也，罗岕也，龙井也，阳羡也，天池也。……余尝过松萝，
遇一制茶僧，询其法。曰，茶之香，原不甚相远，惟焙者火候极难调耳。
茶叶尖者太嫩，而蒂多老。至火候匀时，尖者已焦，而蒂尚未熟。二者
杂之，茶安得佳？松萝茶制者，每叶皆剪去其尖蒂，但留中段，故茶皆

一色，而功力烦矣。宜其价之高也。"

看来松萝茶的制法，与现代徽州的上品炒青绿茶类似，选料精审，炒青与烘焙的火候更为讲究。真松萝的产品极为稀少，而类松萝则徽州各地都可以仿制，因此，松萝茶名满天下，真赝难辨，也就无足为怪了。

衰落

明末清初的遗民诗人吴嘉纪（1618～1684）曾经写过一首《松萝茶歌》，可算是诗文中叙述松萝茶最详细的文学作品。他说，江南产茶的地方很多，但是真正能够品味松萝茶的人却很少："今人饮茶只饮味，谁识歙州大方片？松萝山中嫩叶萌，老僧顾盼心神清。竹篑提挈一人摘，松火青荧深夜烹。韵事倡来曾几载，千峰万峰丛乱生。春残男妇采已毕，山村薄云隐白日。卷绿焙鲜处处同，蕙香兰气家家出。北源土沃偏有味，黄山石瘦若无色。紫霞摸山两幽绝，谷暗蹊寒苦难得。种同地异质遂殊，不宜南乡但宜北。"

这里说的"歙州大方"，就是最早在休宁松萝山始创松萝茶的山僧大方和尚，而"大方片"的说法，让我们知道松萝茶炒制之后呈现为片状，与龙井茶的外貌相似。诗中提到北源、紫霞、摸山（幂山），都是徽州传统产茶的地区，也是被人统称为松萝茶的来源。

生长在江苏泰州的吴嘉纪为什么如此清楚松萝茶产地、知道松萝茶出产的复杂情况呢？原来他喝到的松萝茶，都来自两位徽州好友，他们时常给他寄茶，使他感激不尽，甚至想要搬到徽州去，买块山地种茶，与好友结庐为邻："夐岩汪子真吾徒，不惟嗜茶兼嗜壶。大彬小徐尽真迹，水光手泽陈以脒。瓶花冉冉相掩映，宜兴旧式天下无。有时看月思老夫，自煎泉水墙东呼。郝髯陆羽无优劣，茗椠微茫触手别。灵物堪令疾疢瘳，今年所贮来年啜。怜予海岸病消渴，远道寄将久不辍。二君俱是新安人，我愿买山为比邻。一寸闲田亦种树，瓯香椀汁长沾唇，况复新安之水清粼粼。"

吴嘉纪《松萝茶歌》提到的"夐岩汪子"，名汪士铉，原名微远，字扶晨，徽州地区潜口人，是吴嘉纪的诗友。屈大均曾写诗给汪扶晨，收入诗集后附有批注："扶晨家在潜溪，门前有紫霞山，去黄山九十里。扶晨自制茶，名紫霞片。海陵吴野人（嘉纪）有《谢扶晨寄紫霞茶》诗。"

吴嘉纪的诗是这么写的："病渴老益甚，命棹还田家。情人相追送，赠我紫霞茶。此物瘳疾疢，岁产苦不多。感君回首望，已隔芙蓉花。花红江水碧，归程尽三百。茅斋林木里，明月照床席。独饮山中茶，忆此山中客。"因此可知，吴嘉纪所咏的松萝茶，其实是汪扶晨自己种植监制的紫霞茶。

诗中说到可以匹敌陆羽的"郝髯"，名郝仪，字羽吉，徽州人，是与吴嘉纪诗歌唱和的知己好友，行贾于徽州、扬州、泰州，为人慷慨大方，时常接济生活在贫困中的穷诗人吴嘉纪。

吴嘉纪诗集中，有大量诗作写给郝羽吉，如《咏古诗十二首·赠郝羽吉》，最后一首说："茶味世不识，浊俗何由醒？鸿翼覆野啼，陆羽真天生。饮啜道遂广，荈蔎辨尤精。采摘谷雨前，归来山月明。夜火喧僧舍，幽芬淡人情。吴楚几原泉，气味本孤清。汩没山谷里，几与众水并。逢君一鉴赏，人间尽知名。至今品题处，滴溜寒泠泠。"是称赞郝羽吉能辨别茶味，是品茶的鉴赏专家。

郝羽吉于1680年过世，第二年谷雨时节，吴嘉纪写了两首绝句，《茶绝怀郝二》，怀念郝羽吉年年远寄松萝茶，斯人已去，再也得不到这份温馨友情的照顾了。其一："三径蓬蒿一老身，愁闻谷雨是今晨。自从郝二夜台去，空椀空铛干杀人。"其二："箬篓铅瓶封且题，频年千里寄柴扉。数钱今日与山店，买得松萝忍泪归。"

由吴嘉纪的例子，可以看出，他能常喝松萝茶的原因，是得自徽州诗友的馈赠。他的徽州诗友平素从事商业活动，经常来往于徽州、扬州、泰州一带，也就传布了松萝茶风尚，让生活窘迫的吴嘉纪也能品尝山乡的珍稀滋味，齿颊生香。

这个寄赠松萝茶到扬州一带的例子，同时显示了徽商在扬州的活动，并不只是翻滚于钱堆之中，也热衷于文化审美的生活品味，提倡风雅，活跃于经济以外的文化场域。"扬州八怪"之一的郑板桥，曾有题画诗，把翠竹新篁与松萝新茗并列，表达天朗气清的早春感觉，还题了诗，颇有扬州地域的时尚感："不风不雨正晴和，翠竹亭亭好节柯。最爱晚凉佳客至，一壶新茗泡松萝。几枝新叶萧萧竹，数笔横皱淡淡山。正好清明连谷雨，一杯香茗坐其间。"

松萝茶到了清乾隆、嘉庆时期，仍然相当风行，而且是徽商经营的大宗。江澄云的《素壶便录》就说，产自休宁的松萝茶固然最负盛名，然而黄山一带也产好茶，可以媲美松萝，如黄山云雾茶、黄山翠雨茶等，可能质量还要高于松萝。

其实，徽州地区出产很多高级品种，如歙县的太函茶、潜口的紫霞

清中叶描绘江南茶叶作坊繁忙景象的绘画作品

茶、西乡的金竺茶、南乡的小溪茶、北源诸山的茶，都不亚于松萝。清嘉庆年间刊印的《橙杨散志》特别说到徽商经营茶叶的情况："歙之巨商，业盐而外惟茶。北达燕京，南极广粤，获利颇赊，其茶统名松萝。而松萝实乃休（宁）山，匪隶歙境，且地面不过十余里，岁产不多，难供商贩。今所谓松萝，大概歙之北源茶也，其色味较松萝无轩轾。"

松萝茶的衰落，大概是在清末之后，国势衰微，经济颓败，战乱不止，革命频仍。吟风弄月、品茗赏花的心境，很难在山河破碎之际继续承传，而松萝茶的风尚也就成为绝响。一直到了 21 世纪，国家经济起飞之后，人们生活富裕了，松萝茶居然像浴火的凤凰，再度从休宁的山坳里，飞翔进我们的视野。我喝着松萝茶，不禁冥想，今天的松萝茶会不会再度成为时尚？

* 本文作者郑培凯，原载于《三联生活周刊》2015 年第 19 期。

在中国复杂的茶叶谱系中，六安瓜片十分特殊。

一方面，它是唯一无芽无梗的茶叶，采摘期仅限为谷雨前后的十余天，产地以皖西齐头山方圆几十公里为限；另一方面，六安瓜片的加工工艺极为复杂，反复长达一周，尤其讲究烘焙火工的拿捏，老一分则苦，嫩一分则涩。在茶叶的外形塑造上，更是极尽雕琢之能事，以至冲泡出来如同翠绿的瓜子片，并以此得名。

即使在今天，瓜片的生产仍需投入大量人力，这使得成本居高难下。有好事者曾统计《红楼梦》中 80 多处提到六安瓜片，但现实中此瓜片茶却流通不广，仿佛只存在于小说与遐想中。

齐头山

傍晚时分，王永发在红石谷的入口处等我们，他是齐头山山脚下齐云村的村民。老王 55 岁了，头发已花白，但身体健壮，穿着老式的绿军衣，脚上踩着大头鞋。我们要到他家住一晚。暮霭四合，最后一缕夕阳穿过山间的薄雾形成了一种深橘色的光芒，在山谷中前行，如同走在底片陈旧的老电影里。

齐头山是一个在普通地图上找不到的地方，海拔只有 804 米。

莽莽大别山像一枚三角形的楔子，从西向东打入安徽的六安，横跨鄂、豫、皖三省。齐头山就在大别山的东北麓，与江淮丘陵相连，东接六安，南临霍山，北望淠河，西衔响洪甸水库。淮河在北，长江在南，当地人玩笑话说，在山顶撒泡尿，向南则流入长江，向北则流入淮河。

六安瓜片的产地十分狭小，只产于皖西大别山北麓的金寨县、霍山县的部分地区，方圆五六十里，品质以金寨齐头山为最佳。瓜片前身就为"齐山云雾茶"，而齐头山所产茶被称为"齐山名片"，是瓜片中的极品。

在齐头山南侧的悬崖上有一石洞，因大量蝙蝠栖居，故称蝙蝠洞。相传，整座齐头山所产茶中，又以蝙蝠洞为最，在蝙蝠粪便的滋养下，茶树芽叶格外肥壮，口味最为清香醇厚。这听起来像是一个玄而又玄的故事。

就在齐头山与香炉峰之间，有一形似灯盏的山间平台，人称灯盏坳，王永发的家就在那里。从红石谷的山口走进去要一个多小时的路程。齐山村一共1400多人，分为20多个组，分散居住在齐头山内，村民们世代以茶树为生。再有不到一个月，新一年的采茶季将要到来，确切说，谷雨前后的十几天将决定他们每年80%的收入。

红石谷通往大别山深处，两侧巨石皆为红色，一条六七米宽的溪水从中流过，当地人称为"龙井沟"。越往深处走，不断有溪水、飞瀑从两侧岩壁上涌出，汇入龙井沟，在山间平缓处又形成若干小潭，村民们称为"龙潭"。溪水清澈见底、卵石密布，一年四季奔涌不息。去王永发家并没有路，必须要在龙井沟两侧穿行。夏天山洪暴发，山里人就出不来了。最长的时候，王永发一个月没有出山。

茶树在这里是最普通的植物，山谷两侧的巨石缝里、竹林中都生长着野生茶树。城里人说"一铺养三代"，对山民而言，茶树也具有同样的价值。一棵茶树栽种三年后即可采茶，如果养护得当，可一直采摘七八十年。"最后，把茶树的根以上都锯掉，来年茶树还会重新生长，重获新生。"一笑堂茶叶公司副总经理武卫权说。武卫权毕业于安徽农业大学茶叶系，在六安搞了 20 多年的茶叶。

茶树最早由何人所种，瓜片的生产技艺又是何人所传，这些问题村民们也搞不清楚。按照老王的说法，很多野茶树都是松鼠种下的，"松鼠摘了茶籽埋起来，自己忘了吃，野茶树就越长越多"。

齐云村的老村主任何明锦快 70 岁了，他拄着拐杖说，他家世代定居于此，何家祖坟已经超过了 180 年。"解放前，我的父亲兄弟三人都是麻埠镇上三大茶行的'掌秤杆子'，村民来卖茶，品级都是他们说了算。"何明锦说。何家祖上是河南人，自他的爷爷辈迁移至此繁衍生息，到何明锦的孙辈全族已经有 100 多人了。

山高谷深无法种粮，运输交通更是不便。一块普通的红砖从山外挑进来运费就要 8 毛钱，一块砖的总成本要 1 块钱。山民们盖间砖房都是件极困难的事，而茶树则是上天给予山民们的最大恩赐。

"即使在计划经济时代，村民们先把茶叶卖给国营的收购站，然后拿着粮本买返销粮吃。"金寨县农业委员会的朱世军说。金寨是国家级贫困县，总共有 8 万农户，其中一半要靠茶叶吃饭。

记不清转过了几道弯，看到一块小小的山谷平台，老王家就到了。在城里人看来，老王的"栖居"富有诗意，居有竹，食有肉。两家人围合起 100 多平方米的院子，院外是一排摇曳的细竹，10 米之下就是龙井沟奔流不息的泉水，晚上在床上听着就像绵绵细雨的声音。院子里跑着鸡、鸭和黄狗，房梁上挂着腊肉、腊鱼。

老王从山上引泉水，在厨房内并排修建了两个蓄水池，第一个用于沉淀，然后引入第二池；第二池上缘再挖一槽口，水满后就流回溪中。他家永远喝的是活水。老王的三个孩子都已进了城，平日家中就是他和老伴两个人。为了招待我们，老王还拿出了腊过的野猪肉。

对于茶树的生长，齐头山的环境得天独厚。山中昼夜温差大，3 月中旬白天温度 20 摄氏度左右，晚上则降至 4 ~ 5 摄氏度，这对茶树的生长十分有利。"白天气温高，茶树的光合作用强，而晚上气温低，植物的呼吸作用弱，消耗也就少，所以留存的有机物就多。"朱世军说。

茶树的生长需要湿润温和的环境。齐头山区域年均降水量在 1200 ~ 1400 毫米之间，常年平均气温 15 摄氏度左右。根据气象资料，在近 25 年中，年均降水天数为 125.6 天，常年相对湿度高达 80%。长江以北很少有这种温润之地。

皖西山区是淮河上游的水源涵养区，齐头山的西侧为烟波浩渺的响洪甸水库。20 世纪 50 年代，毛主席指示"一定要把淮河修好"后，水利部门在六安境内的山谷间筑坝截流，先后兴建了响洪甸、梅山、佛子岭、龙河口和磨子潭五大水库，调节水量并向上海工业区发电。其中响洪甸和梅山两座水库在金寨县境内。

于是，当年金寨县最繁盛的 3 座古镇——麻埠镇、流波镇和金家寨都淹没于库区之内，其中尤以茶、麻交易繁盛的麻埠镇最为著名。为了治理淮河，金寨做出了巨大牺牲，10 万亩良田被淹，十万移民迁徙。

但现在看来，良好的环境却保存了下来，尤其适于茶树生长。"水库成为一个大型空调，尽管山区四季分明，但是气候异常温和。"朱世军说。山区夏季十分凉爽，平均气温在 25 摄氏度以下，高于 35 摄氏度的天气几乎没有。

现在，如果要到齐头山的西麓收茶叶，还需坐船进去，穿过响洪甸水库。公路只修到了东侧的红石谷口。

大部分的日子，齐头山都笼罩在淡淡的云雾中，山顶上的两块红色巨石也是若隐若现。全年有雾日达 181 天，海拔 400 米以上地区春季有雾时间达 76 天之久。王永发说，即使是晴天，太阳直射的时间也只有三四个小时。阳光透过云雾和水库的反射形成了漫射光，茶树喜阴，在这种光照条件下使茶树芽叶绿润，可产生较多的叶绿素 B。茶树利用漫射光中的蓝紫光，形成多种氨基酸和芳香物质。

半个月后，齐头山将变成水红色，映山红开得漫山遍野。"告诉你一个识别方法，"朱世军说，"凡是能长映山红的地区，就能长茶树，映山红是茶树的地理标识。"这两种植物都喜欢偏酸性的土壤。

皖西学院环境科学系的考察发现，齐头山的土壤主要是普通黄棕壤和山地黄棕壤，土壤深 1.5 米以上，pH 值 4.8 ~ 5.5，土壤富含有机质，且排水良好。在这种条件下，茶树新梢育芽能力强，叶绿素含量高，光合能力强，有机物的合成与积累也多。与名优茶品质密切相关的氨基酸、茶多酚、儿茶素、咖啡碱等有效成分含量高，酶活性加强，尤其是氨基酸酶活性增强，可以促使茶氨酸大量合成，提高茶的鲜爽度。

"我们这里的土壤含钾高，挖出去都可以直接当钾肥用。"王永发说。

蝙蝠洞

在接力赛一般的鸡叫声中，新的一天开始了。

吃过早饭后，王永发带我们上山去看茶园。整个齐山村共有3000多亩山地，老王家有30多亩茶园。他所在的齐山组的土地位置最好，都在齐头山上，所产茶的价格也卖得最高，谷雨前后的毛茶（粗加工的半成品）可以卖到300元一斤。

大别山的春天刚刚开始，白色的梨花和淡粉色的樱桃花最先开放，二月兰和蝴蝶兰星星点点散落在树下，有时还会惊起刚刚爬出冬眠洞穴的小草蛇。皖西山区的茶树属于中小叶种，山上的茶树完全自然生长，吸风饮露，不施肥料，所以体型比平原地区更小，最高者不过1米，大多不超过半米。茶园一块块散落在山坡上，平均坡度也有30～40度，最陡的竟有接近60～70度。每处茶园面积都不大，大多四五亩的样子，茶树间隔也十分稀疏，每平方米内不过三四株。而在山下茶园，茶树全部成行种植，看起来就像绿化隔离带。

民国时期，由于生产瓜片有利可图，茶叶产区也逐渐从山区向平原发展。于是，六安瓜片又分为"内山瓜片"和"外山瓜片"。所谓"内山"指以齐头山为中心的山区，海拔在300米以上，而最佳区域则在海拔600米以上；"外山"则指海拔低于300米的丘陵平原地区。现在内山瓜片主要分布于环绕响洪甸水库的齐头山、鲜花岭、青山镇、张冲、油坊店一代；外山瓜片主要产于东面裕安区的石板冲、石婆店、狮子岗、骆家庵等地。

瓜片泡出的茶

内山瓜片产于山岭之间，爬上山已经不容易了，根本无法施肥浇水，农民平时只做一些除草和剪枝的工作。每户所有的茶园又很分散，路上总要耽误大量时间，翻山越岭更是辛苦。所以内山茶虽然质量高，但是产量少，所有的高产茶园都在外山。

齐山村的村民分散地居住在山坡上，我们走累了就进去休息一会儿。村民们会热情地端上用泉水冲泡的瓜片茶。村民们讲不出太多的道理，不过他们会指着茶叶，自豪地告诉你一些辨认方法。比如齐山所产茶与外山茶颜色不同，鲜叶初展时就有些隐隐的淡黄，经过杀青烘焙后，翠绿色的叶面上就蒙上了一层淡淡金色，散发出一些金属光泽。

每一小片茶园之间是毛竹林、杉树林和桐梓林。一丛丛兰花生长于

山顶有个巨大的蝙蝠洞，相传以洞口生长的茶叶为极品，图为茶农王永发攀爬峭壁至蝙蝠洞

王永发的外甥与妻子在采茶路上

王永发说，按照瓜片的采摘速度，他家茶园中至少有一半的鲜叶来不及采，很快老化失去价值

竹林、树林之下，再过 20 天左右，山间的兰花就会慢慢盛开。清风起时，竹香、花香四溢。山民们每年都喜欢顺手挖几株新鲜的兰花种于自家院内。茶树不过是山中的一种植物，与多种花草树木的共生又使茶叶平添了其他植物的芬芳。近兰花者香气清雅幽深，近竹林者则香气高远淡然，而靠近杉树林的则可品出木香。

2003 年，何明锦作为金寨县的"人大"代表去合肥开会，他特意带上了两包与兰花共生的茶叶。"冲泡后，会议室里都充满了兰花香。"何明锦说。年纪已高的老何经常拄着拐棍站在山口，制止游人挖走兰花。

在所有关于六安瓜片的传说中，蝙蝠洞是一个让人充满遐想的地方。

齐头山南坡上有一石洞，处于人迹罕到的悬崖峭壁之上，因大量蝙蝠栖居，故称为蝙蝠洞。传说洞口曾有"神茶"。有年春天，一群妇女结伴上齐头山采茶，其中一人在蝙蝠洞附近发现一株大茶树，枝叶茂密，新芽肥壮。她动手就采，神奇的是茶芽边采边发，越采越多，直到天黑还是新芽满树。次日她又攀藤而至，但总也采不完的"神茶"已然不见。据说蝙蝠粪含有大量的磷，所以周围的茶树长势最好。

为一探究竟，王永发叫上了外甥小黄与我们同行，小黄特意背上了一捆绳子。齐头山上的小路都是村民们两只脚走出来的，我们花了两个小时才到了蝙蝠洞。

蝙蝠洞位于离山顶不远的悬崖峭壁上，洞口距地面 15 米左右。峭壁约 80 度，十分光滑，洞口前的石缝处原有两棵树，现在已经死了一棵。小黄身手敏捷，小心翼翼地徒手爬上了峭壁，然后在树上固定好绳子，我们可以顺着绳子爬上去。

蝙蝠洞深 3 米多，能容数人，地上蝙蝠粪便厚积，松软如棉。蝙蝠栖居石缝深处，白天很难见到，但静坐洞中，却时而能听到暗处蝙蝠飞动的呼呼声，如风似涛。

蝙蝠洞内左侧，自上而下有一巨大石缝，与地面呈 75 度左右倾斜，这个石缝是蝙蝠洞的一个出口，当地人常由此钻入，然后从峭壁右侧十几米外的另一处崖隙钻出。小黄说，石缝内最窄处只有 20 厘米左右宽，瘦子都要吸口气才能通过。这个石缝只能下不能上，所以要进入蝙蝠洞必须要攀峭壁上去。

洞口只存荒野茶一丛。倒是蝙蝠洞绝壁下的山坡上，有一小片茶园，可制成极品瓜片，据说这里是齐头山茶叶价格最高处，毛茶每斤可以卖到 500 元。

宝和草

大米 500 斤，木柴 5000 斤，木炭 2000 斤。

从春节之后，王永发就开始准备这些物资，大米、木炭要从山外背进来，木柴则要从山中砍伐树木和树枝。现在，老王家的院子里已经垒起了高高的木柴堆。

所有这些材料都是为了 20 天后采茶之用。每年采茶季，王永发都要从山外请十二三个人来帮忙，采摘的鲜叶要经过摊晾、杀青和初烘制成毛茶。这些帮工吃住都要在王家。"在我们家干活，中午晚上都有肉吃，伙食要搞好。安徽人比较讲吃的。"王永发说。

山民们一年四季有不同的事情做，春天采茶，夏天除草，秋天捡桐梓，冬天砍毛竹。其中最重要的事情就是采摘春茶，卖茶叶的收入要占到村民全年收入的80%。而砍一棵十几米高的毛竹背出山去，只能卖十六七块，如果是一棵100多斤的杉树，也只能卖到四五十元。

齐云山在长江以北，采茶时间比大部分江南茶区要晚20～30天。与其他茶叶不同，瓜片的采摘极为讲究，只采摘最嫩的叶片，既不要芽也不要梗，一根枝条上最多只能采五六片。从采摘技术上看，瓜片茶是唯一的每片叶子都要被单独采摘的茶叶。

每年3月底茶树经过越冬期开始萌发新芽；4月初，一芽一叶初展，即第一个叶片长出；4月上旬第二个叶片长出；4月中旬第三个叶片长出；第四个叶片长出时应该在4月20日谷雨前后。当第四片叶子长出时，采茶人开始轻轻摘下第二片叶子。

第一叶是不要的，因为长时间包着芽头，长出时就老了；而此时第二叶刚刚展开，叶面长度在3厘米左右，既积累了丰富的营养物质，又保证叶片的嫩度，正好采摘。同时，茶树经过一年的积累，新叶独具精华。"瓜片鲜叶的采摘必须要有一定的成熟度。"一笑堂副总经理武卫权说，"太嫩的叶片含水量过高，炒制后也无法做形。"

第二叶被采摘后，隔1～2天后第三叶则叶形初展，即可采摘，以此类推。随着气温的升高，叶片的老化程度越来越快。所以，在众多鲜叶中，以第二片为极品，最为华贵，传统上才称其为"瓜片"。第一片叶被称为"提片"，第三和第四片叶被称为"梅片"，芽头被称为"银针"。

瓜片的黄金采摘期就是在谷雨前后的10余天内，一旦过了5月5

日的立夏，气温上升快，叶片迅速变老。可以说，立夏之后，已无瓜片。此时采茶，已不需要绣花般的精细，用手掳采即可。

采茶时期的天气也很重要，不能下雨，否则叶片含水过多，容易发酵。如果天气热得太快，新叶加速老化，采摘时间就会大大缩短。

采茶是个技术活，需要手法细腻，把叶片轻轻捏下，不可使叶片受损，也不能折断枝条。一般这种工作都是女孩做，手劲比较柔和。她们早上六七点钟就背上竹制的茶篓上山，身上带着中午的干粮和水，下午五六点钟才下山，到最远的茶园要走1小时。一人一天工作12个小时，也只能平均采3～4斤的鲜叶，手法最快、最麻利的工人也只能多采1斤鲜叶。一般4～5斤的鲜叶加工后才能产出1斤瓜片，所以一个工人一天所采鲜叶也产不出一斤茶。

瓜片传统的采摘方法与现在有所不同，以前采摘直接将长了四五片叶的枝条掐断，然后增加一道"板片"工艺——就是采茶回来后，将叶片从断枝上一一摘下，再按照老嫩程度分别归类，嫩叶与老叶用不同的火候杀青，而芽头可做毛峰，或将芽、梗加工后自己喝。

现在"板片"工艺已经基本不用，一方面的原因在于要增加额外的人力；另一方面，直接将分拣环节提前到采摘环节，可以尽量保证每片叶子的嫩度最佳。

刚采回的鲜叶是没有味道的，经过10小时的摊晾后，开始散发出淡淡的花果香气。摊晾时不能被太阳直晒，地面要通透性好，也不能堆太厚，有条件的要翻一翻。

王永发说，按照瓜片的采摘速度，他家茶园中至少有一半的鲜叶来不及采，很快老化失去价值。而满山的野茶树更是无暇顾及，因为过于分散，采起来费时费力得不偿失。请更多的人来帮忙也不现实，王家现在最多能住十余人，山间缺少平地，而盖新房的价格也太高，一块被挑进来的砖就值 1 元钱。

由于近些年气候变暖，以及采摘技术的改变，瓜片的采摘时间比以往提前了 10 天。清明后，第一批鲜叶就可以陆续采到。最早的茶卖得最贵，毛茶的收购价格每天一变，逐渐走低，"隔天的收购价至少要跌 10 元钱"。老王家 30 亩茶园，每年谷雨前后，可采用于制作上等瓜片的鲜叶 1000 斤，做成约 200 斤毛茶，平均价格 300 多元 1 斤。到了立夏后，毛茶的价格一下跌到了三四十元 1 斤，连人工费都不够了。

瓜子工

在鲜叶加工中尤其讲究火工，是瓜片制作的一大特点。甚至可以说，唯其如此，瓜片才可称为瓜片。

第一道工序是杀青，即对鲜叶进行初步干燥。与其他绿茶不同，瓜片杀青分为生锅和熟锅，两锅连用，先炒生锅后炒熟锅。炒茶锅的直径为 80 厘米，锅台是一个 25 ~ 35 度的斜面。炒茶的工具是一个细竹丝或者高粱穗编成的"茶把子"，像一把扁扁的小扫帚。灶台用木柴加热，生锅的锅温为 100 ~ 120 摄氏度。

投下鲜叶约 2 两，要每一片叶子能都接触到锅底。鲜叶落锅有类似炸芝麻的噼啪声则温度合适，若温度过高叶子就焦煳了。炒生锅时，手心向上，托住把柄推动叶子在锅内不停地旋转，边旋转边挑抛。

　　"生锅杀青的目的在于破坏鲜叶中的酶，使叶绿素更多、更完整地保留下来，否则叶绿素将会在酶的催化下转化为叶黄素和叶红素，茶叶就不绿了。"武卫权说。

　　炒生锅 1～2 分钟，叶片开始发软变暗，叶片的含水率降到 60% 左右。于是将生锅中的叶片直接扫入并排的熟锅。熟锅的温度要低一些，为 70～80 摄氏度。

　　炒熟锅的技术含量非常高，它的作用在于给叶片雕琢形态，整理形状，通过茶把子的拍打使叶片两侧边缘向后折叠起来，形成瓜子形状，如同用手折纸飞机。不过所有的工作都是在一口炒锅内用茶把子完成的，需要炒茶师有非常丰富的经验。瓜片之所以叫瓜片，就是取其形状之意，如果熟锅定型不成功，茶叶品级就会大大降低。

　　炒茶师边炒边拍，使叶子成片，嫩片拍打用力小，老片用力稍大，使叶片边缘向后折叠。炒熟锅不仅要定型，还起到了"揉捻"的作用，使茶叶香味更浓。这个过程大概需要 5 分钟，茶叶已变为暗绿色，含水率进一步降到 35% 左右。

　　"为了能更好地杀青、定型，在生锅与熟锅之间又增加了一口炒锅的工艺，三口锅进行杀青。"武卫权说，"中间这口锅是一个过渡，弥补前一道工序杀青的不足，并提前做形。"

　　两道杀青完成后，开始进入茶叶的干燥烘焙阶段，这将直接决定茶叶的口感、香气。瓜片烘焙分为三个阶段——毛火、小火和老火。"与毛峰等绿茶不一样，瓜片烘焙的温度是逐渐升温的过程。"武卫权说。

　　一般情况下，茶农在熟锅杀青后马上就要"拉毛火"。烘焙的燃料要选择最好的栗炭，不能有一点烟气，否则茶中就会有烟火味道。拉毛火需要竹条编制的小烘笼，形似一个宽檐礼帽，下有圆柱形的笼裙拢住火苗。每笼约铺放 3 斤熟锅茶叶，烘顶的温度约 100 摄氏度，每 2 ~ 3 分钟翻一次，八成干后可以出笼。拉过毛火后，叶片已经比较干燥，含水量不超过 20%，颜色由暗绿转为翠绿，叶片两侧边缘向后折起，形似细长的瓜子。

拉完毛火的茶被称为"毛茶"。茶农白天采茶，当晚就要经过杀青和毛火，常常要忙到半夜，如果不及时加工，茶叶就可能发酵。毛茶制好后放到大竹筐笋里，去掉形状不规整、颜色不好的叶片。挑拣完成后，毛茶就可以卖给茶厂，按级定价。到了茶季，各村镇都有茶叶夜市，即使半夜农民也可以挑着毛茶去交易。

后面的两道工序——小火和老火，则由茶厂完成。

小火在毛火后一天进行。每个小烘笼上摊放 5 ~ 6 斤毛茶，下面由炭火烘烤，烘顶温度则比拉毛火时上升了 20 摄氏度，最高到 120 摄氏度。由一名茶师不停地翻摊，直到茶叶飘出清香味，此时茶叶含水率降到 10% 左右。

小火后，把茶叶放入竹篓中停放 3 ~ 5 天，按照制茶的术语称为"吐绿"或"回疲"。由于鲜叶中叶脉的含水量高于叶片，经过几重炒制、烘焙后，叶片已基本干燥，而叶脉仍有水分。经过三五天的停放，使叶脉将水分吐出，整片茶叶的含水量分布比较均匀，有利于下一步继续烘焙。

拉老火是瓜片加工的最后一道工序，也是极为关键的一步，它直接决定茶叶的香气、色泽、定型、断碎度和上霜度。拉老火要用大号烘笼，直径1.5米左右，每笼上可摊放茶叶6～8斤。烘笼顶端的温度继续上升，要达到160～180摄氏度，80斤木炭排齐挤紧，形成一个大大的炭火堆，火苗有一尺多高，火势猛烈均匀。

拉老火的工作场面十分壮观。两人抬起一个烘笼，放在炭火上5秒左右，马上抬下进行翻笼，把发烫的茶叶轻轻翻动。随后再次将烘笼抬上炭火，周而复始，轮流进行。一个炭火堆可使两三个大烘笼轮流上烘，边烘边翻，热浪滚滚，人流不息。每烘笼的茶叶要被抬上抬下烘翻120～160次，烘笼拉来拉去，一个烘焙工一天下来，要走十几公里路。其规则是：抬笼要快，翻茶要匀，拍笼要准，脚步要稳，放笼要轻。拉老火时门窗四闭，屋内燥热，温度可达四五十摄氏度。

老火拉到100多次时，会在某个时刻，茶叶表面突然蒙上一层白霜，这是茶叶内有机物质在极端高温下的升华。此时的茶叶形如瓜子、宝绿带霜，至此大功告成。

"拉老火是形成茶叶香味的关键步骤，"武卫权说，"火头嫩，不能形成香气；拉火次数过多，颜色就会变黄。味道上，火候多一分则苦，少一分则涩。"

拉过老火的瓜片含水率只有6%，"这是最干燥的茶叶了，也是最容易碎的。"武卫权说。瓜片要趁热装入大桶，用特制棉垫轻轻下压，减少破碎。

新茶早一天上市，就能卖到更高的价格。每年的谷雨到夏至期间，茶农每天只能睡三四个小时，茶厂同样连夜收茶赶工。如同宋代梅尧臣《茗赋》所言："当此时也，女废蚕织，男废农耕，夜不得息，昼不得停。"

瓜片的成本

按照正常的瓜片生产周期，从采摘到成品需要一个星期。由于干燥彻底，6% 的含水率低于其他茶叶，瓜片的出茶率也比较低，平均 4.5 斤鲜叶出 1 斤干茶。瓜片采摘只能手工一片一片摘，杀青、毛火、小火、老火等工序也必须依赖人工操作和经验判断。

平均下来，一个熟练劳动力一天最多产出 1 斤瓜片。现在，采摘女工日薪为 50 ~ 60 元，熟练的炒茶、拉火技师的日薪每天要 100 元左右。而技术要求最高的拉老火的师傅，最高每天可以挣到 150 元。"而且还是来回接送，中午管饭。"六安瓜片股份公司副总经理唐晨说。平均下来，1 斤瓜片仅人工成本就需要百元。瓜片的烘焙需要上好的无烟栗炭，烘焙出 1 斤瓜片平均需要 2 斤炭，此项成本每斤就要增加 20 元左右。

目前品质较好的内山毛茶的收购价格为每斤 300 多元，算上人力及加工材料费用，1 斤好瓜片的成本至少 400 元。瓜片上市时间较江南、四川绿茶晚近一个月，价格上也没有先发优势。

较高的生产成本使瓜片的产量一直不高。从 20 世纪 50 年代至 80 年代，每年各级瓜片产量徘徊在 25 万 ~ 30 万公斤，消费区域也多集中于安徽北部，流传不广。到了 20 世纪 90 年代，由于市场因素影响，六安瓜片的原产地减少一半以上，大都改制其他茶类，而产量也下降到不足原来的 1/10。

"当时主要原因在于，很多茶农和厂家为了节省成本，以次充好，工艺上也是能省则省，导致瓜片质量大幅下降，复兴瓜片迫在眉睫。"

一笑堂茶叶公司董事长陈苏亮说，"作为十大名茶之一，瓜片的牌子快要砸了。"20 世纪 90 年代后期，六安农业技术推广中心曾经调查发现，传统的瓜片制法几近被放弃，只有极少数的农户能够坚守传统。

20 世纪 90 年代后期，六安市政府开始重新塑造瓜片品牌，制定技术标准，扶植茶叶生产的大企业，改变小农生产方式。瓜片产量开始恢复，2007 年达到了 2600 吨，特级瓜片从 2000 年的几十元涨到现在几百元一斤。2009 年最贵的瓜片市场价格为每斤 5000 ~ 1 万元。"瓜片的生产成本较高，由于是全叶片茶，泡出来好看，味道比其他绿茶更浓厚，香气清高，也更适合做礼品茶。"陈苏亮说。

现在劳动力短缺又成为瓜片生产的新问题，每年最繁忙的 20 多天茶季，茶区需要百万劳动力，而金寨县总人口只有 60 万人。茶叶生产的特点又是短期用工非常集中，因此，在朱世军看来，统计瓜片的产量非常困难。因为一旦劳动力短缺，人员价格过高，茶农没有钱赚，就不会再采茶叶了。这不像收麦子，地里有多少可以收多少，茶树上的新叶摘过后还会不断地生长，产量有很大的弹性。现在夏茶采摘很少，就是因为夏茶卖不上价，每斤三四十元，主要销往国外。

王永发的两个女儿都在城镇当老师，他的儿子在芜湖工作也买了房子。如今只有老两口守着这 30 亩山间茶园，日出而作，日落而息。孩子们不可能再回到这要步行一个小时才能走出深山的家。不过，王永发还没有考虑未来谁来接他们的班看护茶园，抑或告别茶园。

朱世军说，现在农村的人员结构是"3860"，"38"指的是妇女，"60"指的是老人，青年、中年男子都出去打工了。"金寨县有 10 万人在外打工，"朱世军说，"即使他们现在回到了家乡，也不愿意做农活了。他们已经习惯了城里的热闹，而山区的寂寞与单调是无法忍受的。"

* 本文作者李伟，摄影黄宇，原载于《三联生活周刊》2009 年第 11 期。

皖西茶叶的地理与谱系

西汉以后，茶树产地北移，沿川陕，经河南向东折入皖西、淮南地区。沿着大别山的沟谷，自河南南部的信阳至安徽西部的六安，成为中国长江以北最为重要的茶叶走廊。

出茶叶的地方

顾曼桢说自己是六安州人。沈世钧道："那儿就是出茶叶的地方，你到那儿去过没？"

在张爱玲的小说《十八春》中，六安是一个以茶叶而知名的地方。张爱玲的外曾祖父李鸿章是合肥人，合肥与六安同在长江以北，两地相距不到100公里，张爱玲自然知道六安的茶。

现在六安市内还有个叫"茶叶拐子"的地方，位于鼓楼北街夏家巷口，此地原有福源、茶源和汪德茂三家茶楼。中华人民共和国成立前，六安市只有2万多人口，却是全国重要的茶叶产区和集散地，茶叶主要销往长江以北各省。

瓜片的主要产地金寨县原分属豫、鄂、皖三省。1932年蒋介石为表彰卫立煌，在地图上随手一划，圈入河南商城、湖北黄石、麻城、安徽六安各一部分，合为"立煌县"。中华人民共和国成立后将这个地名改为金寨县。

六安产茶历史久远，唐代的"庐州六安"、明代的"六安片茶"都是古代的名茶。明代茶人许次纾在《茶疏》中留下"天下名山，必产灵草。江南地暖，故独有茶。大江以北，则称六安"的记载。

西汉以后，茶树产地北移，沿川陕，经河南向东折入皖西、淮南地区。沿着大别山的沟谷，自河南南部的信阳至安徽西部的六安，成为我国长江以北最为重要的茶叶走廊。茶树在这里找到了合适的气候与土壤。

宋太祖乾德年间，政府就在现在六安金寨县麻埠镇设立了茶站收购茶叶。由此，麻埠镇一直成为皖西茶叶、丝麻的交易集散地。直到20世纪50年代，修建响洪甸水库，这座千年古镇被沉入水底。宋仁宗嘉祐六年（1061）实行茶叶专卖，全国设立13个茶场收购茶叶，六安境内就有麻埠场、霍山场、开顺场、舒城王同场4个，收茶量占全国的30%。

至明清时期，六安茶已成为朝廷贡品。《六安州志》卷之十一茶供篇说："天下产茶州县数十，惟六安茶为宫廷常进之品，欲其新采速进，故他土贡尽自督抚而六安知州，则自拜表，径贡新茶达礼部为上供也。"1856年慈禧生下了皇子载淳，被晋升为懿妃，按照宫中规定，慈禧的饮食标准特立一项：每月供给"齐山云雾"茶叶14两。

六安瓜片

六安茶叶种植加工时间久远，茶叶谱系众多，而最负盛名的瓜片茶的产生却是近百年来的事。

其中，较为可信的传说有两种。一是说，1905年前后，六安茶行一

安徽六安市裕安区的茶农在采摘新茶（图片来源Newsphoto）

评茶师，从收购的绿大茶中拣取嫩叶，剔除梗枝，作为新产品应市，获得成功。消息不胫而走，金寨麻埠的茶行闻风而动，雇用茶工如法采制，并起名"峰翅"（意为蜂翅）。此举又启发了当地一家茶行，在齐头山的后冲，把采回的鲜叶剔除梗芽，并将嫩叶、老叶分开炒制，结果成茶的色、香、味、形均使"峰翅"相形见绌。于是附近茶农竞相学习，纷纷仿制。这种片状茶叶形似葵花子，遂称"瓜子片"，以后即叫成了"瓜片"。

另一个说法是，麻埠附近有个祝财主，与袁世凯是亲戚。祝家常以土产孝敬。袁饮茶成癖，茶叶自是不可缺少的礼物，但其时当地所产之大茶，菊花茶、毛尖等，均不能使袁满意。祝家为取悦于袁，不惜工本，雇用当地有经验的茶农炮制贡茶。1905 年前后，有人在附近的后冲专采春茶第一、二片嫩叶，用刺茅的花穗扎成小帚精心炒制，炭火烘焙，制成新茶，形质俱丽，获得袁的赞赏。当地茶商也悬高价收买，促使周围茶农仿制。这种新茶登市之后，蜚声遐迩，连当时茶市上的"峰翅"也逊色很多。瓜片无论是色、香、味、形和采制方法，与大茶相比已有了脱胎换骨的改变。

时过境迁，虚实难辨，但上述两种传说有三点则是一致的：其一，六安瓜片问世于 1905 年前后；其二，六安瓜片的产地在金寨县麻埠齐头山附近，麻埠已随响洪甸水库的建成而淹没消失，但过去这里曾是六安瓜片的主要集散地；其三，六安瓜片采制技术是在大茶的基础上，汲取兰花茶、毛尖制造技术之精华，逐渐创制成功的。目前在制茶工具及技术方面，六安瓜片仍有许多与黄大茶相似之处。瓜片产区目前春茶制瓜片，夏茶仍制大茶，形成组合生产。

所谓"大茶"，现在多指黄大茶，大茶一般为一芽三四叶原料所制，甚至有五六叶者，叶大梗长。黄大茶的叶质比较粗老，但要求茶树长势好，一个新梢上长 4～5 片叶子以上。黄大茶的历史比瓜片早很多，但在加工技术上有很多相似之处，同样分生锅、熟锅杀青，要拉毛火和小火。最大的不同在于，黄大茶在拉毛火后有一个堆积发酵的工艺，发酵 5～7 天，在这个过程中叶色变黄。从这个工艺看，黄大茶应该是属于轻微发酵的黄茶类。现在黄大茶还有生产，不过产量很少，茶叶装在大篓中，销往山西、山东的农村，尤其是麦收时节销量最好。这种茶有比较重的焦苦味，很多农民爱饮之解乏。

瓜片茶由于产地与产量的限制一直流通不广。长江以南产茶区较多，饮茶口味比较固定，多饮当地茶，瓜片的主要市场在长江以北，尤其是大户人家之中。《六安县志》中记载，20 世纪 30 年代，1 斤瓜片的价格与大约 28 斤大米相近，与国内龙井茶和武夷茶的价格一样。茶区有"斤茶斗米"的说法，即 1 斤瓜片茶可换 1 斗（25 市斤）大米。

瓜片真正声名鹊起，在于新四军叶挺将军的钟爱。20 世纪 30 年代，叶挺将军率军部进驻云岭后，凡举行中外记者招待会或各种宴会，均用六安瓜片款待。1939 年，周恩来赴云岭视察，叶挺赠他一桶新炒的瓜片。中华人民共和国成立后，六安瓜片被指定为中央军委特供茶。周总理去世前仍念叨着要喝六安瓜片，他说喝了这种茶就仿佛见到了叶挺将军。

六安的"五朵金花"

除了瓜片，六安本地名茶还包括霍山黄芽、舒城兰花、金寨翠眉、华山银毫，它们与瓜片并称六安的"五朵金花"。六安下辖两区五县，几乎每一个县都对应一种名茶，百里之内必有好茶。这五种茶的产区和采摘部位有所不同，但是加工方法与工具都有很多相似之处，大同小异。

采摘最早的是霍山黄芽，清明后就可以采了，连芽头带一叶或二叶一起采。霍山黄芽现产于霍山县佛子岭水库上游的大化坪、姚家畈、太阳河一带，其中以大化坪的金鸡山、金山头和太阳河的金竹坪、姚家畈的乌米尖，即"三金一乌"所产的黄芽品质最佳。黄芽外形似雀舌，芽叶细嫩多毫，叶色嫩黄，汤色黄绿清明，香气鲜爽，有熟栗子香，滋味醇厚回甜，叶底黄亮，嫩匀厚实。

舒城县盛产兰花，兰花茶名的来源有两种说法：一是说，芽叶相连于枝上，形状好像一枝兰草花；二是说，采制时正值山中兰花盛开，茶叶吸附兰花香。

以前兰花茶有两种。舒城县的晓天山、七里河、梅河、毛竹园等地，主产大兰花；舒城南港、沟二口和庐江的汤池、桐城大关等地，主产小兰花。20世纪50年代后因改制"舒炒青"，兰花茶产量减少，且都为小兰花。大兰花现已不再生产了。目前兰花茶以白桑园、磨子园所产最为著名。其采摘时间与瓜片相似，都为谷雨前后，采摘部位则与霍山黄芽相似，都是连芽带叶一起采。

兰花茶沏开后，条索细卷呈弯钩状，芽叶成朵，色泽翠绿匀润，毫

峰显露，散发兰花香气，汤色嫩绿明净，泛浅金黄色光泽，叶底匀整，呈嫩黄绿色，梗嫩芽壮，叶质厚实，冲泡时形似兰花绽开。

华山银毫为芽蕊茶，产于六安市东河口镇的大九华山和毛坦厂镇的东石笋一带。从采摘到成品整套工艺不触人手，无汗液，也减少了其他污染。每斤茶中有 14 万颗芽蕊，是世界上最嫩的茶。冲泡时，杯中如万龙飞舞、云雨连绵，片刻徐徐下沉，芽心如金似玉。

金寨翠眉与瓜片一样都是产于金寨县。金寨翠眉外形纤细如眉，汤色清澈，冲泡时嫩芽在杯中三浮三沉，犹如万笋林立。

* 本文作者李伟，摄影黄宇，原载于《三联生活周刊》2009 年第 11 期。

舒城县兰花茶

本来这里靠近祁门县，茶种也是祁门大储叶种。可是这里山太高，茶树全部在海拔 1000 米之上，人又太少，茶树全部处于半野生状态，农民们基本不施肥，更不打农药，结果这片茶林成了尤物。

名茶专家詹罗九

农业专家眼中的茶叶，和一般人心目中有什么不同？

安徽农业大学的詹罗九教授 20 世纪 90 年代开始做名茶开发的课题，他说，"卫星都能上天了，创造名茶还不太容易？"他只看重茶叶产地的生态环境和制茶技术的好坏，不看重千奇百怪附会的名声，可是一般人重视的往往是后者，"我把名茶开发出来，再由人去增加它的名声，可是一般商人太笨，做出来好茶，他们不会宣传，结果那茶叶又死了"。

眼前的詹教授穿着粗布衣服，不修边幅，一点看不出他是中国茶叶界数得着的权威。他退休后就落户安徽石台县，到现在已经很多年，"现在回合肥很不习惯，觉得车怎么那么多"。

20 世纪 90 年代他就开始在安徽的茶叶产地转悠，那时候，安徽很多县都想创造出自己的名茶，安徽农业大学因此有了"名茶生产"的课题项目。"我有很多学生，分散在各个县城各个乡镇当领导，都想发展当地经济，看来看去最简单的办法，就是把自己当地的茶叶变成名茶，结果我被到处请着去。"

去了才知道，那么多山林中都有好茶种，尤其是黄山山脉，"不同的山脉分布，不同的山坡朝向，加上不同的制造工艺，都能有自己独特的好茶。肯定不会比那些出名的茶叶差，我也开始信心倍增"。那些山坡上的茶叶林很多处于半野生状态，生态环境特别好，远远优于一些传统的产茶地区。

而且转一个山头就有一个小环境，周围植被都不同，"茶叶这东西非常奇怪，现在也不清楚其芳香从何而来，只知道不同区域生产的茶叶的芳香系统变化很大"。

那么好的茶叶，"只要稍微精细加工，送出去参加比赛就能得奖"。所谓精细加工，"就是和农民吵架，当地农民都有自己的加工法子啊，他们一般都不愿意浪费，不愿意采摘芽头，做出来的东西不好看，要不就是火候问题，最后出来的都是粗枝大叶"。那种茶叶一看就不会得奖，做过无数次名茶评比评委的詹罗九就和他们喝酒，告诉他们该怎么做茶，怎么做才有可能得奖。

"那时候我特别重视推广芽茶生产。"当时黄山地区不流行只采鲜芽进行加工，"觉得口感太淡，不经泡，是一种浪费，而且农民们习惯一年只干一个月的采茶活"。可是詹罗九那时候研究农业经济，觉得中国的劳动力成本肯定会上升，将来不可能1年只采1个月的茶叶，要把采茶期延长，延长的方式就是采茶季节提前，先采芽，再采第二道、第三道。

"说是不耐泡，可是芽茶好看啊，最香甜，不好喝也好看，要不孔府菜里怎么有看菜一说呢。"好在请他来的他的学生很多是乡村领导，结果他的研制新茶工作大获成功。一时间，他研制成功并且参加比赛的茶叶有 10 多种，在全国评比中得奖的就有 4 种。

可是很快他就发现，自己研究出来的名茶，没两年就恢复到寂寂无名的状态中去了。他在石台县的铜岭坡上发现了一种特殊的有茼蒿香味的茶叶，去的时候农民就已经很会制作了，而且还请著名的茶叶泰斗命名为"蓬莱仙茗"。

"可是没有用啊，后续生产跟不上，农民始终是小生产模式，无序分散，一家几十亩茶田产个几斤好茶，还不能保证它一直按照你规定的工序去做。我知道，全国历来评选上的有 1000 多种名茶，可是最后形成生产规模，并且一般能推广到大城市的只有几种。"

詹罗九不肯把他研究出来的那几种名茶的故事细说出来："都是伤心事，花两三年研究出来，得到最好的口感和外观，也评上奖了，结果没有支持力量，然后就又默默无闻了。"

"雾里青"名扬天下

詹罗九在石台县研制"雾里青"，开始也是一样的遭遇。这片生长在仙寓山的半野生茶叶林，要耗费几小时车程才能从县城赶到，掩映在各种花木之间，在他看来，是皖南山脉中最好的茶叶林。

"本来这里靠近祁门县，茶种也是祁门大储叶种。可是这里山太高，茶树全部在 1000 米之上，人又太少，茶树全部处于半野生状态，农民们基本不施肥，更不打农药，结果这片茶林成了尤物。"

位于祁门县城中心的茶山公园也种满了大储叶种茶树（关海彤摄）[左页上图]

仙寓山的茶林完全处于半野生状态中[左页下图]

我们看见的这片茶林果然与众不同，从被当地人称为大小龙门的山林中走过去，就是大片的山茱萸和野樱桃，还有当地人也叫不出名目的树林，顺着山坡一路爬上去的茶园因为无人照料，显得有些荒废。

按理说1000米以上的海拔对茶园不利，可是大片茶园藏在山窝里，吹不到寒风，加上终年云雾缭绕起到了保温效果，"所以芽特别肥嫩，茸毫明显，香味和黄山毛峰有相似之处，可是细细一品又不一样了。它有兰花香，细品又像野花，更有一种清气息"。而且，因为高山的昼夜温差，芽比一般茶叶长，要到2厘米，很符合他做芽茶的理想，"说到底，芽茶就是一种奢侈品"。

当地乡长是他的学生，专门请他来研究名茶开发，"当年就做出来一种名茶，叫雾毫"。

如果不是天方茶叶有限公司的郑孝和出现，"雾毫"可能和那些名茶一样，开发出来无法形成规模生产和经营，然后就此宣告失败。可是郑孝和是有办法的人，这个安徽省著名的民营企业家当年靠八宝茶起家，对石台的丰富茶叶资源很了解，听说了詹罗九的故事后，他主动找上门。

"他的经验非常丰富，正想操作高端品牌，知道我研究成功了这么好的高山茶，当然不会放过机会。"那时候有策划专家告诉郑孝和，可以按照山地的高低，给自己的茶叶重新分出等级。

之后的故事就像一个通俗的商业故事，郑孝和抓住了一次非常好的商业机会，让"雾毫"改名为"雾里青"，并且扬名天下。

2006年，"哥德堡号"仿古船从瑞典起航，穿过大西洋、印度洋和太平洋，最终于当年7月到达中国广州，这是一次纪念海上丝绸之路的航行。

1745 年，"哥德堡号"满载茶叶和丝绸从广州起航，不幸在靠近瑞典时沉没。200 多年后，瑞典的海洋考古学家进行打捞工作，海底挖掘最惊人的发现，是沉船底部里面的青花大瓷坛里包裹的数以百计的小瓷罐，里面包裹的都是茶叶，而这些茶叶由于包裹严密，并且与空气隔绝，居然还可以饮用。

这些茶叶是哪里出产的？质量究竟如何？从"哥德堡号"向中国起航开始，就有若干茶叶商人进行争论，最后郑孝和取得了胜利。他声称，这些茶就是当年安徽石台县淹没已久的名茶"雾里青"。他们从 1997 年开始组织人重新进行生产，并且把远洋船上的瑞典水手们请到了石台这个偏僻的县城参观，还做了形象大使。

一时间，关于"雾里青"是否就是"哥德堡号"沉船上的茶叶论证个没完，尽管人们承认，这种高山茶喝起来口感很好。

"黄山山脉出产的茶叶说自己在'哥德堡号'上肯定没错，要是江西茶叶也硬要这么说，就不对了。"詹罗九教授大笑着说。18 世纪，安徽绿茶确实是经过当地人的驮运进入水路，最后到广州进行集散再发往欧洲，"绿茶当年是最畅销的徽州货"。现在的仙寓山上，还有保存完整的出山的古道，是当年"徽骆驼"们一步步将茶叶驮出山的明证。"说白了是郑孝和脑子灵活，当年大多数茶叶商人都还没有品牌意识，他比别人醒得早。"

* 本文作者王文，摄影蔡小川，原载于《三联生活周刊》2009 年第 11 期。

岳西翠兰：后起之秀

皖西大别山区的神奇之处在于，百里之内必有好茶，每个县市都有各自对应的名茶。仅《中国名茶志》中提及的皖西名茶就达 25 种，岳西翠兰便是其中新创绿茶的代表。

潜岳之西

包家乡的石佛村在大别山深处，上山的路蜿蜒曲折，一条三四米宽的溪水顺着山势从旁缓缓淌过，当地人说，这条溪水汇入山下的包家河，并最终注入淮河。清澈见底的溪水中密布着奇形怪状、大小不一的乱石，掩映在漫山遍野、郁郁葱葱的马尾松林之中。一年四季奔流不息的溪水从山坡上倾泻而下，不断拍打着河床里的乱石群，奏出美妙的山林交响乐。

当山脚下的春花即将开尽，这里的春天才刚刚开始。再过一周，已经含苞的映山红将开得漫山遍野。石佛村山上的茶树多属中小叶种，吸风饮露，自然生长，体形显得比山下平原地区矮小不少。一块块野丛式的老茶园散落在颇为陡峭的山坡上，间隔稀疏，毫无规律，全然不像山脚下那些看起来如同绿化带般的条栽茶园。

记不清走了多远的山路，绕过了多少道急弯，正在百无聊赖昏昏欲睡之时，一树开得极为灿烂繁盛的梨花就这样毫无预兆地映入眼帘。一阵春风拂过，耀眼的粉白花瓣从高大的树冠上簌簌飘落。

安徽包家乡石佛寺
山顶上的茶园

梨树旁边就是冯立彬的茶厂。这是一个并不起眼的小院子，无声地隐匿在石佛村半山腰偌大的山林里，若不是有熟人指引，很难找到。

进入院子，却是另一番光景。现在正是岳西翠兰春茶上市时节，茶厂里人来人往，门庭若市，都是各地慕名而来或进货或谈合作的茶厂茶商。52 岁的冯立彬忙得脚不沾地，根本顾不上吃饭。从岳西县城来到这里，要翻越近 3 个小时道阻且长的山路，即便如此，也丝毫没有阻挡住买茶人的脚步。

30 年前，当冯立彬在无可奈何之下承包村茶厂的时候，或许从未想过有朝一日岳西茶叶能有今天这样的发展。岳西县现在的茶叶种植面积已达到 15.5 万亩，产量达 4450 吨，产值 6 亿多元，并形成了包含茶叶种植、加工、销售、育苗和茶叶机械在内的完整产业链。岳西翠兰更成为全国新"十大名茶"和国宾礼茶，是岳西对外的一张绿色名片。

打开安徽地图，长江与淮河之间的江淮大地西部就是大别山区。鄂豫皖边境的大别山脉，从山脊相连的主峰白马尖和多枝尖向东延伸，分成两支，北支脉向东北构成江淮分水岭，南支脉向东延伸到巢湖南。若将梅山水库、响洪甸水库、佛子岭水库、龙河口水库、花凉亭水库的大坝连成一线，"水库群"上游就是古老的皖西茶区，岳西、霍山、金寨地处茶区腹地，六安、舒城、桐城、潜山、太湖、宿松为茶区之外缘带。

如果把大别山看作一座金字塔，岳西县便在金字塔的塔尖之上。面积 2398 平方公里的岳西县是整个大别山区 6 市 36 县中唯一的纯山区县，也是大别山巨峰最集中的地方，236 座千米以上的高峰尽聚于此。大别山东段江淮分水岭和南坡分水岭，两条不同走向的山脉组成岳西县近似"T"形

的山川骨架，呈现出西北高，东南、西南临下的阶梯地势。北部山区的崇山
峻岭之中，镶嵌着星罗棋布的山间小盆地，是岳西优质茶叶的主产区。

汉唐以前，茶叶就从西南地区传播到大别山区。唐代陆羽《茶经·八
之出》中就有舒州、寿州为淮南茶产地的记载。北宋太平兴国年间
（976～984），江淮间蕲、黄、舒、庐、寿、光六州设置十三场，榷
大别山区之茶货。后经考证，十三山场之一舒州罗源场旧址就在岳西县
温泉镇资福村。这些史料和考古发现也在一定程度上说明了唐宋年间皖
西茶区茶叶产销之盛况。

1936 年建县的岳西，由原属于霍山、舒城、潜山、太湖四县边陲的
部分地域组成。因位于天柱山（古称南岳）之西，故定名为岳西县。其
中北部霍山属古寿州，南部潜山、太湖属古舒州，而岳西则恰好位于古
寿州和古舒州的接合部，涵盖了两地古老的核心产茶区。

这个古老的产茶县，在建县之初却仅有茶园 3465 亩，出产“粗枝
大叶”的黄大茶、绿大茶 51.85 吨。直到中华人民共和国成立后，才开
始生产炒青绿茶。20 世纪 60 年代，当地百姓穷到一家人共穿一条裤子
的地步，甚至没办法同时出门。为了开垦包家乡石佛寺山上的茶园，时
任岳西县来榜区农业技术推广站茶叶技术干部的程东明特地跟县领导要
了一批棉布做裤衩，分发给当地农民。

古寺名茶

在冯立彬的记忆中，黄大茶和炒青绿茶并存的状态维持了很长时间。

"那个时候采茶，大的小的一把抓，只要是新芽都摘下来，所以当时虽然茶叶销得好，但价格低，最好的干茶也只卖到 2.5 元每斤。在计划经济时代，农民卖茶叶只能由国家供销社统购统销，收 1 斤毛茶换几两尿素肥料，或者半斤到一斤粮食，不卖茶还享受不到。"

70 年代末 80 年代初，国家取消茶叶统购统销。没有渠道，茶叶卖不出去，村民只得毁茶种粮，或靠上山砍树来维持生计，以致当地流传着这样一句俗语："上山一把斧，下山五块五。"早年间包家乡的五个村，村村有茶厂，都是由程东明亲手设计并指导建起来的，但此时，已经只剩下石佛村一个茶厂了。冯立彬说，在承包村茶厂之前，自己也做过木材销售，"但被人骗了，销出去一批木头钱却没收回来，亏了 5000 块钱，这在当年可是一笔巨款"。

为了改变这种状态，安徽各县都在兴起一股恢复历史名优茶和创制新名优茶的热潮。岳西也不例外。"以什么茶为创制蓝本呢？"内退的岳西县农委茶叶局前局长钱子华现在是翡冷翠茶叶有限公司的顾问，他说："岳西有一个地方历史名茶叫姚河小兰花，最开始便是以它为基础来创制新茶。"

1983 年春天，石佛村的映山红盛开的时候，在岳西县原农牧渔业局副局长操声焰和多经股股长程东明的主持下，茶叶技术干部们翻山越岭来到包家乡石佛村，住进了村茶厂，采用小兰花茶和毛峰茶的制作工艺，开始试制新名茶的茶叶样品。

相传包家乡的石佛寺，便是岳西茶叶发源地之一。当地"半棵神茶"的传说更为其增添了些许神秘的气息。与大别山主峰白马尖直线距离仅

色泽翠绿的「岳西翠兰」冲泡后舒展成朵，形似兰花，品质独具一格

6 公里之遥，在这座海拔 1050 米的大山上，石佛村茶园占尽了得天独厚的优越自然地理条件。

当地的土壤有机质含量达 2.64% ~ 2.28%，速效磷含量为 18 ~ 26 毫克 / 千克，速效钾含量为 48 ~ 77 毫克 / 千克，显著高于海拔较低的其他茶园。年降水量在 1700 毫米以上，全年日照 2091.1 小时，年雾日最高可达 88 天，为全县之首。石佛村与国家级自然保护区鹞落坪毗邻，在老百姓家中看不到电扇和空调，一年四季都要盖被子。而云雾缭绕、丛林密布、溪水潺潺的环境和气候，也为喜湿耐阴的茶树提供了生长的乐土。

全国茶树良种"石佛翠"便是在石佛寺旁的古老茶树群中选育出来的。这株叶片肥厚、单芽壮硕的中叶种单株，除具有高山茶树品种的典型特征外，经过化验发现，它的氨基酸含量达到 7.3%。钱子华说，一般的茶树氨基酸含量通常在 2% ~ 4%，而属于高氨型茶树的"石佛翠"，产出的茶叶鲜爽度更好，尤其适合制作岳西翠兰。

"目前'石佛翠'只占全县种植面积的五分之一，其他的是乌牛早、舒茶早、浙农系列、龙井 43 等外地品种。除此之外，包括姚河在内的更多地区仍然是以茶籽直播的当地群体种为主，占到了 65%。"

回到 30 年前，新茶创制的过程异常艰苦。在漏雨的破烂厂房里，在熏得鼻孔发黑的煤油灯下，茶叶技干们在黄泥灶台铁砂锅上进行着新茶的研制。对于创制新茶，很多村民并不理解，而曾经在村茶厂干过的冯立彬则吃苦耐劳地投入了全部的热情，别人不愿意干的脏活累活都是他去干，日夜与茶叶技干们在一起研究制茶工艺。"有些手法，还是程老（程东明）手把手地教我的。"回忆起当年的情景，这个憨厚实诚的

中年男人仍然心存感激。

　　经过 40 多个日日夜夜的研制，这份由冯立彬亲手炒制出来的茶叶样品在当年获得安庆地区优质茶一等奖，并得到了"色泽翠绿、条嫩多毫、香气纯正尚浓、汤色浅绿明亮、滋味鲜爽、叶底嫩绿鲜亮"的评语。因为形似兰花，又脱胎于地方名茶"小兰花"，岳西县将这种新研制出的绿茶定名为岳西翠兰。

　　参与试制新茶的经历，使冯立彬成为最早掌握岳西翠兰手工制作工艺的人之一。他决定承包石佛村茶厂。"因为当时茶叶利润薄，大家都不乐意干，最后这个破烂的茶厂便由我承包下来，一年交给村里 100 块钱承包费。但全村的所有税都压在我一个人头上，一年得上交 5000 元。"

当时老村支书还劝冯立彬："一个人干不行，会亏本。"

在接下来两年里，岳西翠兰继续在包家乡石佛村、姚河乡香炉村等八个茶厂进行扩大试制，并进一步确定了一芽二叶初展的鲜叶采摘标准，提出了控制投叶量、高温杀青、毛火高温快速烘焙和多次干燥的技术措施。1985年，安徽省农业厅将石佛村茶厂生产的茶叶样品和姚河乡香炉村茶厂生产的茶叶样品进行拼配，在当年被评为"中国新创十大名茶"。

岳西翠兰的名声起来了，但承包茶厂的冯立彬却苦不堪言。"村民以为我赚了不少钱，于是收购鲜叶时并不是随行就市，而是老百姓自己定价，价格低了还不行，本来两毛钱1斤却要价三四毛。村民们说即使你卖不掉也得收他们的茶，因为茶厂是集体的，不是你冯立彬个人的。"承包第一年，就积压了3000多斤干茶卖不出去，冯立彬赔了1400元。接下来几年连续都在亏本。直到1993年，冯立彬创办了属于自己的茶厂。现在的他，已经是岳西翠兰手工制作工艺的集大成者之一。

翠兰谱系

拼配岳西翠兰的另一份茶叶样品由刘会根炒制而成。1961年出生的刘会根是刘氏定居姚河竹山后第14代孙，刘氏世代祖居于此已有将近300年的历史。100多年前，在岳西建县前属于舒城县的姚河乡香炉冲、竹山一带就已经开始生产小兰花茶。

"最好的茶叶就在我们村山上的几个茶林子里，因为茶叶产量小，远远供不应求。"刘会根向我们感慨，"那可真是皇帝的女儿不愁嫁呀，当时想买茶叶还要托人才能买到，我从读初中起就帮老师买茶叶。"

竹山最高的山峰海拔 913 米，大部分茶园散布在 600 ～ 800 米处。刘会根所在的香炉村（过去叫黄树大队，现由附近三村合并为香炉村）位于竹山南坡，茶园里有大量树龄在 300 年至 500 多年的古茶树，茶的口感、香气、滋味极佳。

他说，当时村里的茶叶经常买不到，但跟黄树大队仅仅一河之隔的龙岩大队，茶叶却卖不掉。"为此，龙岩大队的人常常把白天在自家茶园里采的茶晚上送过来，托在我们村的亲戚来卖。"

刘会根的母亲是村里乃至姚河地区制茶的顶级高手，自小与茶为伴的他受祖辈熏陶，年纪轻轻便制茶技艺纯熟，当年炒制岳西翠兰样茶时他才 22 岁。"翠兰的采摘标准为一芽二叶初展。什么状态才是初展呢？"他向我们细细描述，"第一片叶子还轻轻包着芽头，第二片叶子叶片两边的嫩叶向叶背微微卷起，还未完全展开。如果两片叶子完全展开，就不叫初展了。"

1.2 万～ 1.5 万个一芽二叶标准的芽头才能制出 1 斤翠兰干茶。而特级至一级岳西翠兰鲜叶，除严格按照芽叶标准、大小均匀外，还要做到"四不采"，即不采病虫及冻伤叶，不采对夹叶，不采紫色芽叶，不采鱼叶。

鲜叶采回后经过拣剔，除去不符合标准的芽叶，便铺在竹匾上薄薄摊放。"如果堆得太厚，鲜叶失水不均衡，积压在下层的鲜叶容易发黄变红。"刘会根说，为了防止这种情况发生，在摊放的过程中可以用手轻轻翻动两次。晴天摊放 3 小时以上，雨天则 5 小时，待表面水分散失，发出清香方可付制。

在炒制操作上，改变过去用竹帚翻炒杀青，为全程手工翻炒、竹帚辅助出青。刘会根抓起约二两鲜叶在手上一抖，茶叶便从手中滑入锅里，发出沙沙的响声。"茶叶制作时有这样一个原则，高温杀青，先高后低。"在锅温达 120～130 摄氏度的大铁锅里，他按顺时针方向单手翻抖，手法干净利落。"不会炒的以为把手放在锅上，那肯定会烫出泡来，但实际上手并不直接按在锅上，而是借助茶叶快速翻动。"

杀青结束后，将茶叶拨入温度略低的二锅进行理条。"翠兰要求茶叶呈自然舒展形，不能让茶叶卷曲过头，也不能很松。"刘会根接着用竹丝把子在二锅里轻轻揉一下，揉过的茶叶条索一下子变得紧实起来，衬着青丝丝的叶色，甚是好看。

杀青后马上高温初烘，等茶叶达到六七成干时拿出摊凉后，再低温复烘。"杀青和初烘实际就是一个失水的过程，初烘时叶子和芽尖先失去水分，但茎秆里跟蛋白质结合在一起的水分仍然吸附紧密。如果继续高温烘下去，只会导致芽叶变焦，而茎秆未干。必须等茎秆的水分回潮到芽叶上，让水分均匀分布后，再进行复烘。"刘会根说，高温杀青高温初烘的好处在于，"能以很快的速度把酶的活性冻化，从而保持住叶绿素的存在，这样绿茶的鲜绿色泽就不会被破坏"。

最后再用炭火低温复火提香，把翠兰的香气慢慢地拉出来。如此制作出来的岳西翠兰，冲泡后芽叶相连，舒展成朵，形似兰花，清香悠长，滋味鲜爽，品质独具一格。

钱子华说，当年参评时之所以将包家石佛村的样茶和姚河香炉村的样茶进行拼配，是因为两种茶各具特色。"姚河的茶叶颜色翠绿鲜活，滋味也挺好，但没有包家的茶那么浓厚且香气持久。而包家的茶味浓香久，却颜色微黄较暗，不太好看。"于是决定把两种具有同样采摘标准、用同样工艺制作出来的茶叶各拿一半进行拼配，既保证翠绿鲜活、自然舒展的外形，又兼顾滋味和香气。

　　两种茶叶的差异与两地不同的小环境和气候有关。"包家的海拔相对较高，云雾漫射光更多，叶绿素的形成相对较慢，因而长出的茶叶微带嫩黄绿，不及姚河茶叶翠绿鲜活。"由于山区海拔高度差别大，岳西县从3月中旬开始，一直到4月下旬，出来的都可能是头道新茶。

　　"今年最早开采的是南部茶区菖蒲镇，但品质不如北部。相反，会买茶的并不赶早，因为再晚一点高山茶就出来了，"钱子华说，"相较于海拔更高的石佛，姚河比较温暖，出茶早，现在采摘正当时。而石佛寺山顶上的茶园算是最晚的了，得到下周三才开园采摘。"

*本文作者邱杨，摄影关海彤，原载于《三联生活周刊》2015年第19期。

霍山黄芽：
皖西大别山区的黄茶地理

茶市场上，红茶、黑茶、白茶都先后热销，下一个热门，是黄茶？

金鸡山

清明节后第四天，霍山2015年的茶季比皖南晚了将近10天，从县城城关沿东淠河顺佛子岭水库溯流而上，山区海拔一路向西南方向爬升，到达位于大别山主峰白马尖北坡的金鸡山时，这里的茶季才刚刚开始。

这一年的强对流天气对霍山茶季影响极大，清明期间最高温度高达31摄氏度，与盛夏无异，清明过后却重返寒冬，穿着棉袄厚大衣也难抵春寒料峭。前天傍晚甚至下起雪来，从县城到金鸡山的路面积雪致使过往车辆不断打滑。

这场突如其来的春雪引发了茶叶冻害，我们在霍山县茶业发展办公室见到高级农艺师衡永志时，他正在对全县冻害情况进行汇总。"按照往年经验，我们这里3月25日以后就没有霜冻了，但最近两年的气候变化实在无法预测。"有人给衡永志打电话，说村里受冻的茶芽尖尖全部变成了紫红色。"这样的芽叶经过杀青、理条，温度稍微高点马上就煳了。"衡永志无奈地说，"只能摘掉，才能促使底下重发新芽。"

所幸从今天开始，温度已经在慢慢回升，大概再过一个星期，下一批茶叶新芽就能重新长出来。

衡永志是安徽定远县人，1979 年安徽农业大学茶业系毕业分配到霍山县农业局后，他与霍山茶叶打了 36 年的交道。1.7 米左右的个子，黑发中掺杂着几十根银丝，精神矍铄的他一到茶季就成天往山里跑，哪家茶树有问题都找他想办法解决。

60 岁的衡永志干到 2015 年冬天就退休了，他是霍山黄芽传统制作技艺省级非物质文化遗产传承人。刚见面几分钟，他就马不停蹄地领着我们前往霍山黄芽的核心产区大化坪镇金鸡山查看冻害灾情。

莽莽大别山宛如一条巨龙，从西向东劈开淮河、长江，直逼江淮之滨，横跨鄂、豫、皖三省。大别山走势西低东高，千米以上高山尽聚于安徽西部的六安、霍山、金寨、岳西、潜山、舒城等诸县市。沿着大别山的沟谷，自豫南至皖西，形成了一条我国长江以北最为重要的茶叶走廊。

霍山县以山为名，地属六安市管辖，东与舒城县比邻，南与岳西县相望，西与金寨县和湖北省英山县交界，北与六安市接壤。海拔 1774 米的大别山主峰白马尖就位于该县境内。

据考证，霍山县产茶的历史已有 2000 多年，但在唐朝以前，霍山所产之茶皆称为"寿州黄芽""霍山小团"。霍山黄芽之名，最早见于唐中书舍人李肇所著文献《国史补》："风俗贵茶，茶之名品亦众……寿州有霍山黄芽。"文中举出四川蒙顶、江浙顾渚紫笋、安徽霍山黄芽等全国 18 种名茶。可见当时的霍山黄芽就很有名。

茶学家詹罗九先生认为，霍山黄芽之名，盖因它幼嫩芽叶色泽嫩黄，故称之为黄芽。因为唐朝都是生产蒸青团茶，像现在的炒青散茶还未出现，更不用说黄茶制法。

　　直到明朝，黄茶的制茶技艺才渐趋成熟。当时霍山就有黄大茶、黄小茶和黄芽等系列黄茶，并有独特的加工工艺，小茶摊黄，大茶堆焖，这也正是黄茶与绿茶在制法上的根本区别所在。

　　霍山黄芽作为贡茶，有史可考也是自明朝开始。据《霍山县志》记载：朱明王朝把霍山黄芽列为贡茶。明初规定年贡20斤。正德十年（1515）贡宁王府芽茶1200斤、细茶6000斤……购芽茶1斤需银1两，犹恐不得。

　　在清朝，霍山黄芽更被定为内用。但由于黄小茶采制技艺难度较大，并不像黄大茶那样普及和畅销不衰，故除供奉朝廷的黄芽外，绿茶大量兴起并逐渐取代了黄小茶。民国以后，贡茶随着末代皇帝垮台而被取消，霍山黄芽也濒临绝迹，仅闻其名，未见其茶。此后，霍山所产之茶也多为炒青绿茶和黄大茶。

　　"新中国建立初期，要用茶叶来换外汇，而苏联人喜欢喝红茶，不喝绿茶。为落实国家保证外销的茶叶经营方针，霍山县当时全部改制红茶，限制各种内销茶的生产。"安徽农业大学中华茶文化研究所副教授章传政说，"这股'绿改红'的浪潮一直持续到1969年珍宝岛之战中苏关系破裂，第二年(国家)便停止向苏联供应红茶，霍山从此又恢复'红改绿'。但当时绿茶很便宜，卖不出价钱。"

　　1970年安徽省正式启动恢复开发名优茶运动，恢复的第一个历史名茶就是霍山黄芽。"但霍山黄芽到底什么样，谁也不知道。史料上没有制法记载，只有一个名称。"衡永志说，在解放战争时期，当地曾有茶农做黄小茶、黄芽茶卖往山东一带，县农业局派茶叶技术干部和茶农走

访当地七八十岁的老人，并于 1972 年成功试制霍山黄芽 14 斤。第二年，又布点金鸡山、金竹坪、乌米尖三处制作霍山黄芽 178 斤。

霍山山脉，位于大别山东北部。西南—东北走向的霍山山脉与西北—东南走向的大别山呈剧烈转折，形成"霍山弧"。自淠河上游佛子岭水库以上，"霍山弧"内山高谷深，林茂草丰，水多雾浓，金鸡山就位于这里。

上山的路在竹海茶山中穿行，不远处的淠河河水绿得清亮，山上成片的竹林蔓延至河边，间或有高大的竹子被压弯倒伏垂向水面。不同于印象中的翠绿，这里的竹叶翠绿中微微泛着嫩黄色。山上偶有人家，背山面水，倚竹弄茶，小丛的油菜花和映山红散落在山间屋旁，让人不禁心生向往。

正所谓好山出好茶，茶树在这里遇到了合适的气候与土壤。海拔700多米的金鸡山正好符合江北茶区的海拔特点，山既不太高也不太矮，在400～800米最适合茶树的生长。如果海拔过高，长期在零下10摄氏度以下容易产生冻害，不利于茶树存活。

据霍山县气象局资料，金鸡山年日照达1881小时，光资源丰富。夏季各月平均气温均在25摄氏度以下，高于35摄氏度的高温天气很少。年降水量在1800毫米以上，年平均相对湿度达78%，春夏早晚甚至可达90%，可以说，长江以北很少有这种温润之地。

山上全年雾日达181天，400米以上地区春季有雾时间达76天之久。茶树长时间处于云雾中，漫射光折射后的蓝光和紫光比例高，这对茶树里氨基酸、蛋白质和芳香物质的积累十分有利，生长出来的茶叶香气高，滋味纯。

金鸡山上森林覆盖率高达80%，植被为阔叶林，落叶经冬季雨雪腐蚀，一场春雨落下来，便把这些腐殖质从山上冲到茶园里来，为茶园提供了天然有机肥。这里的土壤为黄棕壤沙壤土，俗称乌沙土，有机质含量高达4%。一般来说，茶区的土壤有机质含量只有2%～2.5%，个别地方只有1%，而金鸡山的土壤则达到了中国农业科学院茶叶研究所提出的丰产茶园养分指标要求。

位于安徽金鸡山海拔 600 多米的『神茶园』。
这里生长的茶树芽头芽叶呈现出自然嫩黄
绿色，是制作霍山黄芽的极佳茶种

金鸡种

行进在九曲十八弯的狭窄山路上，平均每隔 20 米就有一个反方向的急弯。坡渐陡，弯更急，我们也渐渐顾不上欣赏路边风景，一阵眩晕呕吐感隐隐袭来。但 60 岁的衡永志坐在副驾驶座位上却面不改色，精神极好。他说自己天天在山上跑，早就习惯了。

强忍着翻江倒海的恶心熬过了两个多小时的颠簸山路，我们终于到达了目的地——位于金鸡山海拔 600 多米处的"神茶园"。大化坪镇金鸡山村，是一个有着将近 2000 人的大村，多年前由几个村子合并而成，现在有十几个村民组。我们眼前的这片"神茶园"，就是整个金鸡山位置最好的茶园。

这是一片面积不到 2 亩的野丛式百年老茶园，大小不一的茶树或疏松或密集地无规则散布其中，共同扎根在这片坡度达 50 度的山坡上，四周用绿色木篱笆隔离开来。茶园里最显眼的，便是正中间那棵用钢筋架棚保护起来的"神茶树"。

大别山自古以来便流传着"三棵半神茶"的传说，金鸡山神茶便是其中一棵。相传金鸡山上有只金鸡，有一天，金鸡飞下来后从嘴里吐出一颗茶籽，这颗茶籽发芽长出来的茶树被当地人称为神茶。而金鸡飞下来喝过的水则被称为神水，流淌到山下形成了落鸡河。

传说毕竟是传说，但全国茶树良种金鸡种正是从这棵"神茶树"上扦插繁殖而来。1982 年安徽省进行茶树良种普查时发现，从大化坪镇金鸡山的金鸡凼和金山头、佛子岭镇的乌米尖到太阳乡的金竹坪一带，茶树群体种具有高度相似性。最终，调查人员在位于金鸡凼村民组的这片老茶树群中发现了这棵"佼佼者"。

走近细细观察，它属于灌木型茶树，树高约 1 米，树姿半展开，树幅宽达 1.5 米，明显比周围的茶树体形都大。它的叶片是椭圆形大叶种，一片成熟的叶子长度在 10 厘米以上，分枝密，发芽整齐，抗寒性强。最为特别的是，它的芽头、芽叶一致呈现出自然的嫩黄绿色。

经过祁门茶叶研究所化验，这棵茶树的氨基酸含量是 4.98%，多酚类物质含量也高达 28.49%。这更让调查人员如获至宝。"其他的茶树良种要么是氨基酸高，要么是多酚类高，通常不会两个同时都高，但金鸡种竟然达到了双高，"衡永志说，"用它来制霍山黄芽是最好的。"

当年茶学家陈椽教授专门用"浓厚回甘"这个评语来形容金鸡种制出的霍山黄芽。"浓厚是因为金鸡种的茶多酚高，回甘是因为氨基酸高。"而金鸡种分布的"三金一乌"从此也成为霍山黄芽的核心产区。

几年前的一场冻害把茶园里的几棵老茶树冻死了，为了保护"神茶树"，金鸡凼的这片古茶园现在由镇政府集中起来统一进行保护。还在"神茶树"四周加盖保护棚，冬天搭上防冻薄膜，夏天盖上遮阳网布。"神茶树"上的芽叶也不采摘，任其自然生长。每到冬季 11 月左右，"神茶树"还会开出一朵朵洁白色宛如龙眼大小的山茶花。

除了金鸡种之外，霍山当地用于制作霍山黄芽的还有两大树种：分布在诸佛庵一带的棋江中叶种和分布在漫水河一带的漫水河中叶种。"这两个品种主要栽种在霍山县的外山区，芽头肥壮，育芽能力强，相对金鸡种来说，芽头芽叶颜色更加翠绿。"但衡永志说，虽然这两大树种用来制霍山黄芽也很好，但茶农们更偏向于种金鸡种。"有一个村子200多亩地都征好了，但茶农不肯栽其他品种，非要等着下半年金鸡种繁育出来了再栽。"

金鸡种的母树是以茶籽繁育的当地群体种，但群体种的问题在于不方便大面积推广。"茶树是一个杂合体，当它以茶籽播种繁育，后代会产生很多变异，有芽大芽小的，有发育早发育晚的，也有颜色深颜色浅的。虽然在茶叶加工当中滋味会很丰富，但在生产中却存在问题。"安徽农业大学专门从事茶树栽培育种研究的李叶云副教授说，这就是现在的茶树繁殖多以无性系扦插为主的原因。"通过枝条扦插繁殖，能保证长出来的每一个茶树后代都跟母树性状一样。"

在李叶云看来，这其实很矛盾。"从育种的角度来看，当然更希望通过杂交获得更多组合，从中选择更优秀的、更多变化的品种。但在生产中，则要推广无性系繁殖才能在大量的机器化生产中保证茶叶品质的一致。"

那么金鸡种平时该如何养护才能保证茶树品质呢？"我们一般都施茶树专用肥，不用化肥。"衡永志介绍，所谓"茶树专用肥"，是1992年邀请茶叶研究所专家专门对霍山土壤进行化验，并根据茶树的生长习性和营养成分，把氮、磷、钾按照一定的比例进行调配形成的肥料。

和江南茶区比起来，霍山冬季比较寒冷，所以当地只采春茶和夏茶，不采秋茶，为的是不影响第二年春茶的新梢发芽。"每年6月下旬，我们组织全县对茶树定型修剪一次，并追加茶树专用肥。11月至12月，当茶树进入休眠期后再追一次肥，促进根系生长发育。第二年阳历2月，施催芽肥让茶树春季出茶更旺盛。"

现在这段时间正是春茶的黄金采摘期。"要制霍山黄芽，鲜叶只能采摘一芽一叶，芽叶呈雀舌状，就像鸟的小嘴微微张开。"衡永志指着我手边的一颗芽叶说，"这个小了，再等两三天，等它长到一寸左右才能摘。"霍山黄芽采摘标准严格要求"四个一致"和"四不采"，芽叶形状、大小、色泽、嫩度一致，开口芽不采、虫伤芽不采、霜冻芽不采、紫色芽不采。

"采摘时拇指和食指轻轻捏住一芽一叶，微微用力向上一提，芽头、芽叶自然断开，是为提采。"每年茶季前，茶办都会对茶农进行培训，衡永志常常反复叮嘱不能用指甲去掐断芽叶。"一掐，断口处容易氧化变红，制出来的干茶末端都是红的。"

我很疑惑，同样都是断面，提采和掐采会有什么不一样？衡永志解释说，提采是茶叶组织细胞自然而然断裂，细胞壁并没有受损。而掐采则造成了机械磨损，致使细胞内部结构被破坏，同时还会影响枝条断面处新芽生发速度变慢。"可别小看这个简单的动作，"衡永志强调，"本来一季可以采 4 ~ 5 批茶，如果采用掐采，至少会少采一批茶。"

在金鸡种茶园，根据各地水肥管理情况不同，1 平方尺茶树的芽头在几十个至 100 多个不等。按照比例，通常是 4 斤左右鲜叶制 1 斤干茶，如果遇到下雨，则需要 4 斤半鲜叶才能制出 1 斤干茶。金鸡山的一亩茶园一年中采摘的鲜叶大概能制出 30 斤到 50 斤干茶。

前两年，金鸡山村民家里还户户有茶锅，人人会炒茶，白天辛苦摘下的鲜叶，必须当晚进行加工，否则很快就氧化了。为制毛茶，茶农们常常忙到深夜一两点，炒着炒着就直犯困。但这两年，家家户户都有人外出打工，村里人手越来越少，加上因为当地茶叶品质好，各个大小茶厂来金鸡山上抢收茶叶的人越来越多，村民们就不炒茶了，直接卖鲜叶，省下时间和精力白天多采鲜叶反而更划算。

收茶人通常每天上午10点到山上，直到下午三四点才走。他们的聚集点常常是半山腰的那家小卖铺，在店外水泥地上摆个小地摊，便有很多茶农围过来讨价还价。戴着斗笠、背着小竹篓的妇女们卖完鲜叶，便三三两两悠闲地往回走。而赶着去卖鲜叶的茶农则斜挎着竹篓，骑着摩托车疾驰在山路上，看到有陌生车辆经过，便减速凑过来，隔着窗户问："是不是收茶的？"

前两天受冻后芽叶长得很慢，一批黄芽的采摘期需要持续七八天。等再过几天，温度升到25摄氏度以后，芽叶一晚上就能长好几厘米，如果人手不够来不及采，茶就变老了。等到4月底5月初，夏季茶叶长得更快，由于温度高，叶片持嫩性差，这时出来的鲜叶抓在手里就已经明显感觉老了，就只能制成黄大茶了。在漫水河、诸佛庵一带，夏季茶叶则主要制成炒青绿茶。

黄大茶的采摘标准基本上是一芽四五叶，鲜叶收购价每斤在1.5元至2元之间。而一芽一叶的黄芽鲜叶则能卖到七八十元一斤，好的甚至能卖到100多元。对于茶农来说，时间就是金钱，或许是他们体会最深的一句名言。因此，在这段黄金采茶季，家里茶园多的人家经常会从外地请人来采茶，一人一天120元的工资，管吃管住，还给报销来回车费。即使这样，对于本地茶农来说也依然划得来。

霍山县 2014 年的茶叶产量是 6600 多吨，其中炒青绿茶 3300 多吨，黄大茶 2000 多吨，而黄芽大概在 1300 吨左右。霍山黄芽在 20 世纪刚刚恢复生产时多销往天津、北京，现在则以本省淮北、淮南地区为主。这些地方多用地下水，霍山黄芽用当地的水泡出来更能显现出滋味浓厚的特点。在国际上则主要出口德国、荷兰、美国和俄罗斯。而黄大茶多年来的传统市场是山东等北方区域，当地老百姓很喜欢这种价格不贵、烤得焦香味道重的茶叶。炒青绿茶则销往全国各地，出口欧盟和非洲。衡永志骄傲地说："因为霍山茶香气高，只要是出口，就必须要有霍山茶进行拼配。" 他说，金鸡山上一亩茶园每年的收入平均在 5000 ~ 6000 元，好的能有上万元。除了茶叶，山上丰富的自然资源如竹子、桑树、中草药，都是农家增收的来源。霍山历来就有着"金山药岭名茶地，竹海桑园水电乡"的美誉。我们在金鸡山上看到，家家户户都盖起了簇新的瓷砖贴墙的乡村小别墅，一路上极少有土房。

"三金一乌"

从金鸡山北坡下山，我们转道折回，经过近 50 分钟的车程，便到了同属霍山县城西南方向的乌米尖。

乌米尖山脚下就是烟波浩渺的佛子岭水库。皖西山区是淮河上游的水源涵养区，20 世纪 50 年代，水利部门在六安境内的山谷间筑坝截流，先后兴建了响洪甸、梅山、佛子岭、龙河口和磨子潭五大水库。其中佛子岭和磨子潭两座水库就在霍山县境内。

1954 年 11 月建成的佛子岭水库是中国自行设计、具有当时国际先进水平的大型连拱坝水库，而佛子岭水电站也是淮河流域的第一座水电站。它位于淮河支流淠河东源上游，而淠河东源的两大分支——西支漫水河与东支黄尾河也分别汇入这里。2009 年建成的白莲崖水库位于西支漫水河上，距下游的佛子岭水库仅 26 公里，它的建成极大地提高了佛子岭水库的防洪标准。

虽然同属金鸡种主栽区，但乌米尖与金鸡山制出来的茶叶香味并不一样。"乌米尖的茶是清香带花香，如果做得好应该是带兰花香，而金鸡山的茶属于栗香型，更容易被消费者所接受。"衡永志说，虽然茶叶的香气多数通过后期的炒制工艺实现，但出来什么香型仍与当地小环境的土壤和气候直接相关。"乌米尖就在佛子岭水库边上，空气湿度大，芽叶持嫩性好，这里采摘下的一芽一叶更长些，颜色有一点发青。而金鸡山的湿度不大，长出的芽叶明显稍短，色呈嫩黄绿色。"以前乌米尖附近的山上盛产兰花草，每到茶季大兰草开花时，空气里闻着都是花香，但这两年很多兰花草都被人挖走了。

到太阳乡的金竹坪，当地的土壤和气候又不一样。从霍山县城去金竹坪有 100 多公里路程，是"三金一乌"中距离最远的，同时也是海拔最高的。金竹坪的海拔在 800 ~ 1000 米左右，地处北坡，常年云雾缭绕。金竹坪当地是花岗岩发育土壤，山上除了丰富的植被，还有许多大块石头。岩石在下雨时能吸水、储水、保水，干旱时能渗出水分供茶树吸收，大量的"石水"长期滋养着漫山遍野的茶树，在茶树内部转换形成另一种独特的香型——清香带幽香。

"要知道，省评里很少有'幽香'这个评语。经过化验，金竹坪的茶内含物中的营养成分在'三金一乌'中是最高的，"衡永志笑着说自己个人更喜欢金竹坪的茶香，"喝到嘴里感觉特别舒服"。

因为海拔高出金鸡山和乌米尖200多米，在三地中茶季最迟开始的也是金竹坪。"我们每年在4月20日左右才往金竹坪跑得多，因为海拔高温差大，当地茶叶的持嫩性更好，黄芽能持续采到5月中上旬。而金鸡山和乌米尖的茶季则差不多同时开始，大约持续到4月底也就结束了。"正在金竹坪的同事打电话告诉衡永志，由于前两天清明节后受冻害比较严重，金竹坪这一批的新茶还没有发出来。

黄茶？绿茶？

而此时的乌米尖已经采过头道茶。在安徽农业大学茶文化与贸易专业读三年级的徐峰在繁忙的茶季回到乌米尖的家中帮忙。他家里有四五亩茶园，3月底最早出来的头采茶鲜叶卖到70多块钱一斤，但这几天价格往下降了一点，只卖了60多块一斤。由于几天前的倒春寒，乌米尖的茶园里下起了小雪，这一批新茶才刚刚出了一点点。上午采过茶园里的少量新芽后，徐家爸爸就去更远的山上采野茶去了。

在乌米尖这里，还有不少人家把鲜叶制成毛茶后再卖出去。上午采回来的鲜叶量不多，薄薄地摊放在团簸内，在通风阴凉处晾了两三个小时，芽叶表面的水分和青草气已经散发得差不多了。下午5点左右，徐家妈妈开始炒制黄芽毛茶。

　　她往大铁锅中舀入少量清水，然后蹲坐下来朝灶台里添炭生火，她一边忙活一边说："今年的木炭贵，一斤就要 2.8 元，家里买了 100 斤，但消耗很快，炒上二两毛茶就要消耗掉一两斤炭。"而往锅里加水，则是为了防止在生火的过程中煳锅。等火生起来了，她再把锅里的水舀掉，用干净软布把锅底擦干。

　　一切准备就绪，便开始炒茶的第一道工序——生锅杀青。徐家妈妈把手掌伸进锅内，凭经验判断，当锅温升到 120 ~ 130 摄氏度，便左手抓起一小把鲜叶，投叶量以半个手掌不握满为佳。她说："如果一次投叶量太多，容易受热不均匀，炒出来的颜色不好看。"鲜叶下锅后，发出沙沙的类似炒芝麻的声音，"这就说明温度正好"。

　　徐家妈妈右手用握毛笔状的手势轻轻半握住长约 30 厘米的芒花帚尾端，在锅内快速呈三点头同一方向运动，让鲜叶在频繁地挑、拨、捺手法变化中充分地散发水分。"挑，是轻轻抛起来；拨，是让鲜叶挪动位置；捺，是微微用力往下按。"衡永志在一旁指点，"炒的时候手要放低放平些，让芒花帚把鲜叶带动起来，不在锅的中心停留。因为锅心温度最高，容易焦边。杀青要高温、快炒，直至叶质柔软，出来的叶子才更鲜亮，光泽度更好。"

　　快速杀青后转入熟锅做形。徐家妈妈手法利落地用芒花帚把杀好青的茶拨到并排的熟锅里，锅温已升到 90 摄氏度左右，她继续用芒花帚将杀青叶在锅内呈三点头或同一方向运动，拨、捺结合，手上暗暗用力，炒至叶身收缩成芽，稍微挺直，形似雀舌，发出清香即可出锅。

　　经过生熟锅杀青做形后的茶叶应及时摊开晾凉，摊放厚度约 1 厘米，时间大概在 15 ~ 20 分钟，待芽叶冷却回软后即可上烘。衡永志说，初烘主要是起到散失水分，让黄芽形状固定的作用。用竹制烘笼烘焙，烘顶温度 120 摄氏度左右，每烘笼投叶量为 2 ~ 4 锅杀青叶，采取高温、勤翻、快烘的方法，直至茶叶稍有刺手感，约七成干时下烘。

"初烘后的茶叶，要趁热摊放于团簸内，厚度 6 厘米左右，放置 8 ~ 10 个小时。待回潮变软，直至叶色微黄，花香显露，然后剔除杂质。"衡永志说，此摊放过程是霍山黄芽独特品质形成的关键，"茶叶摊放的厚度，摊放的时间都要恰到好处，否则就不能制出具有独特香气、口味的好茶。"但现在很多农户都是直接卖鲜叶，这些烦琐耗时的加工步骤则交由茶叶生产厂家统一完成。

摊晾后进行复烘，烘顶温度 90 摄氏度左右，每烘笼投叶量为 0.5 ~ 0.75 公斤，2 ~ 3 分钟翻一次，翻烘动作要轻，烘至九成干，手握有刺手感时下烘。然后继续摊放 2 ~ 3 天，这是黄芽品质形成的延伸，直至干茶色泽嫩绿、微黄、披毫。

拣去飘叶、黄片、芒花毛等杂质后，进入最后一道工序足火，也是霍山黄芽香气高低的关键步骤。烘顶温度保持在 70 摄氏度左右，每烘笼投叶量为 1.5 ~ 2 公斤，每 4 分钟翻一次，并随着茶叶干燥程度，逐渐减少翻烘时间，翻烘时要轻、快、勤。烘至茶叶手捻成末，茶香浓郁，便可趁热装筒密封。

与绿茶相比，黄茶的制法最关键的就是焖黄工序，通过焖黄的湿热作用，使得叶片中的叶绿素 A（绿色）降低、叶绿素 B（黄色）增加，茶色由翠绿变为微黄。氨基酸和多酚类化合物发生氧化，从而增加了可溶性糖，改变了多酚类化合物的苦涩味，进而达到增加茶汤甜度的目的。在上烘的干热作用中，酯型儿茶素裂解为简单儿茶素和没食子酸，氨基酸受热转化为挥发性的醛类物质，是形成黄茶香气的重要成分。通过一系列长时间的化学反应，最终成就了黄茶特有的黄汤黄叶形态，和比绿茶更为醇和浓厚的滋味。

衡永志说，一到夏茶季节，到茶区去常常听到不少人嗓子变得微哑，其实就是夏茶中酯型儿茶素的刺激，但黄芽喝了就不会有这种感觉。泡开后的霍山黄芽挺直微展，匀齐成朵，形似雀舌，汤色嫩绿清澈，叶底微黄明亮。特别是其清香持久的香气和浓厚回甘的滋味让人难以忘怀。

"经过化验，霍山黄芽里的可溶性糖达到 7% 左右，而蒙顶黄芽只在 5%，"衡永志说，"霍山的黄芽喝到嘴里，过一会儿就感觉嗓子里微微泛甜。"

制作黄茶的闷堆技术通常有几种形式：杀青后趁热闷堆，如台湾地区的黄茶；揉捻后闷堆，如黄汤；初干后闷堆，如黄大茶；纸包低温焖黄，如君山银针；薄摊闷堆，如霍山黄芽。采取不同的闷堆技术，芽叶变黄程度不一样，形成的黄茶品质也各有不同。

霍山黄芽这种特殊的黄茶制法在明清时就已经发展成熟，在 20 世纪 70 年代恢复生产时也是按照传统的黄茶工艺恢复。但业内普遍认为，市场上的霍山黄芽在品质上却更为接近绿茶。这常常让人感到困惑，甚至为霍山黄芽究竟属于黄茶还是绿茶而争执不休。

事实上，这一境况还跟 20 世纪 80 年代名优茶兴起的潮流有关。"当时除了山东等地，我国大部分人都喝绿茶。名优绿茶有几个特点，第一要上市早，越早越值钱；第二要颜色绿，如果颜色发黄发暗，卖相不好消费者不喜欢。这导致在相当长的时间里，老百姓普遍觉得喝茶要早，汤色要绿。"李叶云说，"在这种背景下，其他茶类都不行。黑茶那时候是边销茶，送给别人喝都不喝，觉得有陈味，也不值钱。而白茶老百姓也不喝，都出口到了港澳台地区。按照黄茶传统制法制成的黄芽黄汤黄叶，消费者甚至觉得你这个茶叶做工有问题，在市场上得不到认可。"

无奈之下，霍山黄芽从 20 世纪八九十年代开始逐渐过渡到目前这种黄茶偏绿茶的做法。"为了适应市场，我们把焖黄的时间缩短一点，达到市场需要的干茶颜色后，就马上进行复烘。复烘后还要放置一段时间自然焖黄，有时候为了赶市场，特别是春季新茶出来时，放置的时间也会相应缩短。"衡永志说，"这几年市场上红茶、黑茶、白茶都热过了，我们常常开玩笑说，六大茶类轮也该轮到黄茶了。"事实上，传统黄茶工艺制法的霍山黄芽也越来越受到关注。

＊本文作者邱杨，摄影关海彤，原载于《三联生活周刊》2015 年第 19 期。

八闽之茶：天地人和

茶經卷上

竟陵陸　羽　撰

一之源
二之具
三之造

一之源

茶者南方之嘉木也一尺二尺迺至數十尺其巴山峽川有兩人合抱者伐而掇之其樹如瓜蘆葉如梔子花如白薔薇實如栟櫚蒂如丁香根如胡桃

其字或從草或從木或草木并其名一曰茶二曰檟三曰蔎四曰茗五曰荈

其地上者生爛石中者生櫟壤下者生黃土

安溪铁观音：

『音韵』密码

300 年前，安溪茶农在群山之中找到了这株神奇的植物，在数百年间，通过无性繁殖方式延续了品种的纯正。一泡好的铁观音，集中了"天、地、人、种"四大要素，以至产生无可名状的"观音韵"。

闽南乌龙至今还未找到比铁观音更好的替代茶种。

在安溪，陈双算是第一个卖茶卖到百万元户的农民（黄宇摄）

"鸭母算"

"5000 元。"陈双算小心翼翼地报出了一个价格。陈双算说，当时他看着找上门的香港茶客，心中有些紧张，盘算着对方还价到两三千元就卖了。但香港人把杯里的茶一饮而尽，说："好啊，有多少？"陈双算说，5 分钟后，他的后背还在冒汗，"那是 20 年前，5000 块钱盖一间房子都用不完啊"。

在茶乡安溪，陈双算是一个颇有传奇色彩的茶农，外号"鸭母算"。他是第一个卖茶卖到百万元户的农户，李泽楷也曾跑到他家买茶。

2010 年 3 月的闽南正是雨季，细雨时断时续，天上总有拨不开的浓云。一大早，陈双算的大儿子陈卫民开车接我们从县城出发，前往家乡的茶园。陈双算的家在祥华乡的旧寨村，青岩山上。安溪有 24 个乡镇，其中尤以西坪、祥华、感德 3 个乡产的茶最好。

经过多年开发，整个安溪县就是一座大茶园。茶树几乎是唯一的作物，没有平常乡间常见的水稻、小麦、玉米、油菜，只有房前屋后才有一两畦蔬菜，除了茶树还是茶树。平缓的山丘都被开垦为梯田，如大树年轮一般，被一层层的茶树环绕。

雨一直下，低矮的茶树更显青翠欲滴。"顶端发黄的是黄金桂，已经可以采摘了，上面发红的是本山，刚刚冒出芽头。"陈卫民指点道。更多的还是铁观音，因为它的价格是其他品种的几倍、几十倍甚至上百倍。

今年 30 岁出头的陈卫民没读过太多的书，从小和父亲一起种茶、做茶。他 10 岁时就带着广东客人去茶农家收茶，茶商每天给他 100 元。

种茶、做茶（黄宇摄）
的书，从小和父亲陈双算一起
30 岁出头的陈卫民没读过太多

"那时候挣 100 元可高兴了，比现在每天挣 10 万元还开心。"陈卫民说。

汽车可以开到村口，然后还需要沿着山路向上走十余分钟。山腰处有一大块平地，陈家是一栋传统的闽南建筑，白墙黑瓦，木质梁柱，房檐的两端高高翘起，屋檐下绘着人物花鸟像。进门是个天井，正面是开放的厅堂，供着祖先和观音，还摆放着制茶"摇青"用的摇筒，四周是两层的房子。闽南人家喜欢贴楹联，体现主人的志趣。陈家也是，所有的柱子都贴上，甚至贴了不止一副。

门前留出三四十平方米的空场，茶叶采摘后可以在这里"晒青"。房子四周还种了两亩茶树，都是铁观音。站在门口的平台，视野开阔，青山隐隐，草木葱茏。"天气好的时候可以看到对面的佛耳山，有 1500

多米高，是安溪第三高峰。"陈双算说。

陈家的海拔高度在 800 米左右，有 200 多亩茶园，大部分都在更西的苦坑山上，靠近毗邻的华安县，海拔 800 ~ 1000 米，这是一个适宜栽种铁观音的高度。走路过去要两个小时，天气好开车要十余分钟，再加步行十几分钟。

天气十分阴冷，气温只有 2~3 摄氏度。我们坐在门廊下喝茶。淡淡的白雾带着细雨从敞开的大门飘进来，茶一揭盅，香气四溢，是桂花味。

泡茶用的是山泉水，陈双算用大石头在房子的西面砌了一个蓄水池，用皮管从山上引下泉水。水池边有一棵松萝树，树下也摆了茶桌。再向西是由大青石铺就的小路，两侧是竹林，石头上长满了厚厚的青苔。中午吃饭，陈双算用土鸡、鲜笋和山药招待我们。"我们一年四季都可以吃笋，"陈卫民说，"春天吃毛竹的春笋，然后吃细竹的花笋，夏天吃山里的红笋和石笋，秋茶采摘前吃绿笋，采完秋茶就有冬笋吃了。"

如此诗意的生活并非与生俱来。

1975 年，陈双算从部队退伍回老家，家乡实在太穷，活不下去。"部队上一个月每人有 45 斤大米，而村子里每人一年只能分到 300 斤地瓜和 90 斤稻谷。家里都没有裤子穿，下地干活像个野人。"祥华乡是山区，耕地少，种出来的地瓜像花生。在"以粮为纲"的年代，茶叶的生产很少，"只有生产队还有几棵清朝栽的茶树"。

陈双算琢磨着怎样才能过得好一些。山上有很多野茶树，后山的一棵茶树树龄非常古老。他发现每年清明前 10 天都会有鸟来吃那棵老茶树的嫩芽，树下经常有山獐的脚印，靠下的叶片也被山獐吃掉了。他回去向村里的老人请教。村里的老中医告诉他，那是一棵年代久远的铁观音，以前发出来的红芽用来做药，和金银花一起炒可以清热解毒。

陈双算觉得这棵树很神奇，又想起在部队上听说，广东潮汕那边爱喝铁观音，有钱都买不到，他决定偷偷搞一些茶去城里卖。当时，茶叶实行国家统购统销，每个大队生产的茶叶都必须由国营茶站收购。茶站根据品级质量定价，最便宜的一斤只有三五毛钱，品级高的两三块钱，整个 20 世纪 80 年代特等的茶叶也只能卖到 5.8 元。如果农民私自进城贩卖就是"投机倒把"。

陈双算说他向村民们偷偷地收购了四五斤"自留茶"，用布包起来背在身上，走在路上带着一阵香气。他去了 3 次漳州，两次汕头，在漳州被抓到两次，还被罚劳动 3 天。

冒险是值得的。几毛钱的茶叶在城里能卖到几块钱，在潮汕甚至能卖到 10 多块钱。这让陈双算兴奋不已。

随着家庭联产承包责任制的推行，陈双算也分到了土地。他打算自己种茶叶，并研究如何制出最好的铁观音。1978 年，他从后山的铁观音老树上扦插繁育了 100 株幼苗，最后成活了 70 株。铁观音不仅树苗难栽，而且茶叶制作方法非常复杂，分为三大阶段、十余道程序，又受天气影响很大，任何一个环节出了问题，都不会出好茶。优秀的茶师无一不是受过严格训练的，经验非常丰富，所谓"万斤茶里寻知音"。

陈双算说他一边向老茶农请教，一边自己试验干起来。最开始时做出的茶叶全部又苦又涩，不过他没有灰心，更加专心做茶。陈双算的悟性很强，3 年后有一半茶叶成功了，经过大量的试验，又过了 3 年，他制的茶叶已经小有名气。

陈双算于是开始带着他的茶叶走出深山，去广东推销，认识了很多客户。某天一个广东茶商来到祥华乡找一个叫"鸭母算"的人。"鸭母"在闽南话里是母鸭子的意思，既没有人姓鸭，也不会有人叫这个怪名字。广东茶商拿出一个潦草的签名让乡里人看，最后"算"字是很清楚的，茶商又说这人制茶功夫很好，做的铁观音很有特点。随后有人明白过来，潦草的"鸭母"二字会不会是"陈双"呢？于是叫他去旧寨村找陈双算看看，果然没错。于是"鸭母算"的外号流传开来。

找"鸭母算"买茶的人越来越多，20世纪80年代末，他的铁观音就到了每斤千元。1987年开始，陈双算开始在各乡镇给茶农上课，传授制茶经验。

90年代末的一个秋茶期，晋江同乡会的朋友给陈双算打电话，说有个香港人要来买茶，叮嘱他卖得贵一些，1万块以上，太便宜了香港人不买。几天后果然来了个香港年轻人，陈双算拿出最好的茶叶，最后以1.98万元一斤成交。几天后，香港人打来电话说他叫李泽楷，以后到香港玩可以找他。

再过一个多月，陈双算一家就要忙起来。每年4月底5月初开始制春茶，要雇50个熟练工人。他家只做春秋两季茶，每年生产1万斤左右的铁观音。"20多天每天只睡两三个小时，半夜的茶商刚走，天不亮下一波又来敲门了。"陈卫民说。

每到茶季，村庄里都会弥漫着浓浓的香气，几里之外都能闻到。

茶树宝库

春雨之后，乍暖还寒。茶园清早上了霜冻，山顶还结了冰。

此时正是黄金桂的采摘制作时期。黄金桂原产于安溪虎邱美庄村，是乌龙茶中风格有别于铁观音的又一优质品种。黄金桂是以梭（黄旦）品种茶树嫩梢制成，因其汤色金黄有奇香似桂花，故名黄金桂。它在现有乌龙茶品种中是发芽最早的，制成的乌龙茶，香气特别高，所以在产区被称为"清明茶""透天香"。

但是由于寒流突袭，还没有来得及采摘的黄金桂顶端嫩芽被冻死，留下枯黄的芽头。2010年第一季黄金桂基本报废。

不过铁观音并不受影响。铁观音属晚芽茶种，每年在3月底4月初发芽，比早芽的黄金桂要晚20多天。所以，尽管它比较娇贵，"好喝难栽"，但是抗寒性却很好，不怕雨雪霜冻，不会受到春天反复无常的天气影响。

"铁观音是制作乌龙茶的极品，100泡铁观音就会有100泡不同的香气和味道，香型多种多样。"安溪县茶叶质量评审组组长、高级评茶师李宗垣说。比较常见的有兰花香、桂花香、栀子花香、鲜朴花香和奶香等。"音韵"是铁观音特有的评价标准，这一茶种不仅是在安溪被发现和培育，而且铁观音"出了安溪，'音韵'就退化了"。

安溪位于闽南腹地，隶属于泉州市。地处闽南厦、漳、泉金三角接合部，居山而近海。东距泉州55公里，向东南至厦门85公里，人口112万，也是福建人口最多的县。

安溪种茶的历史可追溯到唐朝末年，北方移民带来了茶树和制茶技术，结合了安溪特有的地貌和气候，使安溪成为茶树繁育的天堂。

戴云山支脉从漳平市延伸至安溪境内，地表自西北向东南倾斜。县内多山，3000多平方公里，80%为山地，海拔千米以上的山峰有1000多座。温润的海风从东面吹来，给安溪带来了充沛的降雨。安溪又因地貌差异分为内安溪和外安溪。以湖头盆地西缘的五阆山至龙门跌死虎岭西缘为天然分界线，线以东称外安溪，线以西称内安溪。外安溪海拔较低，而内安溪较高，平均海拔700米。

全县24个乡镇，大部分都属于内安溪山区。这里四季分明，昼夜温差大，季节性变化明显，具有相对低温、高湿、多雾的气候特征，为优质茶树的生长提供了优越的条件。更难得的是，安溪虽近海，却有崇山峻岭相阻隔，不受海风侵扰。在整个小气候区内，茶区终年云雾缭绕，空气清新，没有污染。香气好的铁观音多是生长在高海拔的内安溪山区，那里云雾多，日光漫射，紫外线强。茶叶部积累较多芳香物质，茶叶叶质厚、柔软、嫩性强。

独特的地理条件和气候环境，使安溪成为一个纷繁复杂、琳琅满目的茶树品种宝库。现在县内仍生长着许多野生茶树。1957年，在蓝田乡福顶山森林中，曾发现一群野生古茶树，其中一棵最大的树高6.3米，树围18厘米，树幅2.7米。1961年，在剑斗镇水拔头山森林中也发现了许多野生古茶树，其中最大的一棵树高6.5米，树围58厘米，树幅3.2米。此后，还在西坪、福前、祥华、官桥等乡镇的森林中陆续发现了野生古茶树。这些野生古茶树树龄已有1000～1200年，经过安溪茶农长期的驯化、选育，培育出许多茶树优良品种。

1937年，庄灿彰所著的《安溪茶叶调查》中就收录了40余种安溪茶。

安溪乌龙茶名种：
黄金桂［右上］
梅占［右下］
本山［左上］
毛蟹［左下］

安溪县农业与茶果局局长蔡建明给我们介绍，目前全县有记录的茶种多达 67 个，没有选育的野生茶树种类无以计数。1984 年全国第一批审定通过的 30 个茶树良种中，安溪县占了 6 个，即铁观音、黄金桂、本山、毛蟹、梅占和大叶乌龙。铁观音、黄金桂、本山、毛蟹已成为安溪县四大当家良种。其中，铁观音具有至高无上的地位。

按照闽南乌龙的广义分类，可分为铁观音和色种两大类，即所有非铁观音的茶种都属于色种。目前黄金桂、本山等茶种都有一定的产量，已经形成了独立的品种。在色种中，本山是铁观音的"近亲"，也发红紫色的芽头，发芽时间比铁观音早。高明的茶师可以将本山制作得与铁观音相似，其汤色橙黄、叶底黄绿，香气高长，滋味醇厚，但缺少铁观音特有的"音韵"。市场上本山产品并不多见，因为它的品质略同于铁观音，茶商常将优质的本山与铁观音拼配，将质量较差的拼入其他色种之中。

广义而言，铁观音既是茶树的品种名，也是成品茶的名称。在安溪有多种茶树按照铁观音的工艺生产，产品也称为铁观音。但严格讲，只有以纯种铁观音茶种为原料，按照特定的工艺生产的茶叶才能享有铁观音的名称。

最佳的选择

鉴别铁观音的树种并不困难。与其他茶种比，它的枝条明显比较粗壮，劈开生长；叶子呈椭圆形，更多的茶树则为细长形态，叶片非常肥厚，边缘锯齿较钝，叶头侧歪，发芽最初为紫红色，所以当地人又称为

"红芽歪尾桃"。

乌龙茶也称"青茶"，为半发酵茶叶，介于绿茶和红茶之间，是中国六大茶叶品类之一。"铁观音的叶片肥厚，内含物质较多，非常适合半发酵的乌龙茶工艺，能够产生更丰富的香气。"李宗垣说。

据蔡建明介绍，通过近十几年来对乌龙茶香气成分的系统研究，已经检测出 162 种香气成分，在铁观音中检测出 97 种香气成分。萜烯类芳香物质是形成乌龙茶香气的主要原因。就铁观音而言，橙花叔醇和吲哚最为突出。而铁观音的滋味则是一种多味的协调综合体。从化学组分上看，有可溶性糖的甜味，儿茶素及其氧化物的涩味、醇厚感，氨基酸的鲜爽味，嘌呤碱的苦味。这些化学组分共同构成了铁观音综合的味觉体系。

如同名厨做菜，只有多种调料配合得当，相辅相成才能获得无上美味。铁观音的内含物质通过特定工艺"发酵"，可以形成丰富的香气、味觉物质。最重要的是，这些物质实现了最协调的搭配组合，也就产生了丰富的嗅觉、味觉体验，即所谓回味绵长的"观音韵"。

铁观音的发现距今已近 300 年。它的发现与培育并非偶然，"而是与乌龙茶的研制和生产紧密关联"，李宗垣说。

关于乌龙茶的起源与发明者说法众多。按照安溪县的传说，乌龙茶的创始人为一个名叫苏良的猎人，他在明朝成化年间（1465 ~ 1487）一次上山采茶打猎中，追逐山獐，而忘了茶叶篓中新采的茶青。第二天想起来时，茶青叶缘已经变成了朱红色，带着一股鲜爽的花香。苏良马上生火炒制，味道果然与众不同。

苏良认为一定是前一天茶青在背篓中经过翻晒晃动，才会有特别的香味。于是潜心研究，发明了传统乌龙茶做青、杀青、揉捻、烘焙等一系列技法，并传与村民。"苏良"的闽南语发音与普通话的"乌龙"接近，于是这种技法做出的茶逐渐被称为"乌龙茶"。

尽管存在争议，但李宗垣认为，乌龙茶的发明地应该在安溪。因为闽北的制茶师傅大多来自安溪，而安溪最初迁移到台湾的民众也是吃茶叶饭。台塑集团创始人王永庆祖上就是带着茶苗离开安溪，漂洋过海以茶为生。

"乌龙茶的发明对茶树种类提出了很高的要求，并非所有的茶种都能生产高品质的乌龙，必须要枝条苗壮，叶片肥厚，内含物多，才能获得良好的'发酵'效果。"李宗垣说，"这时候安溪的茶农选育出了最为优质的铁观音品种，用来制作乌龙茶。"尽管苏良打猎偶然发现乌龙技法，但铁观音茶种的选育却并非偶然。

最近十余年来，茶叶专家们一直在进行试验，希望能培育更适合乌龙茶的新品种，以应对品种退化问题。"通过现代农业技术，分别以铁观音和黄金桂为母本和父本，培育出了金观音和黄观音，但是都不如纯种铁观音好。迄今为止，铁观音这个品种还是最佳选择。"李宗垣说。

十场大雪

若不是爱茶者，恐怕少有人知道西坪这个小镇。西坪在安溪县城偏西南方向，车程不到 1 小时。西坪境内地形大多以山地和丘陵为主，相

对海拔从 380 米至 1265 米，河谷狭且深，沿溪两侧山地坡度较大、陡坡较多。除镇区西坪、西原两村溪谷地海拔在 400 米左右外，其他地区海拔大都在 500 ～ 800 米。西南方向则有数座千米以上的高峰。

魏月德正在山坡上指挥着工人播种茶苗。这是他新开出的生态茶园，每棵茶苗间隔 1 米，根部撒上一大盆茶叶粉末作为肥料。这些茶粉他攒了好几年，山风吹过，带起一阵清香。

关于安溪铁观音的发现有两个传说，一为"魏说"，一为"王说"。在"魏说"中，铁观音由老茶农魏荫所发现，而魏荫就是魏月德的祖上，到他这里是第九代，他是魏荫名茶公司的总经理。

相传，雍正元年（1723），安溪尧阳松岩村（又名松林头村）有个老茶农魏荫（1703 ～ 1775），勤于种茶，又笃信佛教，敬奉观音。每天早上一定在观音菩萨前敬奉 3 杯清茶，从未间断。

有一天晚上，他睡熟了，蒙眬中梦见观音指点他一棵茶树，是取之不绝、可造福世人的好茶树，叫他勤加培植传播，造福万民。第二天早晨，魏荫顺着昨夜梦中的道路寻找，果然在观音打石坑的石隙间，找到梦中的茶树。仔细观看，只见茶叶椭圆，叶肉肥厚，嫩芽紫红，青翠欲滴。

魏荫十分高兴，将这株茶树挖回种在家中一口铁鼎里，悉心培育。用这棵茶树制出的乌龙茶香气悠长，醇厚无比。因这茶是观音托梦所得，在铁鼎中培育，就取名"铁观音"。

松岩村海拔 800 米左右，三四千人分散居住在山间谷地。铁观音的发现处就在魏家向西 1000 米左右的一处峭壁边。穿着西装、皮鞋的魏月德轻松地走在崎岖的山路上，那个地方他闭着眼睛都能摸到。

　　这棵快 300 岁的"母树"并不起眼，只有 2 尺高，但根部非常粗壮。母树生在岩石壁边，一条溪水恰好从山上流下，在母树前汇聚生成一个瀑布，终年不绝。每天早上，都会有水雾从下面石孔中蒸腾上来。

　　"母树"上面还有两棵当年压苗繁育的茶树，相传也是魏荫繁育的老树。每年魏月德都要对这几棵祖母级的老树修剪采摘，还能做出 2 斤干茶。

　　松岩村原先有 10 个大姓，包括苏、魏、蒋、李等。据魏月德讲，乌龙茶的发明者苏良就是松岩村人，和魏家是舅甥关系，魏家正是从苏家学来的制茶手艺。魏家逐渐发展壮大，其他姓氏没落下去，现在松岩村全部都是魏家的后裔。每户的门楣上都写着"巨鹿传芳"4 个字。按照魏氏家谱记载，他们祖上本是巨鹿（现河北邢台）人，为唐太宗宰相魏征的后人，为躲避战乱不断南迁，明嘉靖二十年（1541）迁入安溪西坪松岩村（原名崇信里贺厝堡），筑屋定居，繁衍至今。

　　魏氏家族在山上修建了一座大戏台，每年农历二月十九日、五月十六日和十月十五日都要拜祭观音，并请本地的高甲戏班或漳州的歌仔戏班来唱"观音戏"。山后还有唐宋时期的老茶园。魏家世世代代以茶为生，从育种制作，到挑担贩卖。现在魏月德还能用闽南话背诵大段的制茶口诀，7 字为一行，每段 4 行，通俗直白，朗朗上口。在 1979 年福建人民出版社出版的《茶树品种志》铁观音条目下，就采用了"魏说"起源。

　　而另一个传说——"王说"——的发源地距离松岩村不过 10 公里的路程，两地都在一条公路上。相传，安溪西坪南岩村有个读书人叫王仕让，在清朝雍正十年（1732）中副贡，乾隆六年曾出任湖广黄州府蕲州通判。他平生喜欢奇花异草，曾经在南山之麓修筑书房，取名"南轩"。

清朝乾隆元年（1736）的春天，王仕让告假回家探亲。每当夕阳西坠时，就徘徊在南轩之旁。有一天，他偶然发现层石荒园间有株茶树与众不同，就移植在南轩的茶圃，朝夕管理，悉心培育，年年繁殖，茶树枝叶茂盛，圆叶红心，采制成品，乌润肥壮，泡饮之后，香馥味醇，沁人肺腑。

乾隆六年（1741），王仕让奉召入京，谒见礼部侍郎方苞，并把这种茶叶送给方苞，方侍郎见其味非凡，便转送内廷，皇上饮后大加赞誉，垂问尧阳茶史，因此茶乌润结实，沉重似铁，味香形美，犹如"观音"，赐名"南岩铁观音"。

现在安溪最大的茶叶公司八马茶业总经理王文礼，就是王仕让的后人，到他这里已是第十三代。

王仕让所发现的"母树"就在南山山麓的一处峭壁上，在他书房上方约1公里处。两侧的石壁上刻有"先有南阳诸葛之庐，后有南阳王子之居"，落款时间为"乾隆丙辰"。崖壁上方还刻有"茶祖"二字，字迹已经比较模糊了。

王家祖上南阳，是本地望族。王文礼的二叔王平原说，附近尧山、尧阳、南岩、上尧4个村子除一家姓李外都姓王，共有1.2万多人。几百年前，又有一支王姓兄弟3人移居温州，那边现在也有1万余人，从这里移居海外的王姓华侨还有1万多人，可谓人丁兴旺。

王文礼说，王家自先祖王仕让发现铁观音后，世代开辟茶园经营茶叶。第十代传人王滋培是他的太公，于民国时期在厦门开办"信记茶庄"专营铁观音，不久又在泰国开办了分号，将铁观音带到东南亚。王家也因经营茶叶富甲一方。"信记的名气非常大，改革开放后，还有泰国华侨辗转到侨联打听我们王家后人，是否还依旧制茶。"王文礼说。

王文礼的爷爷王学尧是王仕让的第十一代传人。1952年，当时安溪唯一的茶厂——国营安溪茶厂成立，王学尧成为茶厂的首席评茶师。"很多安溪著名的茶叶专家和茶师都是王学尧带出来的徒弟。"王文礼说。

到了第十二代王福隆时期，他家的几亩铁观音茶园已归集体所有，生产队安排王福隆专门制茶。1975年，王福隆成为国营安溪第八茶厂的主评茶师。20世纪80年代后期，王家开始从事茶叶贸易，与专营外贸的国有公司"拼柜"，将茶叶出口到日本。王文礼从小学习制茶，1993年大学毕业后不久回家创业，成立了自家品牌"八马茶业"。

现在"魏说"后人魏月德和"王说"后人王文礼都被确认为铁观音国家非物质文化遗产的传承人。

两个传说发现铁观音的年代距离不远，都在18世纪的前半叶，发现地也不过方圆10公里。附近村民世代都以茶叶为生。这种偶然与传奇般的发现，实际是茶农为制铁观音不断选种、育种的结果。按照生物学的原理，茶树繁殖后会不断发生变异，而这一时期恰好变异出了铁观音这一良种，并为西坪茶农所偶然发现。

那么，为什么恰好就在这个时期出现了铁观音？这是一个复杂的生物学问题。安溪县委宣传部副部长谢文哲也对此感到疑惑。他翻看了大量的《安溪县志》，发现一个有意思的现象，就是安溪历史上曾有一段比较寒冷的时期，就在 1700 ~ 1750 年。

"这 50 年中，安溪下了 10 场大雪，而且是'三日乃止'。这是非常罕见的气候。安溪很少下雪，距今最近的一场大雪还在 1976 年。短短 50 年间下了 10 场大雪，是否会促使茶树发生变异产生新品种呢？"谢文哲说。

尽管很难从生物学的角度证实这一假设，但铁观音确实是一个晚芽、耐寒的品种。

"祖母"级的原料

铁观音是最讲究原料的茶。一泡上好的铁观音必须采用纯种铁观音的叶片，最合适的成熟度，在最合适的天气下采摘。所以，品种与鲜叶成为铁观音制作的第一道门槛。

铁观音属于乔（灌）木植物，本身就长不高，再加上茶农每年的修剪，实际大多高度只有 1 尺左右，有的甚至只比人的脚踝高一些。但是不要小看任何一株低矮的树苗，它的生物年龄都在几百岁以上。因为铁观音采用无性繁殖的模式，即从母树采摘叶条，进行短穗扦插，从而获得新的茶苗。对无性系多年生植物年龄的计算，不是每一代扦插苗从零开始，其年龄应从剪穗母树的历代年龄累计相加。因此无性繁殖系植物问世的年代越久，繁衍代次越多，它的生理年龄就越老。

所以，不要小看任何一株铁观音，即使是刚刚栽下的幼苗，只要是无性繁殖所得，它的年龄也一定是祖母级的。

通过栽种茶籽获得新苗的方式是有性繁殖，新茶株的变异性大，萌芽期参差不齐，性状不一，既不利于管理采摘而且品质也低。明朝崇祯年间，松林头村的魏氏家族偶然发现，茶树枝条损裂而埋入黄土中，在裂开的伤口处和弯曲处长出很多新的细根。并以此发明了通过压条无性繁殖的方法。无性繁殖出的新苗，可以很好地保持原有母本的种性，变异性小。及至后来铁观音被发现后，就以压条繁殖的方式培育新苗，繁殖后代。

"无性繁殖的发明是安溪茶农的又一大贡献，是历史性的飞跃，它保持了珍贵品种的纯正属性。"谢文哲说。

1920 年前后，安溪茶农又发明了另一种无性繁殖方式——"长穗扦插育苗法"。1956 年"短穗扦插育苗法"试验获得成功，并向全国各茶区、茶厂进行推荐。在 1978 年全国科技大会上，"短穗扦插育苗法"获得科学成果大奖。目前新苗的培育，都采用"短穗扦插"的方法。

而在纯种铁观音中，又以扦插代数少的为更优。这样的茶树生命力更旺盛，产量也更高。茶苗的栽种与维护各家都有各自的窍门。魏月德认为，铁观音种植的最佳位置是坐东朝西，露水久而日照长，其次是坐南朝北，再次是坐北朝南，最差是坐西朝东。王文礼生产高档茶则采用"穴种"的方法，即在山林中单独开辟茶园，保持周边的原生面貌，茶树处于半野生状态，使茶树与其他植物协调共生。陈双算经常去外地采购羊粪作为肥料，每 1000 公斤羊粪拌上 100 公斤石灰进行发酵，待有清香味出现时就可以进行施肥。

铁观音的采摘一年可分为四季。谷雨至立夏（4 月中下旬～5 月上旬）

为春茶，产量占全年总产量的 45% ~ 50%；夏至至小暑（6 月中下旬 ~ 7 月上旬）为夏茶，产量占 25% ~ 30%；立秋至处暑（8 月上旬 ~ 8 月下旬）为暑茶，产量占 15% ~ 20%；秋分至寒露（9 月下旬 ~ 10 月上旬）为秋茶，产量占 10% ~ 15%。每一个茶季约 20 天，每季间隔约 50 天。

而其中又以春茶和秋茶最好。春天雨水较多，利于茶树生长，经过一冬的积累，叶片内含物质较多，汤水更加醇厚而爽口；而秋天气候干爽，温差大，温湿度适宜做青造香，所以香气更高。铁观音有"春水秋香"之说，在本地人看来，秋天的茶则更胜一筹，容易出好茶。夏天茶叶分为两季，由于气温升高快，茶叶迅速老化，温度高难以控制做青"发酵"的程度，所以夏暑茶品质较低。

每年春茶的最佳采摘期在"五一"后的四五天，秋茶在"十一"后的四五天。如果天气过暖或过冷则相应提前或推迟，所以"斗茶"比赛大都在 5 月底和 10 月底进行，这时茶师们刚好做完春茶秋茶。

与绿茶采摘追求嫩度不同，铁观音要在一定成熟度时采摘，一般要求叶顶 2 ~ 3 片叶子达到中等开面的程度，采一芽二叶或一芽三叶。这时候叶片大约有拇指长，叶芽壮，叶片厚，绿色光润，拿在手里有重感。叶片过嫩，则香气物质少；叶片过老，有效物质的基础差，成品茶颜色枯黄，滋味寡淡。

"采茶要采'兄弟叶'，就是两片叶子大小接近，利于保持相同的'发酵'程度。"王文礼说。

天气成为影响茶叶品质的关键性因素。天气晴朗，气温 18 ~ 22 摄氏度，刮北风，这是采茶制茶的最佳气候。这种天气下，湿度低，水汽少，利于晒青走水，才能制出极品。如果采茶季节长时间下雨，这一季制出好茶几无可能。

　　一般来说，采茶的最佳时间为 10 点至 16 点。10 点前的为早青，露水较多，水汽过重，茶叶质量差。10 ～ 12 点为上午青，12 ～ 16 点为下午青，16 点后为晚青。晚青采摘后错过了晒青的阳光，也无法获得好的效果。通常下午青又比上午青更好，不仅露水走得充分，而且有充足的晒青时间。所以每天最佳的采茶时间只有 6 个小时。

　　"向东的茶园 10 点采，向南的茶园 11 点采，向北的茶园 12 点采，向西的茶园 12 点半采，山坳里的 14 ～ 16 点去采，"魏月德说，"露水短的要先采。"

　　一个熟练工，一天可以采 20 ～ 30 斤鲜叶，生疏的只能采 10 斤。一般 6 斤鲜叶可以做 1 斤成品茶。

香气与滋味秘密

　　传统铁观音的制作工艺包括三大阶段，即做青、杀青和揉捻烘焙。每个阶段又分为若干道工序，总共流程有十余道工艺才能产出毛茶。而其中最重要，也是最困难的步骤就是做青工艺。

　　"铁观音是半发酵茶，'半'是一个模糊的说法，多少算合适并没有定论，完全由茶师凭经验掌握。"安溪茶叶工作委员会主任陈水潮说。按照传统工艺，铁观音的"发酵"程度在 40% ～ 60%，"发酵"程度的不同决定了铁观音独特的色、香、味，不同的"发酵"程度会有不同的香型。

长达十几个小时的做青工艺，是控制"发酵"的过程，要根据天气和鲜叶的情况，决定何时结束"发酵"，使茶叶内的香气物质达到最佳的组合。茶叶香不香，何种香，就是由做青所决定的。

如果能够出色完成做青工艺，即可称制茶专家。但实际上，即使同为高手，每个人的做青手法与判断仍旧十分个人化。

一般来说，做青分为晒青、摇青和凉青三道工序。

采青回来后，茶农将鲜叶摊放在筛篱（直径约 1 米的竹篾盘）上，在自己门前晒青，闽南话称"炸青"，专业术语是萎凋。此时一般是下午 4 点以后，阳光比较柔和。大约 1 小时到叶色转暗，手摸叶子变柔软，顶叶下垂，失重 6% ～ 9% 左右，就可以结束晒青。

傍晚时分，鲜叶已经完成了晒青，略微摊凉后就可以放入摇青筒中进行摇青。摇青筒的直径 80 ～ 85 厘米，长 2 米，由竹篾编成，透气性很好，一次可以倒入 50 公斤。投叶太少，鲜叶在竹筒中散落，碰撞重，会造成"伤青"；装叶太多，摩擦运动不够，不均匀。

摇青筒按照一定的速度开始转动。在这个过程中，叶片边缘经过摩擦，叶缘细胞受损，再经过排置，在一定的温度、湿度条件下伴随着叶子水分逐渐丧失，叶中多酚类在酶的作用下缓慢地氧化并引起了一系列化学变化，从而形成铁观音独特的香型物质。在生物学中，这个过程被称为"酶促氧化作用"。

摇青与凉青是交替进行的。摇青到一定程度，茶师会将茶青倒出来，放到筛篱上凉青，让叶片进行休息，内部水分重新分配，进一步完成化学反应。摇青与凉青交替进行，一静一动，一死一活。

摇青一般 3 ～ 5 次，有"三守一攻一补充"的说法。第一次、第二次，摇得轻一些，转数少，凉青的时间也短，保持青叶的生理活性，让萎凋过的叶子能慢慢"活"过来。第三次、第四次要摇得够、摇得足，使叶缘有一定损伤，青、臭气散发上来。如果第四次还未摇足，再补充一次。摇青的时间由三五分钟逐渐增加到半小时上下。

"一摇匀，茶青起到均匀作用；二摇水，排除茶青中的杂味；三摇香，使茶青内含香气形成发出；四摇韵，决定着铁观音'音韵'的形成。"魏月德说，"动静结合，让叶片死去活来，去死回生，使茶叶阴阳造化，才是达到做青的最高境界。"

直到叶缘变红，叶片散发出香气，出现绿叶红镶边。这时候，薄薄的叶片内部已经发生了化学反应。"低沸点的青草气挥发和转化，高沸点的花、果香成分显露出来，"李宗垣说，"其中有的香气物质沸点可以达到 200 摄氏度。"

整个做青的过程只有经验而没有定律。具体的摇青时间、次数和轻重程度都要依鲜叶和天气而定，即所谓的"看青做青""看天做青"。一切以达到最佳的"发酵"程度为目的。"做茶就像在白纸上画画，"王文礼说，"每个人都会根据自己的风格下笔，每个人的画都不一样。判断不一样，做出茶的味道也不一样。"

整个做青的过程超过 10 个小时，持续一整夜。第二天清早茶师要决定是否进行炒青，即通过高温中断酶的活性，使"发酵"停止。

这是一个关键的决定，决定了这泡茶是卖 100 元 1 斤，还是 1000

元甚至 1 万元 1 斤。茶师通常会捧起筛篙中的茶青，依靠嗅觉辨别"发酵"程度。

陈双算在自己的研究中摸索出了一条规律，这也是他做茶的核心技术。他说，当闻到菠萝味的时候，可以生产出兰花香的铁观音；闻到荔枝味，则会产出桂花香；如果闻到龙眼味，则成茶是鲜朴花香。当然，味道判断标准更多带有陈双算的个人体验，只是相似，并非绝对。

"就像篮球运动员投篮，出手的时候就是感觉到了。"王文礼说。

做青完成后，一般认为铁观音茶内质"色、香、味"已基本完成。这时将茶青投入炒青机，5～6分钟，使茶青失水16%～22%。同时带有青草气的低沸点芳香物挥发，高沸点芳香物开始显露。炒后茶青的含水率下降到50%以下。

炒青完成后，铁观音的制作进入第三个阶段——揉捻烘焙。这是铁观音初制的塑型阶段，整个阶段分为三揉三焙，揉与焙反复进行。第一次揉捻使用机器将茶青卷曲成条状，摸起来滑手，然后放到烘干机或烘笼中，以100摄氏度左右的温度烘焙。

到茶条不粘手的时候下机进行初包揉。包揉是闽南地区制作乌龙茶的一项独特塑型工艺，用1米见方的白布将8～10斤的茶条包起来，成为篮球大小的茶包。传统上，通过揉、压、搓、抓、缩等手法，使茶条形成紧结、弯曲、螺旋状，目的是要最终将茶条做成圆珠形。包揉过程进一步摩擦了叶细胞，使之破裂挤出茶汤，黏附在茶叶表面，增浓茶汤。

高品质的铁观音外表形象很重要，要达到紧凑、密实，圆润如同珍珠，放在手中，沉重似铁。从实用的角度看，这样的外形非常方便包装和运输，干茶也不会折断。

　　好的形态不会一次完成。初步包揉后，要进行再次烘焙，随后再次包揉，再次烘焙，使铁观音的形态逐渐变圆，水分一点点消失。熟练的茶师也要经过三揉三焙才能完成。然后再用 60 摄氏度左右的文火慢焙，含水率降到 7% 以下，使茶叶香气敛藏，滋味醇厚，外表色泽油亮。至此，铁观音的毛茶才算完成。

　　在魏月德看来，包揉不仅是一个塑型、脱水的过程，更是铁观音制作的一个大转折。"通过对茶叶组织的破坏，把内含物定型，最终体现茶汤的口感韵味。最后形成清、甘、活、甜、韵——五味，并与此前做青形成的香气系统完美结合成一体。"魏月德说。

　　毛茶经过检查和挑梗后，可以上市销售。但是更高品质的铁观音还要经过最后一道炭焙，即用炭火再次烘烤，给茶叶提香增韵。与前面所有工艺相比，最后这步收官步骤更加玄妙隐秘。高级茶师们各有秘诀，是看家的本事，不足为外人道。"能够做好炭焙的才可以称得上是大师。"魏月德说。

　　毛茶经过炭焙后，会在花果香的基础上，再增加爆米花香、烟香、炭香、蜜香等，形成复合的香气；口感也更加醇厚绵长，会有焦糖味、烟火味，回甘更强。最简单地说，没有经过最后炭焙的程序，"韵"就不足。由于毛茶已经十分干燥，再次炭焙，对火工的要求十分严格，手法繁多。

　　王文礼给我泡了 3 道好茶，分别是"赛珍珠"1000、3000 和 5800 这 3 种型号的样品，让我感受其中韵味的不同。"如果以足火烘焦为 10

分火工的话，其中火工最高的是 6.5，然后是 5.5 和 5。"王文礼说。茶做好后 15 天，是最佳的品尝时间。

经过炭焙的铁观音无须冷藏，香味不会散失，而且会随着储藏时间的延长成为别具韵味的陈茶和老茶。魏月德给我们冲了一泡有 52 岁的陈年铁观音。当年那批茶做出来火候偏大，生产队没有收，被魏月德父亲挂在烟囱边保存。

"音韵"之价

结束了吗？还没有。

高等级的茶还需要拼配。就如同调酒师，将不同批次的原浆酒，按一定比例调和，以形成最佳口感。茶叶也是如此。茶叶拼配师将口感、汤色、香气最佳的茶叶组合到一起，形成一个风格独特、各项指标趋近完美的产品。

王文礼曾经负责公司高端产品的拼配工作。"每一种原茶都有编号，只有拼配师才知道每种茶叶的特征，及其细微的区别。"王文礼说。如同中医开药一般，给产品拉出单子，工人们照方抓药，配一种茶需要几种到几十种不同的原茶组合。只有拼配师才知道编号的意义，王文礼的仓库中有 600 多种带编号的茶叶。

所有竞争茶王赛的茶叶都需要进行拼配。"茶王赛一次要交 10 斤茶，我要从 30 ~ 50 斤的茶叶中一粒一粒地挑选，不断筛选淘汰，最终拿出最好的组合。"儒家茶叶公司董事长张顺儒说。

所有这些旁人看来异常烦琐的工艺只为追求一个终极目标——"观音韵"。这是品鉴铁观音所特有的感受。既包括香韵（嗅觉上独特的天然香气，品种香、泥土香、季节香、工艺香、花果香），也包括喉韵（味觉上的口感、鲜爽、醇厚、回甘），更重要的是灵韵（心灵上的综合审美感受），三种感受合为一体。这种终极审美体验难以用文字所表述，玄之又玄，即所谓"圣妙香，天真味"。

安溪人品评铁观音，碰到观音韵不错，说是"音韵有起"或"音韵有显"，大多情况下称"韵口"。如果说音韵很重，就是说铁观音特性很明显，当然是好茶。如果说音韵不明，就是说铁观音的特性不明显，不是好茶。

所有对铁观音的品鉴都是为体会缥缈莫测的"观音韵"而展开的。如须用 100 摄氏度开水冲泡，将高沸点的芳香物质激活；以高硬度白瓷杯泡茶，不吸味，导热快，更好地展现香气强度；泡茶须 60 ~ 80 秒，将内含物充分浸出；品茶时将 4 ~ 6 毫升的热茶汤含到嘴中，然后猛吸一口，啧啧作响，让茶水充分刺激到口腔各个部位。

"如果大年初一你去看闽南人在祠堂中祭祖，焚香献茶，茶香伴着青烟袅袅升起，仿佛直达天庭。这时你就知道什么是观音韵了。"谢文哲说。

铁观音的定价也是围绕着"观音韵"展开的。同是春茶、秋茶，因韵口不同价格可以相差几十倍甚至上百倍。而且人们对观音韵的感受极其复杂，"有高有低，有强有弱，有酸有甜，有深藏不露，有霸气逼人，有温文尔雅，有婀娜多姿，百茶百味，滋味无穷"，李宗垣说。

一位在安溪采购高档茶的经销商说，铁观音是最难定价的，因为太复杂、太玄妙了，不像绿茶、普洱那么直观。

从20世纪90年代起，安溪县政府开始组织茶王比赛，赛出的茶王进行拍卖，最贵的500克拍到十余万元。而近几年来，组织者已不再拍卖茶王。向茶主发放完奖金和证书后，剩下的茶归政府所有，作为顶级礼物，以体现情义无价。各个茶厂、茶商也都有自己特供礼品茶，虽号称数万元，但因量太小，不具商业价值。铁观音价格的飙升还是在2000年以后。目前市场商标价销售的顶级铁观音半斤超过5000元。

"国运兴，茶运兴。吃不饱饭的时候，没人买茶，1斤干茶换不回1斤鲜地瓜叶，茶树当柴砍。"陈水潮说。

魏月德还记得茶叶统购统销时代，偷偷携带茶叶进城销售，每次只能带6～8斤，夹在腋下，如同做贼。政府收购价每斤2.15元，而在城里卖至少每斤多挣5毛钱，他在生产队干一天活才挣7分钱的工分。"卖茶回来，在漳州捎上两只鹅苗，买一包9分钱的香烟，风光得像个华侨。"魏月德坐在他的车里回想当年，一切似乎那么遥远。

* 本文作者李伟，原载于《三联生活周刊》2010年第12期。

武夷山脉茶传奇

一杯茶的美好滋味，在茶人与饮者之间，隔着无可替代的地理条件与神奇的制茶技艺。

在 500 公里狭长的武夷山脉上，除了黑茶、黄茶和归类有所争议的普洱茶，中国其他四大茶类在不同时期、不同程度地在这片山脉当过主角，茶叶种植从未间断过。

而适制茶类、适植品种以及制茶工艺，经千年来的摇摆、流变，形成了现在武夷山脉范围内趋于稳定且在各属茶类独具特色的三大流派：以武夷岩茶为核心的乌龙茶、以正山小种为起点的红茶、以政和白茶为代表的白茶。

2016 年的武夷山之行，最先给我带来触动的，是两访武夷寻茶的 Sarah，这个酷爱中国茶的法国姑娘有一张地图，标明了中国境内一些有代表性的产茶地方。武夷山是她之前去云南、浙江、安徽和之后要去拜访的若干个茶产区中的一站。在这之前，她在法国最大的茶叶进口商 Nadia Bécaud 实习。

在中国，她好奇不同产地、不同茶的历史与工艺传承。一圈走下来后，她说最大的感受是："在法国，我经常忘记自己喝的茶是一种植物，而在中国的旅行，让我意识到这是一片树叶、一株植物，需要我们像对待植物那样去对待茶。"她提供了一个从已建立茶标准的欧洲大陆看待

2005 年 5 月 3 日，武夷山市茶叶管理委员会的技术人员在武夷山风景区的半山崖上采摘母树大红袍（邱汝泉摄影，新华社）

中国茶的视角。

中国茶没有标准，只有不同茶类的工艺标准；没有产区分级概念，只有地理标志保护。随便谁都能说得上来的几大名茶，也只是从帝王审美中延续而来，在口口相传中对城市化带来的好茶版图之变化不管不顾。

什么是好茶？通过扫描武夷山脉这片可比作茶中"勃艮第"的中国古老的茶产区，寻找武夷茶从流变到定型的逻辑，是不是可以建立好茶认知？能否将茶从"玄学"引回农产品的正道？是否可以从"遵循古法"中找到"今法"，让几百年后的人们也道出这四个字？我们在寻找答案。

天生宜茶

茶，流动于雅俗之间，勾连着域内域外，创造并生成着人与自然、精神、社会关系的图式，它首先是一株植物，是植物就要依赖于所生长的环境，武夷茶迥异于其他茶区的基础由此开始。

在地理上，武夷山脉呈东北－西南走向，绵延于闽、浙、赣边界，长约 500 公里，将闽北大部分地区天然地阻隔开来。仅就福建来讲，山脉覆盖了武夷山市和光泽、浦城、松溪、政和等县，覆盖面积超过半个闽北，最南端在闽西武平县的梁野山结束。

发源于武夷山脉的富屯溪、建溪和沙溪自北向南而流，在南平汇合，流向闽江，经福州入海，"三河"流域，丘陵起伏，河谷盆地错落其间，这又在一定程度上将武夷山脉的地理再一次进行分割。于是，武夷山地区在气候、地貌、山系上都自成单元，形成多个自成体系的自然与社会经济区域。

整条山脉，就像一排高海拔的天然屏障，在一定程度上阻挡了北方冷空气的东侵，截留了东南海洋的温暖气流。在武夷山行政辖区 2798 平方公里内，海拔 1000 米以上的山峰有 377 座，其中 1500 米以上的有 112 座；在余脉地区，仅东南麓的政和县，就有 400 多座千米以上的山峰，全县 55% 的面积在海拔 800 米以上。加上山与水形成的有益互动，保障了物种的多样性与资源的丰富性，使其成为地理演变过程中许多动植物的"天然避难所"。而显著的气候垂直变化，形成了东南大陆面积最大、保存最完整的中亚热带森林生态系统：温和，雨量充沛，湿度大，雾日长，白天冬短夏长，非常适于农作物的生长。

我们一路从政和到武夷山再到桐木关，探访过的 8 个"山场"，附着在茶树主干上的苔藓之厚实令人称奇，这恐怕是与其他茶区不同的"第一印象"。

对此，在武夷山自然保护区从事了十几年科考工作的植物学家徐自坤说，苔藓虽与茶树生长和茶叶品质没有关系，但因为苔藓的生长对环境极为敏感，对生态要求苛刻，湿度不够、有污染的地区，苔藓都长不出来。苔藓所选择的环境，必定是利于茶树生长的地方，可以说是茶树生长的指示器。

茶叶种植，主要是要取其叶，叶的生长取决于综合生态条件的配合，按照福建省农业科学院茶叶研究所（下称"茶叶所"）前所长陈荣冰从业 40 年来总结的经验，完美的茶树生长环境应该是这样的：

茶树需要生长在比较温暖的地区，中国南方广泛分布的产茶区更是证明了这一点，一般来说，茶树生长至少要求年平均气温在 15 摄氏度以上，昼夜要保持 15 摄氏度以上的温差，才更利于糖分的沉积，有机物质才会更多地存储下来；茶树喜湿，一般所需降水量的下限是年均1000 毫米左右，理想的降水量在 1500 毫米左右；茶树生长对于日照的要求比较苛刻，没有不行，多了也不行，暴晒更不能，由于红光和黄光更容易被茶树利用，因此在多雾、多树的地区，阳光经过各种介质的漫反射，所含的红光和黄光较多，对于茶树生长更为有利；一定的海拔高度所带来的适度条件改变，诸如温度、温差、降水、雾气、植被等，综合来看，坡度较为缓和的山地丘陵环境最适宜茶树生长。

陈荣冰反复强调，这里所说的好茶，仅指茶树鲜叶的好坏，最终的成茶还要经过制作工艺来展现，但环境决定了基础。

"植物的生长分为地上和地下两个环境部分，看得见、可感受到的环境和看不见的土壤。"徐自坤虽然也爱喝茶，但茶在他眼中和其他植物无异，无论茶界给茶树命名了多少个品种，在他眼中，茶只有一个品种，只是茶而已。茶所生长的土壤，是阳光、雨水、湿度和生物多样性所构成的地表生态的综合展现。"地上什么样，地下就一定有所对应。"

武夷山脉全境地质条件类似，核心区以丹霞地貌著称，往东南方向走，以丘陵为主，但到了东南方向150公里外的松溪，仍能看到丹霞地貌。武夷山脉是熔岩侵入和喷出地表的产物，组成岩石是各类火山岩和花岗岩；山脉的两侧则分布着较多地质年代属于侏罗纪和白垩纪时期的红色沙砾岩层。这是影响武夷山脉土壤的关键。

随着年复一年的侵蚀，谷壁崩塌后退，岩石风化为沙砾，终究没逃过海枯石烂的那一天，不同含量、内质的沙砾壤形成，并与周边走过生命周期的生物代谢物组成新内容的土壤，再经雨水、山洪的冲刷，逐渐从山顶覆盖到山腰、山下，在将含有沙砾的沃土附着于山坡表面的同时，完成了茶树的迁徙，也给予了迁徙之后生长的土壤。按照徐自坤的说法，遍布武夷山脉的菜茶树种在极端气候的情况下能够得以生存，是因为它们深植于本土，早已练就了通过本地生态对抗极端天气的本领。

任何植物，都有必要和充分的生长条件，前者保证它能存活，后者是确保能活得好，如同徐自坤说的："和人一样，发育得好需要充分条件，而能否适应环境，则是物竞天择的结果。"

炭焙 900 年

在现在的武夷山脉，岩茶、红茶、白茶有着各自的地域空间。九曲溪下游为岩茶产区，九曲溪上游的桐木是红茶产区，东南方向余脉不仅有白茶产区，也是历史上和今天武夷茶商品化的有效补充。茶的等级判断，在不同自然生态、历代文人的"描摹"、域外经验的评判、种种乡野传说等多种因素叠加下，在流变中塑造并形成下来——这是一个漫长的过程。

在宋代之前，武夷茶在全国产区中处于边缘；在宋代发展至巅峰的北苑贡茶区域，甚至连边缘都称不上。但独领风骚数百年的北苑贡茶却给武夷茶带来了深远的影响。

在五代十国时期，整个闽北地区随着频繁更迭的国家、朝代而随波逐流。但无论各县版图、名称怎样变化，建溪流域所构成的建茶产区一直是中国茶种植重要的组成部分。建溪流域自唐代就曾以产建州大团、研膏、蜡面、晚甘侯而著名。

北苑存在的时段，是中国茶学研究步入系统化的时期，主要的茶学专著多以北苑为研究对象。已知的宋代20多部茶叶专著中接近三分之二讲的是北苑，如丁谓的《建安茶录》、蔡襄的《茶录》、宋子安的《东溪试茶录》，连徽宗皇帝赵佶也参与研究，写下《大观茶论》，其书载："本朝之兴，岁修建溪之贡，龙团凤饼，名冠天下。"

建溪之贡，也叫建茶，包括当时的建安、建阳、浦城、关隶、松溪，大致对应今日闽北的建瓯、建阳、浦城、政和、松溪等县市，大多地处武夷山脉。龙凤团饼是一种饼状茶团，属蒸青绿茶。从采摘到制成茶饼，要求择之必精，濯之必洁，蒸之必香，火之必良。自唐代发展而来的蒸青和焙火，是区别于以往以"晒青"成茶的关键技术。只是当时无人意识到，焙火之技已从此开启了延续900多年至今的，几乎代表了整个福建制茶技艺的关键技术。

根据清蒋蘅《记十二观》述："元时武夷兴而北苑渐废。"宋、元改朝换代，北苑贡茶从此没落，元成宗元贞三年、大德元年（1297）开始在武夷山筹建御茶官焙，御茶园正式移至九曲溪的第四曲溪旁，北苑则交给地方官府营办。至此，武夷山的御茶园成为"龙团"的御用定点生产单位，而武夷山也由此声名鹊起并走上历史舞台，建溪之贡所覆盖范围中，因地处武夷山脉的产茶地区开始"西北倾"。

到了明朝，武夷茶又因朝代更迭走向衰落。朱元璋的一道圣旨"罢龙团凤饼，改散形茶"，使延续上千年的唐、宋、元制茶以团茶、蒸青绿茶为主的工艺走向末路。过去以皇宫贵胄为主要消费人群的茶，转向了另一个方向：迎合更多人。

罢造团茶使一向以制龙团凤饼茶著称的武夷山贡茶处于一个变革的境地。清初武夷山著名的寺僧释超全在其《武夷茶歌》中写道："景泰年间茶久荒，嗣后岩茶亦渐生。"清人周亮工在《闽小记》中提到明嘉靖三十六年（1557），建宁太守因本山茶枯，遂罢茶场，其原因是"黄冠苦于追呼，尽斫所种武夷真茶，九曲逐濯濯矣"。在"茶久荒"的年代，百姓不堪入贡的重负"尽斫真茶"，茶枯园荒。

明末时期，崇安县令为重振武夷茶，"招黄山僧以松萝法制建茶"，绿茶的炒青制法被引进，这是当时最先进的制茶技术。然而炒青绿茶制法无法充分转化武夷茶丰富的内含物质，制出的茶叶并不理想。清代的赵学敏针对明代的《本草纲目》写了本"拾遗"，说"武夷茶，其色黑，而味酸"。

一种比较可信的说法是，废团茶让蒸青制法消失，但炭焙仍从未间断。青绿茶炒制时间过长，而炭焙一两个小时即可成茶。武夷茶人在求香的基础上进一步求味，发明了半发酵的乌龙茶制茶技艺，先进行发酵控制，而后炒青又焙干，用这种方法可以充分转化茶叶中的内含物质，使得茶汤清香甘活。因经过了炭焙，外形则"色黑"。

清康熙时，在武夷山隐居的王草堂在他的《武夷九曲志》中对此也有记载："茶采后，以竹筐匀铺，架于风日中，名曰晒青，俟其青色渐收，然后再加炒焙。……松萝、龙井，皆炒而不焙，故其色纯。独武夷炒焙兼施，烹出之时，半青半红，青者乃炒色，红者乃焙色也。"这段文献描述的乌龙茶制法和今天三红七绿的品质要求略有差别，以前的红变是因焙而来，现在则是因为摇青致使叶边破损氧化而导致的红变，炭焙工艺后置了。

清初，海外通商确立了武夷茶更大范围内的地位。武夷茶通过闽江运至厦门出口欧洲，英国东印度公司于清康熙十六年（1677）至雍正八年（1730），进口武夷茶1250吨，至乾隆十六年（1751）到了高峰，增至8850吨，占全国茶叶出口量的63%。实际上，武夷山核心区的产量，在古代不过200吨，即便是在现代也就300吨左右，也就是说，大部分靠的是武夷山脉周边多地的茶产量支撑，其中，从明朝开始建溪流域的支持为最。

这从乾隆五十五年（1790）政和知县蒋周南的《咏茶》诗中可见一斑："丛丛佳茗被岩阿，细雨抽芽簇实柯。谁信芳根枯北苑？别饶灵草产东和。上春分焙工微拙，小市盈筐贩去多。列肆武夷山下卖，楚材晋用怅如何。"政和当时别号东和，从诗中可看出该县产茶的盛况，只是一筐筐的茶叶被茶贩运到武夷山市出售，好茶流失令这位县太爷颇感惆怅。

不管怎样，从宋代便开始的闽北"每岁方春，摘山之夫十倍耕者"的茶商业生产盛况，因需求激增，而得以延续，炭焙技术得到了发展的土壤。时至今日，一个中等水平的制茶师傅做茶，一年从谷雨开始工作1～2个月，工钱至少十几万元，主职工作就是掌控焙茶的火候。

育种、香气之追求

武夷茶宋时入贡，元朝专贡，清代列贡，其间无数文人的颂扬诗文推波助澜。范仲淹、欧阳修、苏轼、蔡襄、丁谓、朱熹等，为其"背书"的名人无数，连一向不喜武夷茶、只好家乡龙井的清代学士袁枚品罢武夷茶，都即刻改变观点，检讨自己："武夷享天下盛名，真乃不忝。"

武夷茶得以"天产"驰名天下，仅仅归因于此？

著名茶学家林馥泉于1943年出版的《武夷茶叶之生产制造及运销》中，做出了"绝非偶然"的判断："武夷全山均系岩山，悬崖绝壁构成深坑巨谷，地形至为复杂。就植茶条件上而言，实可得种种理想环境……自来山主因有利可图，每不惜耗费巨金，从事经营，一株之茶，费数百金以培育为常有之事。如是经数百年代不断垦殖与改良，遂使武夷成为一特殊茶区。茶叶品质之优异除原树品种良好之根本条件而外，天然环境之优越，于培植之能得法，采制之能合理，三者不可一缺。"

武夷制茶师傅做茶，面对一筐上好茶青，有如玉雕师傅面对一块绝世璞玉般，喜爱之情、期望做出佳茗的欲望，是写在脸上的。他知道清早上山采青的茶工的艰辛，知道一次难得的晴天对茶青的珍贵，明白漫射光滋养的意味。完美茶青要在自己手里上演完美落幕，技艺也将有了实现最大价值的舞台，他会为此感到兴奋。于是，笑脸是绽放的，眼睛都带笑，粗厚的手掌跃跃欲试地已经开始搓起来。培植之能与采制之能得法的驱动力便在于此。

陈荣冰对此亦感同身受，他爱喝茶、做茶，面对好茶青，或者没有接触过的茶种，都希望自己亲手试做一款茶。"看青做青"的经验能否将之前的判断变成现实，其过程充满了极大乐趣。他也有沮丧的时候，比如他曾试过拿白鸡冠做红茶，汤色艳绝，但香气、滋味与之前设想的相去甚远，怎么也无法理解如此好青为何做出不符合自己预期口感的茶，说起这事来，陈老先生就手捶桌子，甚是遗憾。

1979 年，陈荣冰到福建省茶叶所工作，从事茶树品种资源征集、保护研究与优良品种选育已经几十年，经他选育出的茶树品种在武夷山颇受茶农的认可。其中瑞香、春兰属于国优品种，在武夷山均有种植。

"整个武夷山的茶农都爱育种，这得益于自 1939 年茶叶科学研究、种植推广开启后,给茶农以技术指导,带来产量增加帮助建立的信任感。"陈荣冰说，像吴觉农、张天福、李联标、陈椽等这样的中国第一代做茶叶科学研究的泰斗们云集于武夷山，开启了中国的茶叶科学研究。

到了 20 世纪 50 年代，福建茶叶所把本省所有品种收集起来，进行适制茶类研究，并开启育种工作。长期生产实践中得到的启示是：要做好的茶，就要好的品种，并逐渐形成认知。这里重要的品种是武夷菜茶，

2008 年 5 月 11 日，茶农挑运武夷山大红袍茶青（邱汝泉摄）[右页图]

这一个优良的有性系茶树品种，来自何处，史无以稽，当地人称为小菜茶，并视之为武夷茶树品种的始祖。

1000 多年来，作为武夷山原产的主栽品种，小菜茶与各茶树花粉自然杂交，致使群体内混杂多样，个体之间形态特征、特性各不相同。名丛大红袍、白鸡冠、铁罗汉、水金龟、半天鹞等，都是从小菜茶中选出的单丛群体，它们的成功，也向茶农展示了树种的重要性。

由菜茶变异的树种数不胜数，对应了各种"花名"。1980 年，武夷山茶科所重新整理了《御茶园》，征集了历代有代表性的树种名丛，确定了 216 种武夷岩茶的名丛、单丛名录。按照国家规定的育种程序，茶树育种周期长，从地方布区种植试验，到省级多点布区，再到全国布区种植，每一环认定下来，一个完整的茶树新品种选育周期就需要 20 年的时间。有的时候，省级布区还没开始，试制的茶树就被人折去扦插，几年后开始自己试制不同茶种。也就是说，每年都有很多不在茶叶科学研究领域的"育种"，是由武夷山茶农完成的。

对育种的追求，也扩散到武夷山脉的红茶和白茶产区。作为武夷山的当家茶树品种之一的水仙，被政和白茶拿来做白牡丹，成茶是同级白牡丹中价格最为昂贵的。按照政和白茶非物质文化遗产传承人杨丰的介绍，白鸡冠、梅占、金观音等树种，也开始被他应用到政和白茶中去。杨丰现在对新品种物质成分的研究很上心，因为"中国茶的口味没有天花板"。

工艺的创新、口感的追求，越来越围绕这一个简单的目标而行：香。

"人们对于茶的评判，基本都基于嗅觉和味觉，闻起来香，喝起来讲究有丰富度的香。我们的育种思路除了提高产量和抗逆性外，培育出优质高香的品种，是重要的目标，"陈荣冰说，"武夷山地区有天然的优势，周边的四季兰、菖蒲、百合、桂花、杜鹃以及那些无名野花，四季里轮番绽放，空气中弥漫的花香被茶叶吸收，最终影响到茶叶的香型。这也越来越多地表现为人们对于武夷山好茶的群体认知。"

香气，是微量的芳香物质组合在一起的综合表现。华南农业大学茶学教授戴素贤，曾对单丛 8 个类型的成茶和毛茶进行检验。检验出醛、醇、酸、酚类附香物质共 104 种，只有 18 种附香是这 8 种类型共有的，其他附香分子在每款茶中都不相同，这些不同的赋香物质构成了单丛茶不同的香气、滋味。

茶叶的氨基酸含量是香味的核心。茶叶的氨基酸代表着茶树营养的供给与转化，如果茶叶中氨基酸含量较高，口感就会表现出鲜、爽、甜、香。一般在海拔较高的区域，昼夜温差大的情况下，茶叶氨基酸含量要比低海拔区域多。在育种领域，通过选择氨基酸较高的树种进行培育，也是培育高香品种的基本办法；在栽培上，陈荣冰会经常建议茶农，栽培时以炼油后的菜籽饼、花生饼来当肥料，能提高氨基酸含量。而这些知识，对武夷茶农来说，其实都不算陌生。"而且他们效率更高，变异一个或者有意培育一个品种，很快就做成了茶，又更快地进入市场接受检验。"陈荣冰说。

手艺

苍山翠崖，蜿蜒绵延，采茶制茶本就是中国农耕社会最重要农事之一。浸入到国人的身心体验和精神世界之后，我们品的茶形、茶色、茶味，不再是单纯的感官评判，而是依附着太多的历史记忆、文化想象和生活感受。武夷山地区以手工制茶的茶厂、传承人，他们的制茶方式恰好符合了这些情感。

技艺的发展和追求，需要市场和消费者的掌声，也需要一个开阔的视角。因武夷山的盛名，我们经常会认为这是一座山，而不是山脉。武夷山脉作为福建与江西两省的分界线，东面因"武夷山"三个字开创了现在的局面，而西面的茶，有历史中的盛名，现在走向了另一条轨道。

两省与武夷山接壤的县市有十几个，其中江西的铅山县与武夷山市连接的土地，曾是武夷茶在世界流动的发端。在海路开通之前，武夷古闽人为了与中原各地取得联系，利用东北与浙江相邻、西北与江西相邻之便，先后打通3条出省大道：出光泽杉关入江西中部，出浦城仙霞岭入浙江，出崇安分水关入赣东北。大凡进入福建的北方移民和商品，首先要通过这3条古道，翻越武夷山脉，进入闽北，然后才能到达福建各地。闽人与外界接触交流亦是如此。

明代前期，朝廷实行"严通番之禁"后，闽北商品不再由闽江转福州、厦门输出，基本都由光泽的杉关、崇安分水关、浦城的仙霞岭输出。清中叶，由崇安商人开辟的"武夷红茶之路"，就是从崇安分水关至江西铅山的信江进入鄱阳湖，然后沿赣江逆流而上，越广东南岭，进入珠江流域，抵达外贸目的地广州。广州成为武夷茶对外贸易的最大输出口岸，武夷红茶占英国从中国输入货物的一半以上。而由山西茶商开辟的"万里茶路"也是从崇安县下梅村武夷茶集散地起步，翻越分水关至铅山中转，至中俄边境贸易城恰克图。

出崇安分水关入赣东北的必经之路是铅山县，发源于明代，当时名为河口镇，因贯通闽江水系、钱塘江水系、鄱阳湖水系和长江而成为中国东南的商品集散地，与景德镇、樟树镇、吴城镇合称为"江西四大名镇"。河口镇生产红茶，工艺和正山小种相差无几。这里因一度是武夷茶重要的出口中转站，武夷山脉的茶亦多集散于此。"河红"由此闻名于世，是地名，并非茶名。

1989 年，福建省崇安县更名武夷山市。以山名命名为城市名之后发生了两大变化：武夷山地区红茶的工艺创新、新品研发竞相迸发，品质由中下档红碎茶为主转向名优工夫红茶为主，销售方向也由外销为主改为注重内销。与此同时，江西同为正县级单位的武夷山垦殖场降级，更名武夷山镇，接着江西最早的国营茶场——河口茶场也悄然关张。

武夷山桐木关是江西和福建交界的关隘，以它为圆心，方圆数百里范围内高山茶统称"正山小种"，不过这是 2003 年以前的事了。2003 年，武夷山市成功申报"正山小种"原产地保护。到了 2009 年，武夷山市又成功注册"正山小种"地理标志证明商标，紧邻桐木关但地属江西铅山的篁村、西坑村一带，使用"正山小种"称谓变成了"犯罪"，而铅山上那株生长了 400 年的小菜茶树的身份也尴尬了起来。

此后，河口镇的制茶师傅结伴前往福建茶厂打工，每到清明前后，福建的茶商纷纷赶来铅山收购茶青。铅山出产的茶，也多要贴上"武夷"二字似乎才可卖得动，这也得益于自己有个"武夷山镇"，不然连"武夷"二字都不能用。

至此，拥有同样地理条件、生态环境、同样制茶工艺基础，甚至类似历史渊源的两个城市，因一道地图上才可以显现的边界线，走向了两条不同的轨道。导致这种状况的原因，其实不难理解。铅山茶能否获得与自身禀赋相应的市场地位，不过是需要建立品质认同和说服消费者认清地理常识。

另外一个视角更为有趣：两个不同"身份"的地方，却遭遇着同一处境。赣闽交界不仅仅只是铅山与武夷山，除了这类"核心产区"，东西两侧分属江西与福建的武夷山脉，自古多有植茶，而江西规模较小。现在两地多出现茶树抛荒的现象，铅山20多年前便已开始，而在福建这边，政和、松溪、寿宁、浦城等地近年也出现了这种现象。

通过走访，我们看到这些地区的山头，生态优良但人迹罕至，除了稀稀落落的野生茶树，峡谷、沟壑、坡地上错落着人工栽种的一畦畦茶园，与野草、灌木、乔木犬牙交错。采摘不便或单位时间采摘的量太少，交易不能支撑养家糊口，可能是无人问津的原因之一。

背后的原因是多样的，陈荣冰给了我一个数字：全球茶叶有350万吨的产量，销售不到300万吨，有50万吨供大于求。大量富余的产能在中国，同时，仍有多地在争夺"产茶第一县"的名号。除了产能"过剩"外，因子女教育问题，茶农要放弃农村生活导致农村老龄化也是原因之一。按照杨丰的介绍，政和的采茶工，平均年龄超过50岁。

抛荒的茶除了产量低，其实是很好的茶，加之又是传统的建溪之地，这些茶树理应比更多曝晒于太阳下的茶园茶更具价值吧。年轻劳动力为何突然丧失了对土地的兴趣？因为在新的竞争中，农民失去了立足根本。

中国茶有两条轨道在并行：传统工艺与工业制茶，两者并不矛盾，但影响颇多。

工厂式的茶叶采制、大公司以及龙头企业加上若干个分散种植户的合作型农业，通常被视为更高形态的农业经营模式。在许多农业学家、经济学家、企业家、官员的表述中，这种公司农业模式意味着更低的生产成本、更高的生产效率。他们构建的茶工业生产的"帝国"，迫使保持着小农经济形态的传统工艺茶开始关注产量；人与动植物的关系、劳动的骄傲、收获的喜悦，逐渐被忽视。

小农生产的根基来自这样一个观念：地育万物，量力而出。农民通过劳动"帮助"土地孕育物产，它相对远离市场。而在中国茶的生产价值体系中，许多东西无法用市场的方式显现出来。

比如美丽的田园景色、生态条件、可持续的土壤，甚至是一年只采一次的"自我牺牲"。像武夷山脉上，能满足最佳生长环境的茶树，在同等发育状况的情况下，产量比密植栽种要低一半还多。再比如可循环的生产方式，茶农在投入新一轮生产时，使用的是上一轮生产的副产品：有机肥料、自然的代谢、榨油的菜籽等，这不仅涵养资源，也保证了持续发展。但市场却无法体现这些劳动的价值，更多消费者在用工业商品茶的角度审视传统工艺茶。

新的价值认知需要建立：真正的好茶，在褪去了各种神话故事、民间传说甚至装神弄鬼的外衣后，回到农产品本身，能因技艺、情感、自然而打动人心的茶，必然是奢侈品。有些土地，天生就让人兴奋。

茶叶制作是一个复杂的过程。随便举一个例子：鲜叶的含水量及其在制茶过程中的变化速度和程度，含水量 80% 的鲜叶，制成含水量 7% 以下的毛茶，随叶内水分散失速度和程度的不同，引起叶内物质相应的理化变化，从而逐步形成茶叶的色、香、味、形等不同的品质特征。武夷山脉上的茶，品种繁多，叶与梗的大小、长短、薄厚、粗细、含水量等，都不统一，所以要看青做青，所有的经验来自人的经验。

你永远无法想象拿着产品说明书喝茶是何等的令人沮丧。对待不同的茶叶理应有不同的加工方式。所谓技艺的传承，是通过制茶人的心智与能力来理解并发扬茶的本质。以茶为本，理即在此。

在这个过程中，茶人与饮者通过茶这种介质，达成一种彼此对美好滋味的沟通与共识。在工业社会，大规模制茶，使茶成为一种饮品、一种物；而超乎之上，最优良的山场、最神奇的技艺所制成的茶，一杯茶汤里蕴藏的是一份情感。当今社会，它是一种奢侈品。

茶，流动于雅俗之间，勾连着域内域外，创造并生成着人与自然、精神、社会关系的图式。但它首先是一株植物，是植物就要依赖于所生长的环境，武夷茶迥异于其他茶区的基础由此开始。

* 本文作者程磊，原载于《三联生活周刊》2016 年第 17 期。

武夷岩茶中的
岩骨花香

正是因为武夷山环境的多变，才能成就岩茶极具个性以及生命力的味道，才能在茶里窥见武夷山茶岩土壤气候造就武夷茶那充满生命弹性的全貌。

岩韵

岩茶因其历史以及所在地域土壤的多样性，自产生以来就伴着神秘的复杂性以及优越感，让想靠近岩茶的茶客，即使品饮许久仍旧会被笼罩在神秘主义的想象中，无法辨清其真面目。

作为挚爱岩茶又一根筋的我来说，和许多人一样，刚开始被岩茶口感的复杂难辨吸引而进入岩茶领域，又被繁多凌乱的花名绕晕了脑袋。于是，从仅仅去茶城买茶喝的消费者很快进阶到了自己去产地、一寻究竟的发烧友。

因为迫切地想了解岩茶味道的成因，我第一次来武夷山就被当时卖给我茶叶的茶农带着走了所谓的岩茶"山场"，精疲力竭地踏尽所有的山场后，只是了解了岩茶确实产自风景优美且自然环境优越的地方。当时我并未深入了解土壤构成以及生态关系，更没有形成客观系统的思维习惯，甚至还挑了一些后来喝起来压根儿不是岩茶却叫作"岩茶"的茶，这几款岩茶的味道，当然跟我所去过的自然环境根本无法产生感官上的关联。

因此我曾经严重质疑过自己的味觉，于是又购买了叫各种名字的各种岩茶，学费交了不少，仍旧喝不懂什么是商家口口相传的"岩骨花香"。就像"Terroir"，这个词并没有精准的译名，"土壤"是最接近的译法，但少了其中抽象感性的意思，以至于英国人无法理解这个词，以神秘主义的方式来判断法国葡萄酒之优越性是不可知的，并认为正是这样的不可知让法国葡萄酒品质优越。

同样的事情也发生在茶上，以至于荷兰植物猎人当初来武夷山盗取茶种却难以做出武夷茶的原因之一，就是单纯地认为"红茶"产在红茶树上，绿茶则产在"绿茶"树上。直到英国植物猎人福琼来到武夷山才明白原来红茶、绿茶是制作工艺的不同，并非茶种的不同。

茶对于武夷人来说，没什么神秘，就是茶农房前屋后的自然生长环境：风土条件与人类工艺的合并。"岩韵"，他们虽然无法用语言解释清晰，却是一种五感长期累积的直觉。因常年生存在这样的环境中，并且了解工艺过程，他们的味觉神经反射灵敏，只要茶汤入口一瞬间就可以辨识到自己熟悉的风土味道，就像自己母亲做饭的味道总会留在记忆里；就像说自己的母语根本不用思考语法一样自然。

不过抽象的味觉感知经由大脑精准的组织语言，让根本不是长期生活在环境中的人去具象、准确地体会实在困难。难以辨识的尴尬并非来自舌尖，而是来自农业社会到工业社会的转型，城市化的加速带来的人意识形态上的对农产品感受的"干枯"，感知力无法到达的边界就充满了想象。

武夷山的岩茶生长在少土的悬崖绝壁之上，造就了独特的岩韵

（关海彤摄）

这样的状况张爱玲早有体会，她曾经说道：像我们这样生长在都市文化中的人，总是先看见大海的图画，后看到海；先读到爱情小说，后知道爱；我们对于生活的体验往往是第二轮的，借助于人为的戏剧，因此生活与生活的戏剧化之间很难划界。

机缘巧合，正当我如迷途羔羊般时，无意间得到著名茶学家林馥泉先生在 1943 年试图复兴岩茶时用三年时间在武夷山进行的田野调查——用所学与实践结合写出的《武夷茶叶之生产制造及运销》一书，从头到尾精读后，发现之前对于岩茶的理解太过于感性以及片面，书中就产茶环境做了这样的阐述：

> 武夷岩茶质之优异，虽因茶树品种之优良与经营方法之合理化有以致之，但得天独厚之处仍属不少，举凡地势、土壤、气候等天然条件，均足影响产茶之良窳，以论地势，武夷岩茶可谓以山川精英秀气所钟，岩骨坑源所滋，品具泉冽花香之胜，其味甘泽而气馥郁。以论土质，则疏松润泽，既不致过黏而排水不易，亦不致过砾失之过干。山腹岩罅之处，每多腐殖质肥土流入，肥分既多，汽水透通，此均适宜深根植物如茶树之丛生。气候稍带寒冷，降雪不常，山高气爽，暑天不致酷热，四季云雾环绕，降雨适量，且因山峰高耸，岩壑之间日照不常，亦均为茶树生育之理想条件，且以山水之奇，茶则信相得而益彰。

书中涉及了土壤、地势、气候、排水方式等客观条件，使文字中间

谷雨节后，福建省武夷山市迎来采摘岩茶的大好时节（伊凡摄）

缥缈无序的岩茶味道来源突然有了头绪，从缥缈云端终于落地生根。

于是在看完这本书之后，我决定亲自到武夷山做茶，达到在岩茶上的知行合一，在实际接触中除了明晰整个正岩产区每个片区树种的分布外，还要脚踏实地地亲自参与整个工艺的制作，看着一片树叶从叶子到茶的转变过程。

这样一来就是 10 年，刚开始的六七年时间总是在武夷山水间转来转去，仿佛来武夷山是一种单纯的休闲享受，并没有办法参与制作，就像摄影师刚进入陌生环境中不能拿起镜头就拍到想要的影像一样。刚开始当地的茶农要么羞涩躲避，根本无法亲近制作；要么就是很配合地作秀，让做茶变成一件流于形式的表演。

这都不是我要了解的岩茶，于是决定长时间地脱去城市人的外壳，踏踏实实地生活在这样的环境里，跟这里的人一起吃喝劳作。在第七年，终于全程见识了林老书中记述的手工岩茶全过程。当喝到第一口手工岩茶的时候，一切的感官感受都变得充盈而具体，从浮在天上的文字形容中踏踏实实地落在土地里开花结果。一切努力都变得幸福而值得。

佛家经常强调"六识"，即眼识、耳识、鼻识、舌识、身识、意识。在对岩茶了解的整个过程里，大多数人都通过了前五识即眼、耳、鼻、舌、身，却恰恰忽略了意识的重要，那么是不是可以透过意识界的梳理去解析岩茶密码？

一株茶的地下根茎首先是深植于土地中的，"岩骨"二字即代表了提供茶树生长所需养分的土壤状况。借助 1943 年王泽农先生测绘武夷山茶岩土壤留下的一张系统全面的《武夷茶岩土壤详图》，武夷茶岩土壤形成的环境及种类大致如下：

1. 红壤土一般所处地域都比较平坦，岩石风化后就地发育成土，加上日照较多，受当地气温影响而成红壤。

2. 黄壤的生成则一般在地势较低的地方，四面环绕高耸的丘陵并且伴以潮湿。

3. 准黄壤的生成则一般在山峰脚下比较平坦的地方，日照时间较长，所处地的气温、地温比较高，一般并非出于小气候环境，是受大气候环境影响，所以红壤与黄壤交错伴随。

4. 灰棕壤一般地处地势低凹、幽静、有悬崖作为屏障的地方，因此一般日照时间比较短，气温及地温普遍较其他地方低，空气湿度相对较大，蒸发量比较低，气候对土壤的影响比较低，所以土壤并没有完全发育，岩石崖壁间的雨水容易积累，因重力水会由上及下流动，山下会有一些阴性湿生植物腐化后的残渍，湿润加速了腐殖质的反应形成了灰色土壤。

5. 灰红化土壤的生成则由于地势低洼，幽深不容易见日光，有一定的日光照射，地气又较纯灰壤地区温暖，所以土壤得以部分转化为红壤。但由于部分地区草比较茂盛，有机腐殖质与湿润的双重作用下还生成一部分灰色土壤，所以产生了灰红并存的情况。

6. 残积土壤的生成则在峰峦密集的地方，蜿蜒峭壁、地势比较高的地方，由于日出时候岩石会被晒热，受热比平坦地区、谷底要高，剥蚀作用强，所以生成了残积土，在悬崖之下都有剥落崩塌的残积土分布。

7. 冲积土的生成则由于山中溪流汇集的焦点处，黄柏地区就处在这样冲击土的环境下。

植物很敏感，总是智慧地遵循利于它自身生存的法则，择土而生，择境而居。植被环境越是复杂多样，就地生、就地死后化为腐殖质的成分越是利于茶叶生长。

古时候，农学家一般把"土"与"壤"区分而论。"土"代表自然土壤，而植物在自然土壤上就地生、就地死所产生的腐殖质可以成为帮助恢复地力的"壤"。如果所在土壤的农产品采摘销售，为了恢复地力，则习惯采用所在土壤上面的茶生产后拣剔的茶梗铺撒在土地里，达到回归养地的作用。

在这点上，武夷茶区与云南茶区都有得天独厚的优势。而龙井茶区的茶质滋味，即使在不同年份，滋味的差别也不会特别明显，就像性格乖巧温和的小孩一样不怎么带给你意外感受。但武夷山却因为 76 平方公里内土质的微妙差别确实非常复杂，使两个茶园可能仅相隔数米，制出的茶味道却天差地别，故武夷岩茶的具体分级其实可以将土地作为分级中的重要参考因素，而对土地土壤的分级可通过王泽农先生测绘的茶岩土壤成分图做系统了解。

再参考其具体地质环境中小气候条件下茶的特征，才利于参悟什么是"岩韵"，就像如果考虑云南易武茶区的茶就必然要关注它的土壤由红、黄、赤红、紫壤组成，所处环境为热带雨林气候，以及所处地区成壤的母质造就了云南茶的鲜明品质特征。而著名的大吉岭茶区，母壤成于 4 世纪平坦时期的冲积土，新生层比较多，伴随老的冲击层跟一部分第三纪比较新的世砂岩及寒武纪前片麻岩。

再有日本九州茶区的土壤母质则是古生层灰绿凝灰岩土壤，伴有中生层页岩土壤构成，加上蒸青绿茶的工艺性质造就了日本茶的味觉特质。这样茶与茶之间的比较只能发生在同土壤、气候环境下的同工艺、品种茶之间，而不可能发生两个完全不同的环境、工艺下的茶之间。

日本汉学家青木正儿在《中华茶书》里《茶谱》的辑本记录了五代时期社会对于茶的描述："洪州西山之白露，味美而清。婺州有举岩茶，斤片方细，所出虽少，味极甘芳，煎如碧乳也。"五代时期人对于香味的描述抽象、简练，充满所在时代的美感。

花香

农业社会时期的人对于味道的理解总是充满了所在时代的特点，而现代人对于岩茶内植物味道的形容，因为缺乏对于自然直接的亲近，导致语言体系就像某种固定体例的言情小说，只要一进入特定的场景模式、台词背景，发生情节都是一样的粗糙荒谬。

有一个人形容茶是兰花香，经过传播就会有一群盲从者跟着重复这样的形容。每次在茶桌上听到有人形容什么茶有兰花香的时候，我的脑神经都迅速把700多属几万种兰花的图片过一下，差点在脑补期间就烧坏了自己的"CPU"。但接过来一闻茶香的时候，那香气跟脑补时候想象的兰花一毛钱关系都没有，基本都是烃类物质的味道，闻过去根本就是在制作过程中发酵所产生的。

茶味道的产生不是仅靠一种花（兰花）可形容得了的。岩茶香氛体

系的形容也带着所谓高雅的庸俗，多是什么兰花香之类，试想兰科植物
750 个属、3.5 万品种，兰属能够被养殖的 70 多种中常见的也只有几种。
也就是说一个正常人，对兰花的记忆不会太多。所以每次有人形容茶叶
里的兰花香我都会考据地问一下：请问是哪种兰花？一般都是没有下文。

　　茶树在生长过程中会吸附周围植物的味道，尤其对于芬芳类的花、
香草的吸收更为明显，一般采摘茶叶的时候为春季，春季的第一批花大
多为白色芬芳开窍的花儿，譬如深山含笑、玉兰、柚子等。它们都会影
响到周围茶树的味道生成，让茶本身充满了活力，就像自动控温室内熟
成的火腿相对于安达鲁西亚山峰云雾熏陶下缓慢熟成，落满当地灰尘、
生成当地微菌的火腿比，滋味就在美味之余显得缺乏生命张力。正是自
然味道无可复制的独特，让每个茶区的味道都有其如实的鲜活。在品饮
绿茶的时候很少有人用特别复杂的形容词。因为绿茶的工艺程序相对较
少，在制作中茶叶几乎没有破损与氧化过程，基本体现的都是茶生长环
境本身的味道。譬如普洱茶生茶也是绿茶的一种，春产的滇绿、滇青的
工艺分别是烘青以及晒青，在里面能明显喝到春季草木生发的各种新鲜
味道。因为云南多是大叶种茶，根系健壮，茶吸收周围植物的味道比较
多，加上叶大肥嫩可以储存更多细微味道。品质好的滇绿、滇青大概是
我喝的所有绿茶里面明显带白花香气并充满生命力的茶。其他茶区绿茶
基本的味道体系都偏向于绿色系豆荚科植物的味道或者板栗香气，多不
耐泡，两次注水下去就逐渐淡了，就像无限春光转眼入夏般短暂。

　　而武夷茶除了所在地区味道的直接反应外，还因为其做工的复杂精
湛导致一样的山场制作的味道也具有差异性。武夷茶的味道除了春季茶

本身吸收的味道外，另一部分的香气是通过制作而产生的。例如晒青、加温萎凋、做青的过程中促进了茶酶化学作用引起的水解、氧化、聚合。之后的炒青干燥则是热化学反应期，高温会引起内含物在短时间内快速变化。而热化合作用中的主要环节是湿热环节即茶叶炒青出来后的揉捻过程，这个过程不仅仅是在塑造乌龙茶的条索，更多是通过茶的破损对内含物质的自动氧化以及分解让内质味道生成。以草味为例，正在生长的青草新陈代谢正常进行，不会释放出太多的气味物质。当草被割下，草里的脂肪氧化酶就迅速被激活。这些酶会氧化分解植物中的类胡萝卜素和脂类物质，释放出大量有"味道"的挥发性物质。路过正在剪草的草地，就会闻到浓郁的"青草味"。岩茶内质的味道形成原理大概如此。花香还是容易做出来，因为通过低温长时间萎凋可以促进花香烃类物质的生成，但若加温萎凋就需要制作人果断、经验丰富，因为茶在制作过程中花香跟果香的转化就在一瞬间，如果温度把握不好，花香很容易在高温下消散掉，茶内质就变空了。当然制作包含许多技术要点，这里就不过多啰唆。对工艺的了解会让味道的感知分析变得更具象。

　　每一片茶叶内都包含了一部迷你的风土地方志。对味道的感知谁也帮不了你的原因是这过程必须依靠私人的嗅觉、味觉、脑神经的记忆系统来综合搭建。这是一个向内寻找的过程，这个训练过程会枯燥以及陌生，就像一条只有自己的美丽林间小路一样，充满了孤单的美感。中国古代对于一种貌似单一的东西也有不同程度精细且层次分明的清雅形容。譬如单色釉，一样的黄色可以被分为枇杷黄、鸡油黄、柠檬黄、米黄、姜黄。每个单色釉的瓷器也绝不辜负其名称的色彩高级度，这是古人在自处以及跟自然相处的过程中产生的许多自己的敏感细腻体会。即使一样的梅花，在北京花市里买来的香气跟深山中的味道相差甚远。因为同样的花在运输过程中，包括我们嗅闻过程中空气中 PM2.5 的含量以及污染物组成都完全不同。所以味道的区分总是充满了变数，有人曾经戏称，在北京一只警犬的职业焦虑指数肯定要比环境好的城市高许多。因为鼻腔要排除空气污染的味道、汽车尾气的味道、各种大牌香水香氛的味道，最后才能找到那种飘然世外的农业社会纯植物的味道……那么即使正岩的茶，到达复杂的城市环境，在每人心境不同的情况下，品饮出来的味道也千差万别吧。这些就是解读岩茶"山场"的全部密码。究竟什么是岩茶山场的味道？茶自能透过香气、口感表达它真实的自我，传达它的生长、制作信息，品饮的乐趣也在于其中，专家也许在对一种茶评析与诠释中发现一些普通人注意不到的细节，却往往容易让人忽略自己的感官摸索跟茶的直接关联，就像听一段美妙的曲子，谈论太多的乐理并不一定能带给听者聆听的乐趣。

博尔赫斯说：玫瑰即玫瑰，花香无意义。如果不急切地把美味可口当成岩茶品饮的唯一价值，在生活中慢慢就会理解，正是因为武夷山环境的多变，才能成就岩茶极具个性以及生命力的味道，才能在茶里窥见武夷山茶岩土壤气候造就武夷茶那充满生命弹性的全貌。

* 本文作者刘姝滢，原载于《三联生活周刊》2015 年第 19 期。

岩茶：
24小时诞生记

岩茶，是武夷山的精华。

刘峥和老吴带我去巡山。此时我跟着刘峥从武夷山的山间小道向山上爬，已经满头大汗，像洗过了澡一样。老吴扛着一柄竹编的扫帚，早就一溜烟向山上走远了。刘峥身着牛仔裤、花格衬衫，脚穿一双布鞋，此时他点起一根烟，一边等着我追上他，一边蹲下来抄起路边的一把土。

"你看，刚才咱们在山脚下看到的洲茶土壤是河流的细沙，但现在路边的土壤变成了红色，并且还有很多细小的岩粒。很神奇，咱们越向山上走，土壤表面的岩粒就会越大。这就是武夷山丹霞地貌的特点。"他说道。

谷雨前的武夷山并不暖和，连续的阴雨天让每日最高气温只有十几摄氏度，一阵清风徐来，树上的春花散落到长满青苔的石阶上。汗流浃背的我停下登山的脚步，试图调整呼吸，大喘了几口气，花香、新鲜植物的气息，以及雨后落叶发酵的味道，它们在冷暖空气的碰撞下混合，一起进入了我的整个鼻腔，喉咙顿时反上来一阵清凉的甘甜味，让我重新有了力气。今天一上午都没有雨，所以我们才决定上山转转。

刘峥28岁，现在经营着一家岩茶茶厂，他的父亲刘锋是第一代武夷岩茶（大红袍）制作技艺传承人。老吴50岁左右，左腿有些瘸，在武夷山脚下的星村开一家钟表修理铺，从小就和刘锋一起玩，有着老顽

武夷山的谷间小路上随处可
见布满青苔的岩石（黄宇摄）

童般的性格，经常来刘锋的茶厂帮忙。

刘锋家在武夷山的正岩产区拥有将近 100 亩的山场，我们要去的并莲峰茶区就在他们家茶厂背后的山上。山间小路旁，湿度非常大，我们没有看到多少茶园，更多的是郁郁葱葱的植被。快到山顶时，才出现了一小片茶园，茶园里散落着几排茶树，稀稀疏疏，并不像传统意义上茂密整齐的茶田，看上去枝干单薄。茶园紧贴着一块巨大的岩石，旁边一条小溪从高处落入岩缝中，溪水很弱，落水的声音被巨岩吸收掉了，并没有打破山林中的宁静。

刘峥蹲下来仔细观察茶树新芽，随后说，这片茶田是 1995 年种下的老丛水仙，因为在山涧中，一天只能受到 3 小时的阳光照射，因此茶树枝干一直长不粗。这片茶田每年能产成品茶 3 斤，年年被他的客户预订光，所以并不零售，售价每斤 3 万元。

继续爬山，终于接近并莲峰了。我眼前出现了一片将近 3 亩的茶田，刘峥说，由于并莲峰植被茂盛，岩石和山谷居多，很少有成片的土地可以用来种茶，这里是整座并莲峰最大的一片茶田。

于是才有了传统意义上错落梯田的样子，但梯田同样不规律。梯田式的基座是由石块堆砌而成的，原本倾斜的山体在有了石台基座后才得以获得少量平整的土地。刘峥说这些石台都是古人留下的，这种工艺现在已经失传了。

茶田紧挨着并莲峰主峰的岩壁旁，从岩上泻下的泉水碰到岩壁之处，均发黑生苔，青青绿绿地在水流中颤动。一路上山，此时我早已口渴难耐，前胸贴近岩壁，仰起头张开嘴痛饮泉水。泉水并不冰凉，缓缓地沁入嘴里，

武夷山并莲峰半山腰的古茶厂遗迹

流水的甘甜和青苔的清爽味道混合在一起，我衬衫前胸早已湿了一片。

接近并莲峰山顶的地方出现一爿古茶厂，正好建在顶峰半山腰凹进去的岩缝中，这些古茶厂已经成了废墟，屋顶全都没有了，棕红色的沙砾岩土砌成的墙明确地分出了好几个房间，一些房间还带有一排排的焙窟，很显然这些就是制作岩茶不同工序时使用的房间。

武夷山附近的人或者好茶者偶尔也会来到这里参观，刘峥并不清楚这些古茶厂是何时被建成又在何时使用的。此时老吴拿出扫帚，将古茶厂地上的烟头、尘土和落叶扫了一遍，在靠近崖壁的地方清出了一块空地。刘峥上山时一直拎着一个红色硬纸口袋，这时他从中拿出了一个铜质烧水壶、一个小炭炉、一袋炭、几小包茶叶，但他突然发现自己没有带茶杯，赶紧打电话给朋友，让人从自己家的茶厂带一套杯子上山。

我们坐在岩壁旁等了半小时，刘峥和老吴从古茶厂取了几块方砖，搭出了一个半高的小茶桌，并从刚才的岩壁泉水处接了一瓶水。两位年

武夷岩茶正岩产区并莲峰茶园（蔡小川摄）

轻的茶农小伙子带着一套大小茶杯过来了，炭生火，烧开水，刘峥折了一枝绿叶想放在石砖茶桌上摆一摆，又觉得很奇怪，将绿叶扔到旁边。刘峥给我泡了一杯前一年产的武夷岩茶金佛，就出自主峰脚下的那片 3 亩茶田。

于是，汗流浃背的我，赶在马上要下雨的阴天中，于武夷山并莲峰岩缝间，用没有茶席的简易石砖茶桌，喝了一杯武夷岩茶。在将茶杯贴近嘴唇的过程中，就已经感受到香气正在接近，深橙黄色的茶汤入口瞬间，我尝到了连绵的雨水、石阶上布满的散落春花、沁人心脾的清泉、新鲜的苔藓、高耸的岩石、湿凉的岩壁，以及拂过面颊的湿润清风。人们说，"岩韵"有无数种不同的解释，但这也许就是我对武夷山"岩韵"的理解。

喝了四泡茶，大雨如期而至。刘峥开始向其他几个人散烟，每个人点上一支，打算等到雨势小一点再下山。老吴从兜里掏出了一副扑克牌，于是老吴、刘峥和另外两名小伙子将石板上的茶杯撤掉，4 个人打起了牌。一下午，刘峥只赢了 20 块钱，觉得不过瘾。

虽然无从考证并莲峰的古茶厂出自哪个年代，武夷岩茶却有着悠久的历史。武夷山产茶始于武夷山道僧用药或居家饮料，并非以贸易为目的经营，时至宋朝武夷山附近建阳龙团凤饼已被视为贡茶，山人竞相求利，开山种植，革新制法。到了元朝大德年间，废建阳贡茶产地，移至现武夷山四曲御茶园。直至明代嘉靖三十六年（1557），终废贡茶，茶农可自由经营。但废贡的影响巨大，到了景泰年间，武夷茶逐渐衰落。

茶山荒芜一直持续到清代康熙五年（1666），输销国外禁令被解除，荷兰东印度公司将武夷茶售向欧洲，武夷茶迎来了又一次复兴，茶商们认为有利可图，尽皆改良制法。

最早岩茶由武夷山上的道僧采制，质精价高，只在山上寺观销售，并不流入山下茶市，而洲茶则由民间买卖。但到了康熙十九年（1680），武夷山脚下的崇安下梅已经发展出了庞大的市场，每日运茶竹筏300艘，当时经营茶叶的都是江西人，茶叶由江西转河南运销关外，随后山西茶商，广州、湖州茶商相继兴起。光绪年间成为武夷岩茶的全盛时期，茶市由下梅转入赤石，乌龙树种在此时被茶商从安溪移植至建瓯，水仙树种也在此时栽植于武夷山。

但随着清朝覆灭、民国的建立、随之而来的第一次世界大战，以及抗日战争和解放战争，国内外连年的战乱使武夷岩茶再一次衰落，茶叶出口受到英国和日本的排挤，而武夷山也曾数次遭到地方军阀的洗劫，茶园再次荒芜，直到中华人民共和国成立后茶叶统购统销时期才逐渐恢复。

有形与无形的山场

傍晚，下山后的刘峥开车回到三姑旅游区自己家的茶庄，父亲刘锋在茶庄二楼与朋友们喝茶，他粗壮的手指夹起细小的白色茶杯，阴雨连绵的夜晚让他无事可做。这已经是武夷山连续第10天下雨了，他闷头刷着手机里的天气预报，接下来一周依然是下雨天，明天预报的是阴转阵雨，刘锋觉得有可能会出现不下雨的情况。刘峥告诉他，他们家在武夷山上种的一片单丛水仙已经到了采摘的时节，如果再等两天，很可能茶树的鲜叶就老了。刘锋觉得不能再等了，于是他抬起头，告诉茶桌另一侧的刘峥，他决定明天做茶。

"看天做青"是制作武夷岩茶最基本的标准之一，但这一标准又完全需要个人经验判断。雨天采回的茶青，因为鲜叶上水分过多，会使"走水"蒸发的过程放缓，影响发酵，制出的岩茶往往汤色浑浊、气味淡薄。但由于岩茶"头三日是宝，后三日是草"，如果错失采摘时间，鲜叶在雨中生长极其迅速，最终很可能会因鲜叶过老而无法制作。尤其对于比较珍贵的茶种，选择采摘日期是特别关键的。

一般来说，武夷山在立夏之后便进入了降雨量充沛的雨季，而春茶季节也往往遇到连绵雨水，今年（2016 年）便是如此。武夷山脉主峰黄岗山以及周围的几座山，平均海拔都在 2000 米以上，这种地形产生的屏障阻挡了南下的寒流，而对东南亚的暖湿气流引发的抬升作用则增加了降水量，使得武夷山年平均降雨量达到 1800 ~ 2200 毫米。

固然，茶叶叶面上的雨水是影响武夷岩茶好坏的最后一步，而决定武夷岩茶质量最基本的因素便是山场。如果说其他茶产地均有独特的土壤、气候、温度、湿度、环境和周边植被来决定其山场，那多变的地形和垂直海拔丰富的植被使得武夷山则拥有多种山场，而这些山场也因此在一定程度上各有优劣。

《武夷山志》曾写道："其品分岩茶、洲茶，附山为岩，沿溪为洲，岩为上品，洲次之。又分山北山南，山北尤佳，山南又次之。岩山之外，名为山外，清浊不同矣。"当然，这还仅仅是对武夷山岩茶山场最原始的解释。

1943 年 6 月，民国茶学专家林馥泉写成《武夷茶叶之生产制造及运销》一书，由福建省农林经济研究所出版。时至今日该书依然被视作关于武夷山岩茶标准的典籍。

林馥泉原籍福建省惠安县，1935 年，著名茶人张天福出任福建省立福安农校校长，林馥泉便是首届学生。紧接着 1937 年，南京政府实业部在上海成立中国茶叶公司，并在第二年实施了茶叶统制管理，实行茶叶统购统销。中国茶叶公司和福建省合资兴办"福建示范茶厂"，张天福任厂长，林馥泉任武夷所主任，正是在此期间，林馥泉开始对武夷茶进行研究。仅 1942 年，他便在武夷山调查了上千种茶叶品种、名丛和单丛。1943 年出版的《武夷茶叶之生产制造及运销》是关于武夷茶的第一部专著。

正是在这本书中，林馥泉认为武夷茶多在山坑岩壑之间，"产茶最盛而品质较佳者有三坑"，即慧苑坑、牛栏坑和大坑口，所产之茶被称为大岩茶。此外产自九曲溪和三涧坑的茶被称为中岩茶，而利用山脚溪边沙洲种植的茶称作洲茶。而今所谓的"正岩"，即现武夷山景区 76 平方公里范围之内的土地，尤其以"三坑两涧"名气最大，即慧苑坑、牛栏坑、倒水坑、流香涧和悟源涧。但究其根本，正岩与否以及所产岩茶品质好坏，最直接的影响因素便是土壤环境。

刘峥这几天几次去自家的山场上转山，观察每片茶树鲜叶的生长情况，以便随时与父亲商量采茶时间。武夷山大部分由岩石组成，丹霞地貌的特征使得岩石受到降雨的冲刷、风化作用，碎石逐年受到侵蚀，散落在山场中，造就了如今武夷山的土壤特点。

对于刘峥来说，武夷山山场的变化也许就是寸步间的。从武夷山 76
平方公里风景区的山脚下出发，最初见到的就是河流川溪旁的洲茶产区，
细看，这里的土壤几乎都是河流冲刷出来的细沙。而一条小河相隔的另
一边，就成了岩茶产区，土层表面带有很多细细的岩石颗粒，两块产区
的茶青价格能相差几倍甚至几十倍。

随着刘峥徐徐向山上爬去，山间古道尽是在大岩壁上凿成的台阶，
沿路茶田很少，都是生在岩层上的植被，而路边则逐渐成了红色土壤，
土壤的表层还有大量的细小岩石颗粒。刘峥并不懂得地质学，但对他而
言，这些取代洲茶茶田里细沙的细小岩粒就是武夷正岩土壤的标志之一。

武夷山地质属于白垩纪武夷层，母岩均为火山砾岩，间夹红砂岩及
页岩。原山东农业大学教授、有机化学教研室主任汪缉文曾在 1944 年
任职于民国财政部贸易委员会东南茶叶改良总厂，也正是在那段时间前
后，他为林馥泉的武夷茶研究著作进行了实地的土壤调查。

按照汪缉文的调查结果，武夷山茶区的土壤分为青狮和企山两大土
系。青狮系因处在倾斜面或山凹坡地，冲刷作用小，又因湿度高，土壤
持水率大，且铁铝氧化物不易脱水，土壤剖面充分发育，最终形成黄壤。
而企山系来自武夷山岩崖谷地或陡坡，冲蚀作用强，土壤剖面发育不充
分，于是留下了母岩的棕红色，形成棕壤，棕壤被认为是栽植岩茶的标
准土壤。

陡峭的地势和丰足的雨水使得武夷山土壤冲刷严重，此外这里的土
壤又以沙质为主，土中肥分流失迅速，因此自古茶农便想出了一套武夷

岩茶特有的耕耘维护方式，即客土，或称"填山"。

由于那时种植武夷岩茶不用肥料，因此每隔三四年，就要将茶园的外围园岸用石块砌高，并从附近山坡上取表土埋于茶树下，以此增加茶园土壤肥分，缓和雨水冲刷的影响。但客土极其耗费财力，因为园岸石块要从山下背上来，而在狭小的山谷间取周边表土更是需要技术。

如今随着有机肥料和化肥的出现，客土填山的茶农已经越来越少。虽然目前依然有一些茶农会每几年客土一次，但自 1999 年武夷山申请世界文化自然双遗产之后，更是禁止 76 平方公里内的土壤和植被大量运输，因此现在的填山规模极小。

在林馥泉之后，王泽农的报告对武夷山岩茶种植的土壤做了至今最为详尽的调查研究。作为我国茶生物化学创始人，1907 年生于婺源的他先后从国立北京农业大学和国立上海劳动大学毕业，在江西省立农林学校任职一段时间后，1933 年于比利时颖布露国家农学院攻读农业化学。他撰写的《埃斯贝系粉沙土的表土和底土》论文，研究分布在西欧的埃斯贝系粉沙土对当地栽培的燕麦和三叶草的影响，成为西欧有关土壤发生学文库中早期有价值的文献。

1938 年，王泽农在日本侵华期间回国，出任复旦大学教授。随着抗日战事吃紧，1942 年他南下前往福建武夷茶区参加贸易委员会茶叶研究所的创建工作，也正是在那一时期，他在武夷山区对茶岩的土壤进行了详细的调查，并于崇安《茶叶研究丛刊》1944 年 9 月第 7 号刊出《武夷茶岩土壤》一文，手绘了一张《武夷茶岩土壤详图》。按照王泽农的调查，即使在武夷山 76 平方公里范围内，每片山场也拥有完全不同的土壤结构。

所谓的正岩产区土壤含沙砾比例多达 25% 到 30%，土层厚，土壤疏松，孔隙 50%，排水透气好。并且在这种产区，地势时高时低，这样便于为茶树遮阴，又不会完全晒不到，夏日日照短，冬天又能用山体遮挡冷空气增加茶树的越冬性。此外，由于武夷山植被茂密，且岩石上长不出枝干粗壮的大型树木，因此共生的乔木既可以为茶树遮阴，又不至于使茶树暴晒，让茶叶更容易留住香酚物质。按照刘峥的理解，坑涧阴处生长的茶树叶片大而肥厚，适合做岩茶，会使最终成茶冲出来的汤更"厚"。而经常被阳光照射的茶树虽香气更重，也容易产生甜味，但成茶茶汤会感觉很"薄"，层次不够丰富。这也是为什么坑涧生长出来的武夷岩茶味道更佳的原因。

看天做青

林馥泉曾说："天然环境之优越，于培植之能得法，采制之能合理，三者不可一缺。"也正因此，武夷岩茶自古以来皆受众人所珍惜，并以此博得高价。

林馥泉的那本书刘峥看了起码 4 遍，"就是记不住，老忘"。他也曾完全按照林馥泉所描述的古法工艺做过岩茶，但在其中一两个步骤中做不出理想的状态。

"我也不知道为什么，书中写的一些古人技术无法理解，古人很厉害。"武夷山很多制茶人像他一样，现在依然认为只有手工的传统制茶

一芽四叶是采摘茶青时的标准

方法，外加娴熟的技术和经验，才能做出最好的岩茶。因此即使目前武夷山所有茶厂都有采茶机、萎凋槽、综合做青机、杀青机、揉捻机和风干机，但还有茶厂会像刘峥一样将少部分的特殊茶种纯手工制作，以期达到比机器制作更好的味道。

在和父亲商量完决定第二天要做茶后，刘峥当晚就给表叔邹有才打了个电话，表叔是他们茶厂的"带山"，也叫"队长"。表叔熟悉刘峥家在武夷山上的每一片山场，最近半个月以来，表叔每天都在巡山，以确定最终的开山日期。

一般来说，武夷岩茶的采摘时间应该是每年的谷雨到立夏，但刘峥家的这片单丛水仙采摘期比一般的岩茶树种肉桂和水仙都要早，已经到了时候。"你上山后有个桥，之后有条路，底下有三亩多，就采那些单丛水仙吧。"刘峥在电话里向表叔交代完，又打电话给江西的村书记，和书记定好第二天早上6名采茶女工到刘峥的茶厂准备采茶。

自古以来，采茶工人十有八九来自江西上饶一带，这一传统始终延续，而今除了在采摘期前从江西来到武夷山的女工外，附近村镇的妇女也都参与采摘。只不过以前因武夷山山路崎岖，皆是男工采茶，女工在茶厂拣茶，而今则全换女工采茶。

第二天一早，果然没有下雨，刘峥开车到了山脚下的茶厂。女工和表叔邹有才昨晚就睡在茶厂里，当天早上6点半等待上山采茶。表叔"带山"一人统管女工，并将女工所采茶青用挑担挑到山下茶厂，成为采茶人与制茶人之间的衔接者，既对女工采茶的标准负责，又对茶厂收到茶青的质量负责。由于每名女工往往采摘技术水平不尽相同，因此表叔会规定统一的采摘标准。

整片茶园每一株的生长情况有可能都不尽相同，并不是所有新芽都要采摘，唯有新芽顶端最小的嫩叶，即首叶长到起码七八厘米的时候，这一芽才能被采摘。此外采摘时连叶片带芽梗一起采摘，一芽三叶或一芽四叶为制作岩茶最好的选择。

一芽两叶虽好，但采出的茶叶数量少，影响成本。而一芽三叶，随后制茶时能形成完美的条索，最下一叶将仅有半叶有条索，半叶为黄片，一芽四叶则整个最下一叶为黄片。一芽几叶的规定是由做青过程中的"走水"决定的，这是后话。

8点40分，表叔带着一众女工上山了，每位女工肩挂茶篮，到了那片茶园。第一拨采摘尤为关键，因为前一天晚上下了雨，现在叶片上还留着雨水，这些雨水将严重影响随后的茶青萎凋过程。因此表叔让女工们在茶园边休息，先不着急采茶，等到山上的日光出来，茶树叶片上的水分干了些再采。"山上半小时，山下两小时"之说，便是指山上半小时能够晾干的水分，采到山下通过萎凋过程就要两个小时才能晾干。

10点，"带山"表叔下令开始采摘。女工掌心向下，用食指勾搭鲜叶，用拇指压服于中指二节弯，拇指指头随后发力，将芽植折断，留在掌中，左右手同时采摘，待摘满一把，再轻轻放入茶篮中。女工将摘得的茶青汇于表叔的两个大茶篮中，女工继续采摘，表叔则用挑担挑起茶篮，顺着狭小的岩间小径快速下山运到茶厂。

刘峥的表叔邹有才正挑着两筐刚采的茶青下山，他是刘峥岩茶厂的"带山"，负责采茶女工与茶厂的衔接工作［右页图］

茶叶自树上采摘，叶离开枝干之时起，便开始了种种极其复杂的物理及化学变化。茶叶中所含的酵母将在萎凋的过程中充分反应，影响成茶的香气和汤色，决定品质好坏。

红茶制作时萎凋和揉捻发酵过程分开，做好已经实属不易，而岩茶的半发酵萎凋与发酵过程无法分开，更是需要做青师傅扎实的技术和丰富的经验。气候、阳光、温度、湿度、风力等自然环境是影响茶青发酵的最基本条件，"看天做青"由此而来。

10 点半，初采茶青由表叔运到茶厂了，并将茶青倒入茶厂中央空地上竹条编成的大青弧内。此时堆积到一起的鲜叶已经开启了发酵过程，接下来的每一分每一秒，都决定着茶青发酵的好坏。

刘锋赶紧"开青"，刘峥和表哥两人分别用双手将青弧内的茶青抓到刘锋手持的标准竹制圆筛中，刘锋双手执筛，只稍一抖转，鲜叶便均匀地摊于圆筛上，每筛摊叶摊得越薄，越有助于接下来的日光萎凋。刘峥和表哥每次手抓的茶青分量并不统一，严格地讲每一筛茶青量最好在一斤多，但表哥每一把抓得太多，被刘锋大声呵斥了。

茶厂里，茶师与发酵的竞速才刚刚开始。在刘峥的带领下，几名小伙子和他一起用一柄长钩将摊好茶青的筛子整齐地排在竹制晒青架上。茶厂的空地上就这几人在干活，动作不紧不慢，但隐约能感觉到一种从容的紧张感。

茶青的初步萎凋就此开始。日光萎凋也称晒青，这个过程中叶内的水分通过主叶脉逐渐散发掉，有利于茶叶中氨基酸和可溶性蛋白的累积。初采的茶青，含水量达到 70% 至 80%，叶片富有弹性，且有光泽。

晒青

如果天气晴朗，茶青在炎热的阳光下暴晒八九分钟便可蒸发掉 10% 至 15% 的水分。

但当天是阴天，没有直射的阳光，所以晒青将持续更长的时间，以便让水分的蒸发量达到要求。为了让摊于圆筛的茶青上下两面受热均匀，刘峥带着几个小伙子每隔 40 分钟翻青一次，取各个圆筛，用双手由里向外将一把一把的茶青翻面。别看这一动作微小，但在岩茶萎凋过程中，如果手触茶叶过于用力，则有可能碰伤叶细胞，使局部变红。与此同时，表叔还在陆陆续续用挑担将岩上新采的茶青运下来，依次开青晒青。

15 点 40 分，阴云中出现了一丝阳光，稍微有些闷热，离圆筛 10 米远已经能闻到茶香了。此时茶叶呼吸迟缓，叶中细胞生机大减，物理萎凋已达相当程度，于是化学的萎凋随之开始。过氧化酶和氧化酶也在此时起作用，但此刻反应进行尚慢，叶片已经萎凋，原有叶面上的光泽逐渐消失，变成了亚光色。叶中所含的芬芳精油，也随水分的蒸发而扩散出来。用手接触叶片，有一种手握丝绸的感觉。

到现在为止，晒青已经几小时，翻青也已经好几次。为了保证茶青不被晒坏，刘峥翻青时要将茶青向筛子中心集中一些，中间稍薄，外边稍厚，筛子最边沿留出一点空隙，这样做将会加厚每摊茶青的厚度，使得茶青接触空气和受热的面积减少，控制茶叶水分蒸发速度。

"做茶就像生活一样，要细心对待。我就把自己比作茶青，我在太阳下晒太久，就肯定会难受，茶青和我一样。所以我要将每堆茶青加厚，让它们不要那么热。"刘峥这样说道。"看青做青"是岩茶制作的标准之一，四个字，却需要大量的经验，审时度势地进行萎凋的每一步，并对茶青非常细心地照顾。

刘峥带着几个小伙子坐下来喝一会儿茶，每隔半个多小时去晒青架旁翻一次青，过程缓慢而有节奏。茶厂似乎一下进入了闲适的氛围。萎凋的每个步骤都是刘峥在做，父亲刘锋没有插手，只带了两个工人在旁边安装新的竹制晾青架，干的都是木匠粗活，偶尔路过茶厂中间的空地，也会不经意间看看刘峥他们翻青。

一次树种的统一化

刘锋是 2006 年首批 12 名武夷岩茶制作技艺传承人之一，但他的父亲却不是做茶人，当时只是武夷山地方上的一个小干部。刘锋在家里排行第五，17 岁的时候被父亲安排进乡镇茶叶站。当时刘锋在的茶叶站只有四五个人，都是家里安排进去的，不过刘锋肯干活，很快升职到更高级别的茶叶站。

当时每个茶叶站做岩茶期间都是从江西请来老师傅做茶，刘锋也跟着老师傅们熬夜做茶，习得了不少传统做茶工艺。1991 年，他调入武夷山市茶叶科学研究所，紧接着第二年，研究所组织手工制茶比赛，所有职工都可以参加，很多现今的传承人当时都报名参加了，最终刘锋获得了第一名。

随后便一发不可收拾，刘锋在全市比赛中又获得了第一，并被送去参加首届中国农业博览会，代表武夷山茶叶研究所（下称"茶科所"）参加全国范围的茶类比赛，参赛的还有安溪铁观音、西湖龙井等，最终武夷山肉桂获得了金奖。农业博览会之后第二年，刘锋就被提拔为武夷山市茶科所副所长。也正是在那几年，刘锋开始培育自己的树种。

　　其实武夷山所栽种的茶树品种从唐前到清代都为有性繁殖，没有特别具体的品种统一称为菜茶。由于茶是异花授粉植物，变异性特别强，所以混杂不堪，茶树质量也没有相应的标准，每棵茶树的发芽期、叶片大小、所获得的茶香及口感不尽相同。

　　按照林馥泉的茶名分法，采自正岩的茶种，所制成的茶分为奇种和顶上奇种，采自半岩或者沙洲的茶被称为名种。名种为岩茶中品质较差的，而成茶中最下者为焙茶。奇种之上，又分为单丛奇种和名丛奇种。单丛奇种为正岩茶园中优秀的三、五、十株茶树，采时不与普通茶青混杂，单独制造。名丛奇种则是从三、五株中再选出一两株，"或品质特佳或因所植地位奇特，或茶树形状巧妙，或鲜叶颜色不同等，随心所欲，巧立名称，遂有大红袍、铁罗汉、白鸡冠、水金龟、半天妖、白瑞香、素心兰等之茶名"。

　　在民国时代，菜茶的产量占整个武夷山产量的85%。而随着中华人民共和国成立后扦插无性繁殖技术的提高，更多稳定的单一品种茶出现，每种树种的质量得到了稳定，降低了相对不稳定的菜茶产量比例。1981年肉桂的出现似乎一定程度上统一了武夷岩茶的茶种，当年处于统购统销时期的武夷山市茶科所推出了肉桂这一茶树品种。

武夷岩茶传承人　陈孝文

　　另一位武夷岩茶制作技艺传承人之一陈孝文的父亲陈墩水回忆称，20世纪80年代初，政府承认武夷山景区内的土地使用权归天心村村民所有，而天心村居民基本都是来自江西的移民。按照分产到户的原则，武夷山上的茶园分产到天心村居民每一户，鼓励村民开山种茶。"但核心的问题就是没钱，开一亩地要200块钱，种一亩地要500块钱。"

　　也正是在同一时期，当时生产大队作担保，茶叶站按每一棵茶苗1毛5分钱的价格将肉桂卖给武夷山茶农，以保证茶树质量稳定，茶农将很多老茶园里的菜茶树种连根刨起，换上了肉桂树种，无性繁殖技术开始在武夷山普及。

　　当然无性繁殖也有自身的弱点，连枝带叶扦插入土的茶树只能从埋在土下的树枝两侧生根，而通过播种茶籽自然生长出来的茶树则会垂直向下生根，显然更加牢固，吸收水分和养分的能力也会不同。

　　如今陈孝文在武夷山正岩上拥有100亩左右的茶园，其中起码一半的树种是肉桂，并且大部分肉桂都有着30年树龄。陈墩水还记得当时肉桂也曾分立明确等级："遵从统购统销的原则，茶农将成茶卖给茶叶站，茶叶站会将所有茶归堆，使用肉桂树种无性繁殖产出的成茶，只有做到一定级别的味道，才能被归为名岩名丛肉桂，再往下的等级还有普通名丛、名种和奇种。当时我们整个生产大队中，能够被归为名岩名丛肉桂的茶每年也就300斤到400斤。"

　　如今，这些标准似乎已经消失了，市面上销售的大部分武夷岩茶都将列为一级或者特级茶，茶名更是种类繁多。

　　当然，现在很多茶厂和制茶人都在寻找着自己的树种标准。就像武夷山市茶科所当年研制出肉桂一样，刘锋和陈墩水等人会将自己的茶种重新配对，通过人工传授花粉有性繁殖，取茶籽种在自家苗圃中，或者直接取山上变异的奇种，掰下一枝在苗圃中做扦插无性繁殖。如今在刘锋茶厂后面的苗圃中，有着上百种茶种，大部分都是没有命名的奇种，其中他最得意的是用白鸡冠和肉桂杂交成的树种，有着白鸡冠般的金色茶叶，又有着肉桂的香味。

培育茶种是一个特别需要耐心的事情。栽下去的茶籽或者扦插入土的茶枝，一般需要两年才能基本上生根稳定，方可移植于茶园或者岩上山场，再等上四五年，才能成为可以达到量产标准的茶丛。

"培育茶种需要特别大的热情，需要这个人对茶感兴趣，才会做这种事情。因为你别看我们家有上百种培育的茶种，但变异出的茶种真正能够符合岩茶口味和标准的少之又少，往往培育了几年之后，苗圃里的很多茶丛就要连根拔起扔掉。"刘峥如此说道。

刘锋 2006 年从武夷山市茶科所离职，开始在苗圃培育上花更多的时间，而将茶厂产茶的大部分工作交给了刘峥。"干了一辈子茶，不要说成功培育出几个茶种，一辈子有一个茶种让大家接受就好，就算成功了。"刘锋说道。

按照刘锋的设想，如今肉桂这一茶种在武夷山已经基本上流行了 30 年，万一将来哪年大家口味或者资本风向变了，人们不喜欢喝肉桂做的武夷岩茶了，那将会给武夷岩茶整体带来衰退。这时如果有一个新树种出现，则有可能再次掀起岩茶的新热潮。

"现在培育的树种中，我们自己觉得品质超越水仙、肉桂的已经很

室内萎凋

多了，但现在肯定没法推出新树种，因为这些树种只有我们有，万一这些树种产出的武夷岩茶在市场上将肉桂真的比下去了，那肉桂、水仙的销售量就会降低，追捧肉桂的热潮也会结束。"

刘锋的担心很明确，如果真的出现了这种情况，资本风向的变化将会使武夷山的茶农将价值变小的肉桂成片连根拔起扔掉，换上价值更高的新品种，犹如 1981 年一样，一批树种的更新换代意味着茶农们很多年的减产，损失不可想象。

看青做青

17 点，刘峥决定结束日光萎凋，将两筛茶青并作一筛，再搬到青间内的青架上进行室内萎凋。此时茶青在晒青的过程中已经完成物理萎凋反应，室内封闭状态中茶青的化学反应即将正式开始。

人们在做红茶时，茶青在发酵中刺激性单宁变化为红色单宁和褐色单宁，茶汤虽得深浓颜色和厚重味道，却丧失了刺激、鲜爽的清香感觉。而在做绿茶时，茶青未经充分发酵，单宁未受氧化作用，因此留下苦涩味，且茶叶中的芬芳精油也未能完全挥发，无法拥有红茶的浓厚香味。

武夷岩茶的做法，就是想同时取红茶的色香以及绿茶鲜爽的味感。为了得到这两者兼具的效果，岩茶的室内萎凋将使茶青的边缘细胞破坏，发酵红变，而叶片中部则仍保有相当水分和原有色泽，半发酵由此得来。

17 点 15 分，刘峥开始了岩茶制作特有的摇青工艺。他用双手持筛于腰前，左右两臂配合推摇圆筛，使筛中茶青向同一方向做同心圆旋转运动。摇青过程产生轻弱的沙沙声，如果手臂力量稍不平衡，叶在筛中将旋而不转或转而不圆，茶青随即撒出筛外。

茶青在旋转过程中，叶缘因与其他叶片互碰，叶缘细胞破伤，单宁氧化，叶缘将逐渐变为红褐色。摇青技术好的师傅只会使叶片边缘间互相碰撞，功夫不好的师傅则会造成叶片摩擦圆筛内底，叶面明显的摩擦伤导致不整齐的乱红。这是这批茶青的第一次摇青，刘峥每筛只摇了 20 下，便将筛中茶青重新铺好，放回青架上继续静置发酵，并将烧好的炭火盆放进青间，增加室内温度，促进发酵。

时至此时，众人都已经饿了。刘峥让老吴骑着摩托车从旁边的星村街边买回了一打光饼，与茶厂人们分食。光饼是当地特色小吃，取猪肥肉和辣酸菜一起成馅，揉进饼里烤制而成。"小时候茶厂主要就我爸和我干活，周边茶农不是吃米粉就是吃光饼，那时我们俩每个人吃 5 张光饼。"刘峥回忆道。

刘峥高二的时候就退学了，不想学习，又不舍得花家里钱，于是主动退学去父亲的茶厂里帮忙。他在 17 岁时就跟了整整一个做茶季，从父亲那里学习制作岩茶的方法，直到今天可以独当一面。

18 点 18 分，太阳基本下山了，眼前的武夷山已经变成了青色，渐渐与天色相融。送走了搭晾青架的木工师傅们，茶厂一下安静了。刘锋燃了根烟，双手扶着矮围墙支撑着身体，望向远处，享受着安静的时刻。"晾架还没做完，明天再做一天就行了。"刘锋正说着，一辆雪佛兰轿车开进了茶厂门口，刘锋的老朋友看到刘锋中午发的朋友圈照片，知道今天他要做岩茶，闻讯而来。

"昨天雨水多，并不能出特别好的茶，估计要红边多做一点，火焙轻一点，只能这样了。"刘锋接过朋友递来的烟，对朋友说道。刘锋和刘峥做茶的每个夜晚，很多当地人，甚至在武夷山地区有自己茶厂的人都来刘锋的茶厂看他们怎么做茶，边看边学。刘锋一家也从不拒绝，每次做茶时，小小的茶厂就会陆陆续续进来很多旁观的人。

密封青间内放置的火盆使屋内有了稍微湿热的感觉，混合着越来越重的茶香，刘峥等待着茶青进一步发酵。19 点 50 分，刘峥带着 3 个人进行第二次摇青，刘锋也加入了他们。此时茶青已经开始出现"还阳"

状态，原本因缺失水分而萎靡的叶面重新挺立起来。这是因为茶青在静置的时候，留于芽梗叶柄的水分通过还没有完全死灭的叶细胞扩散，使几近脱水的叶片补充水分，重新具有弹性。这一做法将进一步蒸发芽梗存留的水分，去除苦涩感。

21 点 10 分，第三次摇青。他们将 3 个圆筛的茶青量合并到两个圆筛中，每次摇青时的圆筛转动次数和力度都在逐渐增加。合并圆筛后的茶青变厚了，刘峥将茶青在圆筛中堆成中间薄四周厚的鸟巢状。

22 点 33 分，第四次摇青，每个圆筛摇了 60 下。午夜零点，第五次摇青。

而后凌晨 1 点 20 分，刘锋进入青间，最后一次摇青。此时经过几轮并筛，每一筛里的茶青已经非常多了。筛子很沉，每个人摇起来都很费劲，每个筛子最后摇了 100 下，随后继续三筛并两筛，加快发酵过程。

刘锋在青间门口向每个人散烟，继续漫长的发酵等待，整个摇青和发酵过程全凭茶师的经验。又下雨了，半夜过后的山上只有安静的雨声，来茶厂学做茶的男男女女坐在屋棚下面，有一句没一句地闲聊，喝茶。暗黄色的灯光感觉很暖和，像转冷雨夜里入唇的岩茶一样。

凌晨 1 点 50 分，刘峥和刘锋父子俩走进青间，发酵基本已达标准，叶中芬芳精油随水分扩散而挥发，青间里由之前的青叶香逐渐变为更贴近于熟茶的丰富香气。茶青半发酵后的最理想结果是达到"三分红七分

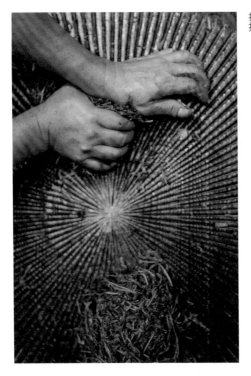

揉捻

初焙

蜻蜓头条索是手工制茶的特征之一

焙火是岩茶制作工艺中最重要的环节，
刘峥通过香味去判断焙火程度与无法言
说的那个至高点之间的距离

拣剔

复焙

绿"，即叶缘及叶尖三分之一处因水分蒸发殆尽经过发酵完全红变，而叶片其他部分保留绿色。水分含量不均使得整片叶子中间凸出成勺形，此外茶青还阳充分，叶子挺拔。由于每片茶叶粗细情况不同，每一筛中能有一定量达到此"绿叶红镶边"标准就实属不易。

茶厂的另一侧，生火师傅已经把杀青用的炒锅备好，众人随即将发酵完成的茶青交于杀青师傅。茶青投入炒锅后出现噼噼啪啪的响声，杀青师傅两手向外向上抓起茶青，再送入锅中，一抓一送，15 秒后水汽开始蒸腾，白烟越来越浓。岩茶的炒青作用与绿茶无异，就是使茶青固定其现在的发酵程度，强热杀死氧化酶。炒至叶表带有水分、叶片柔软之时，便可取起揉捻。

揉捻师傅接过炒过的茶青置于揉捻台上，便开始斜着身子，右手握住茶青，左手用力向前推出再拉回，再换另一只手推拉，身体随着使劲，条索逐渐生成，以固定最终的茶叶形状。继而重复炒青和揉捻，所谓"二炒二揉"。

杀青和揉捻一气呵成，凌晨 2 点半，茶厂又一次热闹了起来。两个杀青师傅、生火师傅、运青的两位副手、四名揉捻师傅，多人相互配合，招呼声、指令声交错。待最终揉捻结束，众人聚于揉捻桌旁，插科打诨，宛如获得一场重要战役的胜利。

炭焙同样是岩茶制作中特别关键的步骤。为防止揉捻后湿漉漉的茶青会急速发酵，而借火力在短时间内将茶叶中的酶杀死，以稳定茶青，是为初焙，也称"走水焙"。在开始初焙前1个小时，炭焙师傅就通过"打焙"，即用焙铲将焙房中焙窟里的炭火重新调整至极高火力，竹制青笼置于焙火之上，再放焙筛于青笼内。茶青上焙后，烘至四五分钟，即须翻焙，使茶青上下两面均匀蒸发水分，最终达到80%左右的水分蒸发量。炭焙师傅一般都是曾经的做青师傅，老了干不动了才退到炭焙的岗位，因此对处理火温经验丰富。

初焙火温和时间的掌控是决定岩茶口味的又一关键。茶叶内的数种物质在受热后产生焦糖般的香气，多酚类化合物等发生反应也让茶叶颜色变成焦糖色，但清新的茶香会在高温烘焙中随水气的蒸发而逐渐消失。因此，保证高温火力，在最短时间内消灭茶叶中的酶，便可减少茶青芬芳油等物质的损失。初焙后的茶青再次变色，鲜绿色的叶片变成了墨绿色或绿黑色，绿色的芽梗变成了红褐色。

初焙结束，茶青还会再铺于筛子上静置三四个小时，以中和叶片和芽干之间的水分，是为晾索。此时天已经蒙蒙亮，很多来参观学习的年轻人陆续离开了，女工起床进行茶青拣剔，4名女工与1名复拣女工围于筛旁，将黄片、茶梗，以及无条索的茶叶作为残次品挑出。并随即将茶青再入焙房复焙。此时炭火火力逐渐降低，并最终将茶叶中所有的水分全都蒸发掉。此处茶香与茶叶的储藏成了一个矛盾体，茶叶过干，就势必减少茶味的清香感，却可以提高储藏时间，反之，留住清香就很可能导致茶叶水分蒸发不够，茶叶有返青的风险。毛茶至此初制完成。直到七八月份茶季结束之后，才会在岩茶精制的过程中再次焙火，被称为补火。在原有的炭火上披上炭灰，以隔绝明火并均匀控制火温，叫作"文

火慢炖"。补火有一两次，直至 4 次，根据茶厂喜好选择，清香和重火
口味皆有。

早上 7 点 15 分，刘峥离开茶厂去星村吃了碗拌米粉。7 点 39 分，刘峥
吃完米粉，用手机看了一眼天气预报，还在犹豫今天是否继续采茶。

"今天是雨后第二天，最适合采茶。但如果今天是雨天，就肯定会
影响成茶质量。有时我遇到一个好天气，做到一批好茶，就会特别兴奋，
熬几天夜都不会觉得累，总想顺着手气继续做下去，那样的状态特别好。"
早上 8 点钟，刘峥决定这一天继续做茶。他回家睡了两个小时，早上 10
点半，他赶回茶厂，表叔已经把当天新一批采来的茶青运到厂里。做茶
季就这样开始了，在接下来的 20 天里，几乎日日如此，武夷制茶人用
每天紧张的节奏，换来武夷岩茶的精髓。

* 本文作者张星云，摄影蔡小川，原载于《三联生活周刊》2016 年第 17 期。

正山小种：

『熏』出来的传奇

在红茶的故乡，武夷山市星村镇桐木村，流传着一首制作正山小种的歌谣："七岁进茶丛，萎凋十年功。发酵二十载，三十见锅红。熏焙学一世，才能做小种。"

正山

"2008 年我去北京马连道茶叶市场，一连问了 10 个店有没有正山小种，9 个店都问我正山小种是什么。"在武夷山市的门店里，梁天雄一边泡茶一边说。其时，由单芽采摘制作的金骏眉已引领了国人品饮红茶的风潮，但人们对红茶鼻祖正山小种依然知之甚少。

从市区出发，沿着盘旋的山间公路上行，一路是飞溅的流水和层叠的毛竹与松林，一个半小时的车程后，就到了正山小种的发源地——星村镇桐木村。梁天雄家的茶山和茶厂就位于桐木村 12 个村民小组之一的江墩村。父子三人分工明确，有 50 多年制茶经验的父亲梁骏德带着大哥梁天梦负责做茶，梁天雄则主要负责销售业务。

正山小种的传奇在于，作为年代悠久的传统红茶，它一方面在国内不为人所知，另一方面却成为英国皇室的御前珍饮，进而风靡世界。当地流行一句话："武夷山一怪，正山小种国外买。"除了一些老茶农，产区农民生产却不饮用红茶，红茶长期以来都是完全的海外贸易商品。

说起来，这与流传于当地的关于红茶起源的一段传说有关。

桐木村民世代以种茶为生。明末某年的采茶季节，一支过路的北方军队驻扎茶厂，晚上就睡在晾晒的茶青上面。军队开拔之后，茶农发现茶青发红，用来做传统的绿茶已不可能。为避免损失，茶农把这些萎凋过的茶叶，用当时已出现的炒焙技术制作，并以当地盛产的马尾松烘干，挑到距此45公里外的星村茶市贱卖。没有想到，这种乌黑油润带有松脂香味的"做坏"的茶叶竟被卖了出去，第二年有人甚至出高价订购，红茶由此而兴。由于是失败的产物，再加上特殊的松烟味道，制作者对红茶的偏见，似乎也不难理解。

只是，人们对这一"偶然之得"的发明时间仍有争论。1567年，当时最先进的绿茶炒青工艺的代表——松萝法的出现，普遍被视为红茶起源的时间上限。清人周亮工在《闽小记》中记载："崇安殷令招黄山僧以松萝法制建茶，堪并驾。"殷令即为崇安县令殷应寅，在任时间为清顺治七年（1650）到顺治十年（1653）。

可见，松萝法传入武夷山的时间应不早于1650年。松萝法的传入，才进而演变出红茶与乌龙茶制作工艺。合理的推断是，武夷红茶的起源时间也应在1650年之后。更多关于红茶起源的可信说法，似乎只能从海外贸易的零星资料中去打捞。

事实上，正山小种名字的衍化，与红茶海外贸易的繁盛、国内红茶制作范围的扩大息息相关。起初，由于茶色发黑，当地人将这种茶叫"乌哒"，梁骏德解释，"哒"在当地方言即为"茶"的意思。时至今日，与桐木村相邻的地区，仍称红茶为乌茶。

1650 年以前，欧洲的茶叶贸易为荷兰人所垄断，经过三次英荷战争后，英国开始摆脱荷兰并渐渐垄断茶叶贸易。1684 年，清政府解除海禁。5 年之后，英国商船首次靠泊厦门港，从此由厦门直购这种称为 "Bohea Tea" 的 "武夷红茶"。在厦门语音中，"Bohea" 与 "Tea" 分别为 "武夷" 和 "茶" 的谐音。在英国《茶叶字典》中，武夷（Bohea）条的注释为："武夷（Bohea），中国福建省武夷山所产的茶，经常用于最好的中国红茶（China Bohea Tea）。"

而据《大不列颠百科全书》记载，"Bohea Tea" 一词源于 1692 年。1757 年，清政府实行第二次海禁，仅开广州一口通商，闽茶的海上外销，改由陆路内河运至广州出口。1853 年，清政府开放五口通商 10 年之后，闽茶由福州直接出口，更为便捷。

随着海外贸易的扩大，武夷红茶外销需求直线上升。据学者萧致治、徐方平在《中英早期茶叶贸易》一书中的统计，1792 年武夷红茶的出口已达 9175 吨，为 17 世纪末年平均出口量的 815 倍。

显然，18 世纪时桐木村一地的红茶产量早已供不应求，红茶制作开始由闽东向福建乃至全国各地扩散，也由此产生政和、坦洋、白琳三大福建工夫红茶，以及祁红、宜红等繁盛一时的工夫红茶。

清雍正年间的崇安（武夷山市）县令刘靖在《片刻余闲集》中记载了这种仿制的兴盛："山之第九曲尽处有星村镇，为行家萃聚所，外有本省邵武、江西广信等处所产之茶黑色红汤，土名江西乌，皆私售于星村各行。"

19 世纪 60 年代，闽东工夫红茶出现后，桐木村所产的正山小种红茶，有了新的名称"Lapsang Souchong"，据英国《大不列颠百科全书》记载，这一由福州方言音译过来的词汇出现于1878年。在福州方言中，"LeXun"为"以松明熏焙"的意思，Lapsang即为LeXun的谐音。只是，这一翻译并不严格对应于正山小种，当地人早年也只称这种由小叶半开面茶叶制作的茶为小种红茶，"正山"概念由何而来？

对此概念的最早记录已无从考证，合理的推论是，出现外山小种（也即桐木关周边地区开始大量仿制）时，当地人出于地方保护的意识，便形成了正山的概念。这也为《中国茶经》所载："产于福建崇安县星村桐木关的称'正山小种'，所谓'正山小种'红茶之'正山'乃表明是'真正高山地区所产之意'。"

"正山"的范围，则指福建武夷山国家级保护区内，以桐木村江墩、庙湾为中心，北到江西铅山石陇，南到武夷山曹墩百叶坪，东到武夷山大安村，西到光泽司前干坑，西南到邵武观音坑，方圆约600平方公里的范围。

尽管当地政府试图将正山小种的范围扩至武夷山市全境，可在当地茶人心中仍有不成文的规定。武夷红茶共分4类：正山小种、小种红茶、烟小种与奇红。其中，正山小种为桐木所产用传统工艺制作，有"松烟香、桂圆味"的红茶；小种红茶，则指桐木以外武夷山市范围所产的无烟红茶；烟小种，是用外地茶青加以烟熏工艺制作的红茶，由于烟味很重，全部用于出口；奇红，用梁天雄的话来说，得名于本地的奇种茶树，用以容纳金骏眉、小赤甘等用创新工艺制作的红茶。武夷山产区以外的红茶，则被称为工夫红茶。

奇种

公路不断上行，触目皆是绿色，在毛竹林覆盖的山体下面，不时能看到一丛丛的茶树。山间的空气清凉香甜，司机秦师傅介绍，由于地处武夷山大裂谷的核心地段，一年有从北向南的风贯通，再加上流水与空气的不断撞击，据专家检测，桐木村空气的负氧离子含量每立方厘米高达 10 万。

梁天雄长期担任桐木村的村干部，先后当过林政员、调解员、财务和村委会主任。据他介绍，桐木村 12 个村民小组，加起来总共 1700 多口人，集体经济解散分茶到户时，茶山总面积为 7600 亩，后来随着茶叶逐渐紧俏，村民不断将自留菜地改种茶树，茶山面积至今扩至 1 万亩左右。庙湾、江墩、麻粟、挂墩是正山小种的核心产区，江墩 100 多口人，茶山面积约 1000 多亩，在整个桐木属中上水平。

一眼望去，江墩村主要的房子都集中在公路两侧的山脚下，沿着进山公路上去不远，就是庙湾村，再往上就是闽赣两省分界的桐木关。站在关口的瞭望台上，就可以看到有"华东屋脊"之称的黄岗山。整个桐木村位于黄岗山主峰的中下部，平均海拔约 1000 米。翻过关口，再走80 公里左右，就是过去闽茶运销的重要内河码头——江西铅山河口镇。

到茶厂时，68 岁的梁骏德正和师傅们在车间制作少量的金骏眉，以及不加烟的正山小种。由于海拔较高，山里的茶树刚冒芽尖，传统正山小种的制作，还要再等十几天，主要集中于 4 月底开始的 20 多天时间。休息片刻，梁骏德的孙子梁庆朝带我们去厂房对面的山上看茶树。电子

商务专业毕业的他，工作不久，便决定回来跟着父辈学习做茶。

　　山间雾气缭绕，流水淙淙，由于常年气温保持在 8.5 ～ 18 摄氏度，降水充足，环境湿润干净，茶树的根干长满苔藓。比起山外整齐成行的茶山，这里的茶树散落在乱石与泥土之间，只能人工采摘，以正山小种一芽二到三叶的采摘标准，最好的茶工一天顶多采二三十斤茶青。梁庆朝指着一丛只有三四十厘米高的茶树问我们它的年龄。由于海拔较高，雾日漫长，这里的植物生长缓慢，一棵矮小的茶树，很可能已有近百年的寿命。

　　青苔之下露出黄红色的泥土，林学出身的邹新球在《武夷正山小种红茶》一书中分析过这里以红壤、黄红壤为主的酸性土壤结构，疏松肥沃，有机质丰富，十分利于茶树生长。

"同样的茶叶量，同样的水温，桐木的正山小种，泡出的汤色为琥珀色，口感香甜，除松烟香外，还有桂圆、粽叶和花香的混合香气，其他地方的红茶，汤色则偏暗偏红，没有这种香气，为什么？"

在梁骏德看来，除了海拔气候等环境因素，茶树周围的植被非常重要，其他地方的茶树多长于灌木林间，而桐木的茶树却生长在阔叶林和毛竹林之间。由于地处武夷山自然保护区核心，这里严禁砍伐树木，茶山面积也受到严格管控。尽管属于当地特产，但用来熏制传统正山小种的马尾松，一律从保护区外运来。

附着于丰富植被的是各种动物，武夷山向来被称为"鸟的天堂""蛇的王国"，桐木村的挂墩更以"世界生物模式标本产地"闻名世界。据《南平通鉴》记载，道光三年（1823），法国神父、生物学家罗公正在挂墩传教，并在当地采集3.1万多种珍贵生物标本，私带出国，随后一批生物学家接踵而至。

几天后，当我们到达这个有百来口人、600亩茶山的小村时，热情的村民拿出前一天刚做的金骏眉供我们品尝，并带领我们去看村里后建的礼拜堂，时至今日，村里仍有90%以上的人信奉天主教。数量庞大的鸟雀将茶树上的虫子吃光，免却茶农打药之苦。更重要的是，由此产生的天然有机茶，曾一度挽救出口滞销内需缺乏的桐木茶业。

桐木村的茶树属高山小叶菜茶，多用茶籽种植的方式有性繁殖。神奇之处在于，茶籽所种的茶树会发生基因变异，即使长在附近，每株茶树的性状也各不相同，故而也称"奇种"。在上桐木关的路上，梁天梦

把车停下，随手摘了 3 棵茶树上的 3 片茶叶，结果发现叶面大小纹理各不相同。这些堪称基因宝库的奇种茶树，也成为培育优良茶种的基础。武夷岩茶（大红袍）制作技艺的国家级"非物质文化遗产"传承人刘锋和儿子刘峥，便通过对奇种菜茶的筛选，再用无性繁殖的扦插技术，选育出不少具备独特口感与花香的优良茶种。

青楼

武夷山雨水丰沛，在我们所待的十几天时间里，印象里只有一两天晴天，其余时间，不是细雨绵绵，就是雾气迷蒙。处于大裂谷核心的桐木村更是如此，每年做茶之际，也是雨水来捣乱的时节。

雨天并不适合做茶，除却采摘制作的不便，用带着雨水的茶青做出的茶，香气口感都会大打折扣。根据当年雨水的多寡，茶人们分出茶叶的"小年"和"大年"。似乎只有在潮湿多雾的桐木关，人们才会更深地理解何谓"看天做茶"，才会理解何以要用马尾松的烟火，在青楼中熏制完成正山小种传统工艺中极为重要的两道工序：萎凋与烘干。

所谓"青楼"，是指"用来做茶青的地方"，也被当地人称作粗制厂，一般为 3 ~ 4 层的木头房子。房子下面留有多个烧火的灶口，一层用以烘干，房间地面为砖头铺成的烟道，烟火顺着烟道的砖缝喷薄而出，烘烤着架上铺在一层层水筛中的茶叶。青楼可空置一层以调节温度，最上面两层为萎凋房。

梁骏德引用当代茶界泰斗张天福所说的"正山小种是中国的独生子

女，更是武夷山的独生子女"，来形容青楼熏烟工艺的独一无二。滂沱大雨中，他带我们参观了自家及村集体之前的青楼。

尽管尚未启用，但房间中浓郁的烟火之气，让人不难想象做茶时烟熏火燎的景象。江墩的青楼保存最好，像这样的萎凋房，一共有 16 间，邻村的庙湾则有 4 间。为了扩大内销需求，当地茶农逐渐用加温萎凋槽和烘干机的无烟新工艺，替代了这种费时费力的传统工艺。桐木其他自然村的青楼已然所存无几。

事实上，自 2005 年 6 月 22 日金骏眉诞生，并进而引发红茶内销的风潮以来，不少人顺藤摸瓜，开始了解并接受享誉海外近 400 年的传统正山小种。也正因此，作为金骏眉的首泡制作人，梁骏德有底气坚持制作传统工艺的正山小种。在他看来，正山小种终将被越来越多的国人接受，现在许多茶厂只是贪图轻松，才抛弃传统。骏德茶厂每年生产的 10 吨精茶，60% 为传统工艺制作的正山小种。

"做茶有很多奥秘，要做到口感好，精制率高，采摘是第一关。"晚饭过后，点燃一根香烟，坐在楼檐下的长椅上，梁骏德开始讲述做茶的秘诀。

正山小种的采摘标准是一芽二叶或三叶。桐木山高，采茶不易，历代流传一句老话："桐木采茶真可怜，一碗腌菜半碗盐。"当地茶多人少，时至今日，仍多雇用江西上饶一带的茶工。茶工如同麦客，每到茶忙季节，结伴而来，20 多天后，毛茶做成，又成群而去。

梁骏德说，当时的采摘标准非常严格，"一芽二叶，8 分钱 1 斤；一芽三叶，则 7 分 1 斤；如果有 10 个以上一芽四叶，则降至 5 分钱 1 斤"。

由于目前雇工日渐缺乏，梁骏德不敢定那么严格的标准，有时实在看不下去，他会陪茶工将不合用的茶叶拣出。

鲜叶采摘后，最好进行适当的晾青，以提高精制率。第一道工艺就是青楼萎凋。晴天，萎凋时间 3 ~ 4 小时，雨天则要 7 ~ 8 小时。萎凋过程中，每过三四十分钟，要把茶青扫拢重新摊晾，名曰"翻青"。翻动时机视茶叶的手温而定，雨天翻动的次数则明显增多。

"青楼萎凋，前期低温，后期高温。"经过试验，梁骏德发现前 2 个小时温度不宜超过 30 摄氏度，后期则不能超过 40 摄氏度。调温靠加减灶中松木控制，火候的掌控最为关键，所以说，"烧火是师父，做茶是徒弟"。

萎凋到什么程度，方可进行揉捻？梁骏德将其总结为："叶子从鲜绿色变为暗绿色，抓一把使劲捏，听不到响声，叶脉不会断。"更精确的测算是，当 100 斤鲜叶去掉 40 斤水分时，就是最佳的揉捻时机。揉捻早年用脚和手进行，要诀是"轻拉重推"，后来逐步用人力（水车带动）木质揉捻机、机器揉捻机替代。与手工揉捻相比，机器揉捻的茶叶，条索更为紧结均匀，正因如此，正山小种的传统工艺，唯独这一环节被机器替代。

接下来的发酵，要将茶叶放于蒙有湿布的筐中，在室内自然发酵。如果当天的气温较高，发酵时间一般在 6 ~ 7 小时，反之则需 8 小时左右。湿布遮盖，是为了防止表面茶叶水分流失，在未发酵时已经变干，成为死叶。

发酵与烘干之间，还有一道过红锅的传统工艺。梁骏德和儿子梁天

手工揉捻的要诀在于「轻拉重推」

骏德茶厂创始人、金骏眉首泡制作人梁骏德和儿子梁天梦在示范手工揉捻工艺

正山小种制作工艺的揉捻
程序完毕后，再行解块

过红锅目的在于阻止
茶叶进一步发酵，也
为茶叶提香

梦现场演示了一遍过红锅的技艺，在两口烧至 180 摄氏度的铁锅中，两人用双手不断快速翻炒着茶叶。炒完后，梁骏德伸出依然冒着热气的双手："炒多了手麻木了，还好一些。"高温翻炒首先是为了阻止茶叶继续发酵，同时也给茶叶提香，增强回甘。

中华人民共和国成立前，过红锅一直是正山小种不可缺少的一道工艺。实行集体经济之后，由于费时费力，这一工艺被逐渐停用。1964 年，一位住在梁骏德家的安徽农学院的毕业生，偶尔提起这一工艺，父子俩又做了两年，再次搁置。直到 2009 年，在一位茶叶爱好者的提议下，梁骏德再度恢复红锅工艺，并开发出以此命名的茶叶品牌。

青楼烘干相对简单，合适的温度是 60 摄氏度，正常不停火的情况下需要 10 小时左右，但因为上面楼层同时用于萎凋，为了控制温度，烘干时间往往会拖到 12 小时。

制作完成的毛茶，还要经过分级、风选、筛分、挑梗、匀堆、烘焙等环节进行精制。茶叶出厂前的最后一道工序是复火，传统的正山小种依然要用青楼，"几千斤茶叶堆成厚厚的一层"。金骏眉及采用无烟工艺制作的正山小种，则放在竹篓上面，用木炭焙火。

制茶工艺看似简单，实则一步不慎，满楼皆坏。所谓"看天做茶""看茶做茶"，茶师要根据实际情况随时调整。也正因此，才有了流传当地的那首民谣："……熏焙学一世，才能做小种。"

茶师

桐木村流行招亲，家中只有女儿的人家，往往会招上门女婿，俗称"招驸马"。梁骏德的父亲便由江西进贤入赘本地，招亲之后，按照惯例，长子一支需随母姓，因此，原本姓江的大儿子梁骏德一支，随母改姓为梁。

小时候，梁骏德就记得家里有本江氏族谱。据族谱记载，其先祖盖一公在宋末时从河南辗转迁至桐木关，开基立业，传到他已历22代。族谱记载了一首由一个叫伍齐荣的人写给舅舅（江氏19代传人）的诗："春臻母舅有奇才，幸未诗书被化裁。雀舌经营能善变，龙团更改料谁猜。"诗中所提"雀舌""龙团"，均为历史上有名的绿茶，足见江氏从19代先祖起，就擅长制茶。"文革"中，梁骏德的父亲把族谱包在油纸中，放进木屋的楼板下面，才把它保留下来。

尽管对祖父做茶没有确切记忆，梁骏德却见过爷爷留下的一个用来精制茶叶的圆匾。1964年，16岁的梁骏德，跟随父亲在生产队学习做茶。江墩生产队当时共有6人做茶，4人做青，2人揉捻，梁骏德和父亲属于做青小组。早在正式做茶前，梁骏德就常看父亲做茶，对工艺细节早已谙熟于胸。当时村里没有电灯，晚上做茶，只能用竹篾制作的火把照明。父亲做茶时，梁骏德就打着火把，像他身边的烛台。4年后，父亲从生产队退了下来，梁骏德开始主持队里的茶叶生产。

当时生产队有20多个劳力，6人做茶，两三人带山，带着200多个江西来的茶工采青。"那时做茶很辛苦，每天最多休息两三小时，青楼就在家旁边，也不能回家睡觉。困了在椅子边眯一会儿，马上要起来翻青。"烟雾热气缭绕的萎凋房，经常熏得人泪流不止。凡在桐木关做茶多年的茶师，眼睛普遍不好，梁骏德为此很早就戴上了眼镜。

1982 年包产到户，队长梁骏德和 3 名生产队成员，一起制订了按产量分配茶山的方案，很快为其他生产队所效仿。当地茶树分散，每株产量也不相同，生产队估算每株茶树的鲜叶产量，再统计出一片片茶山的产量，登记完毕后，让村民抓阄决定茶山位置。抓完阄，再按每户实际能分的鲜叶量，多退少补。当时，梁骏德一家四口人分到 50 亩茶山。

1988 年，桐木村向武夷山市政府提出申请，把茶叶精制权拿回村里，成立了桐木精制茶厂。梁骏德被招进厂里，负责毛茶的收购与审评。后来买断茶厂的傅连星，是厂里的业务；创办元勋茶厂（正山茶叶有限公司前身）的江元勋，当时则负责厂里的财务，并当过一段时间厂长。

在金骏眉诞生前，正山小种的主要出路是外销。桐木茶厂成立前，村民要将毛茶卖给星村茶叶站，交由精制茶厂精制后，再交付福建省茶叶进出口公司统一出口。正山小种的精制权，先后经历了从福州到建瓯、崇安县、桐木村的转移过程。茶厂成立后，村民不用出村，便可将毛茶直接卖给桐木茶厂精制。

当时毛茶的收购标准分为 2、4、6、8 四个等级，审评办法是称 100 克茶叶，先拣出里面的梗与片，再根据茶叶的条形、口感、叶底评级。梁骏德称，标准的正山小种，条形紧结、肥壮乌润，汤色如琥珀透亮，口感为松烟香与桂圆味，冲泡之后，叶底颜色为有亮度的古铜色。梗、片的含量决定茶叶的精制率，也直接影响等级。"100 克茶，如果含 30 克梗，20 克片，精制率则只有 50%。"梁骏德记得，1991 年，桐木毛茶的平均价格为2.2元/斤，最好的精制茶8310的出口价格也才7.8元/公斤。

由于前来卖茶的人都是本村村民，茶叶审评难度很大。梁骏德和厂长傅华全想出一个办法，对茶叶进行三道加密。厂里首先成立一个5人审批小组，由厂长、副厂长、财务、技术、每个生产队的卖茶代表组成，其中主评人为梁骏德，其他人有一定程度的发言权。茶叶送来后，先由抽样小组的一个人随意抽取3袋，编写一个六位数密码，比如"123456"，交给下一环节的人，但只有他自己知道那个编码代表谁的茶叶；第二个人将抽出的茶叶倒出匀堆，随后再编一道密码，比如"将123456变为654321"；第三个人负责抽取几百克小样，编第三道密码，比如"将654321变为321456"，然后交由审评小组评级。审评员拿到的小样上，只有再度变化过的密码，从而确保审评的公正。

出厂前，茶叶还要经过包含水分含量检测与粉末碎检测在内的理化检验。为此，梁骏德专门去省里培训学习，拿到理化检验上岗证。梁骏德的办公室里至今还保留着一张水分检验的单据，方法为："称10克茶叶，在130摄氏度温度下烘干27分钟，通过测算茶叶的减少量，来计算茶叶水分含量。"省外贸的水分含量标准为不超过6.5%，梁骏德往往将其控制在5%以内。粉末碎检测，是将茶叶在电动粉末筛上转动100圈，以测出粉末与碎片的含量比例。60目（1平方英寸含有的孔数）以下算粉末，24目以下则为碎茶，各自标准为不能超过2%和5%。

当时，桐木茶厂的出口量，也即正山小种的产量，每年稳定在120～150吨。让梁骏德自豪的是："在我手上每年出去100多吨茶叶，没出过质量问题，没被退过货。"

武夷山桐木村正山小种
麻粟产区，茶师杨文重
一家人在自家茶山中

1997 年，桐木茶厂被傅连星买断。梁骏德被挽留下来，负责技术与进货。2000 年年底，在江元勋的邀请下，梁骏德去成立不久的元勋茶厂负责技术。2008 年 4 月，60 岁的梁骏德决定退休。不久，在两个儿子的撺掇下，父子三人注册骏德茶厂。由于梁骏德技术出众，业务熟练，在红茶崛起的势头下，骏德茶厂很快成为桐木村引人注目的后起之秀。

在桐木村海拔最高的麻粟，也有一位做茶 50 多年的茶师杨文重。通往麻粟的道路，仅容一辆汽车通过，除了进出村口的两小段路是刚能放下车轮的水泥路面，中间都是陡峭难行的土路，雨天塌方并不罕见。大雨中，一段十几公里的路程，足足开了一个小时。翻过一道山坡，眼前豁然开朗，山坳里忽然出现一片被毛竹林和茶山包围的房屋。在忽开忽合的雾霭中，村庄时隐时现，如同世外桃源。

时节已近 4 月中旬，山里依然潮冷，74 岁的杨文重穿着一件毛衣，眉发皆白，一团祥和。同行的一位看茶姑娘，见到老人马上要求合影，老人搓搓手，觉得自己难看，不好意思地笑了。可一旦聊起茶来，杨文重很快恢复山东人的粗豪爽利。

1958 年，16 岁的杨文重，从山东菏泽逃荒至此。4 年后，他娶了一位当地姑娘，正式落户麻粟。1964 年，杨文重跟着生产队的老师傅，开始学习做茶。当时，麻粟生产队共有 5 个小茶厂，一年可产 2 万斤毛茶。

因为海拔高，麻粟的茶树生长缓慢，上市最晚，每季茶只能做半个月左右。"我们这里早上九、十点钟，茶叶上还有露水。"杨文重说，雾大湿度大，做茶难度大，精制率也低，但麻粟的茶在口感上有优势，丛味更为醇厚。

杨文重带我们看了家中的青楼。这里的青楼分为三层，一层烘干，二、三层用来萎凋。据他回忆，更早时候的青楼，并不是在外面烧火，而是在里面直接点上火堆，水筛就放在明火之上的架上烘干。在这样的青楼里，一天要烘2000斤茶青，也就是三四百斤毛茶，辛苦可想而知。"一般烧8堆火，你觉得吃得消可以烧10堆火。要随时添加柴火，保持火头的高度，又得防止把上面的水筛烧着。几乎不能睡觉，烟熏得几乎看不见，眼睛成天都是肿的。"

在桐木茶厂成立前，每年茶季，星村茶叶站和武夷山茶叶局的评茶师，都会上门评级。在堆积如山的茶堆上，评茶师随意挖几个洞，选出几十斤茶，再二次取样鉴定。定级后，看着将茶叶装袋盖印，再由茶农将茶送至茶叶站。杨文重的儿媳陈桃红也是本村人，她小时候印象最深的就是那些装满茶叶的布袋，上面打着茶叶局的公章，看上去很漂亮。

据杨文重的儿子杨青介绍，麻粟只有60多口人，却有1200亩左右茶山，人均占有量居桐木之首。杨青家的茶山，一年可产3000斤毛茶，加上收青所做的茶，一年的毛茶产量可达五六千斤。每年忙时，杨青回来帮父亲一起做茶，平时则主要和妻子在武夷山度假区的茶店卖茶，同时研发一些新的品牌。

"对我们农民来说，做茶就是用来谋生的。"做了一辈子的茶，杨文重还是喜欢喝传统正山小种，在他看来，新工艺的茶不管怎样清甜，不如加烟的有味道。

起落

1834 年，印度茶叶委员会成员乔治·詹姆斯·高登，购于武夷山用于制造优良品质红茶的第一批茶籽被运往印度。1839 年，印度红茶在伦敦上市，成为世界红茶发展史上的一件大事。半个世纪后，印度红茶已然取代中国茶叶的垄断地位，印度也跃居世界第一茶叶出口国。

与此同时，清朝道光以后，红茶在福建、湖南、湖北、江西、皖南等地迅猛发展。19 世纪 60 年代，闽东工夫红茶出现。外地产区的不断扩张，使武夷红茶（包括正山小种）的出口地位不断下降。作为一种外销产品，受战乱与国际环境变化的影响，正山小种的销售一直起伏不定。

中华人民共和国成立后，正山小种依然命运多舛。梁骏德的父亲曾给他讲过"三起三落"的故事，可在他看来，其中的波折，用"六起六落"来形容也不过分。

20 世纪 50 年代，茶业恢复。为供给苏联红茶，闽北一些地区曾进行过"绿改红"。1960 年，中苏交恶，中国失去了苏联的出口市场。1962 年，福建备战"解放台湾"，正山小种出口受到影响。刚稳步发展了几年，"文革"中又受到一些影响。不管如何，正山小种生产出来卖到星村茶叶收购站，精制以后，仍能通过外贸进入英国及少数欧美国家市场。

1985 年，正山小种陷入外贸滞销，当地政府一度要求桐木村改做绿茶。后来，在"当代茶圣"吴觉农和张天福等人的干预下，桐木最终保留了正山小种，并从武夷山市收回茶叶精制权，在 1988 年建立桐木茶厂。90 年代初，由于外贸出口价格低廉，不但桐木茶厂的利润空间下降，毛茶的收购价格也已伤农，不少村民选择抛荒茶山，改谋他业。

在这种情况下，拓展国内市场变得极为重要。身为技术员的梁骏德，在那几年甚至被逼着去全国各地跑业务。1991 年，梁骏德有次背了 20 斤正山小种，跑到内蒙古包头推销。他听说那边有个 10 万工人的钢铁厂，每年给每人发放 1 斤茶叶作为福利。结果去了之后，人家连门都不让进。更让他郁闷的是，他本想用 2 斤茶叶换一晚的住宿费，没想到旅店老板试喝他带去的茶叶后，大摇其头。

当时国人还不习惯喝加烟红茶。无奈之下，梁骏德只好把茶叶再背回桐木。为推销茶叶，桐木茶厂向各地派出业务员，见到茶叶店就放几包茶。结果到年底结账时，发现往往不是人和店都不见了，就是人家根本不记得茶叶丢哪了，就这样，在 1991～1993 年的三年里，桐木茶厂亏损了 50 多万元。

1997 年，桐木茶厂被私人买断。当地茶业进一步衰落，为了茶厂生存，梁骏德那几年不但做茶，还负责从全国各地进货。采收其他产地相对便宜的茶青，一面做工夫红茶内销，一面用松茗烘焙的工艺，制作烟小种出口。

转机来源于"有机茶"概念的出现。2000 年，在江元勋朋友的帮助下，正山茶业有限公司（前身为元勋茶厂）所产的茶叶，通过日本农林省的有机茶认证，并在两年后拿到自由出口权。有机茶比常规茶价格高出 30%～40%，可达 15～20 元/斤，虽然销量有限，却在一定程度上缓解了当地茶厂的困难。

国内红茶市场的真正爆发，始于 2005 年金骏眉的诞生。2002 年就出来卖茶的杨青，对此深有体会。当年的茶叶行情很不景气，桐木村的元勋茶厂和桐木茶厂都不收毛茶，由于和两家茶厂的老板都是亲戚，杨青挨个打听，得到的答复一致：你先去卖，年底卖不完再帮忙处理。

就这样，杨青到武夷山度假区，挨家挨户送茶，到了年底，竟也基本卖光了，当时正山小种的毛茶仅为 12 ~ 13 元 / 斤。2005 年之后，正山小种的价格从 60 元 / 斤快速攀升到几百元一斤。杨青当年从别人手中承包的茶山也很快被收回。2009 年，杨青自己开了门店，开始卖精制品牌茶。

影响所及，闽东工夫红茶的行情也被带起。作为政和白茶和政和工夫红茶的双料非物质文化遗产继承人，杨丰 2006 年在武夷山度假区开了一个"中国白茶"的门店。当年，他店里销售的政和工夫红茶，占到六七成的比例。2010 年市场逐步回归理性后，现在的比例则倒了过来，以白茶占据主导。

与桐木正山小种相似，现在的政和工夫茶，讲求花香的多样性，传统工艺也略有改变。只是，在杨丰看来，茶叶历来就是一种农副产品，门槛很低，做好的关键在于追溯好的产地与原料，专注于技艺。

某种程度上，梁骏德、杨文重等茶师的追求与杨丰相似，续写正山小种乃至红茶的传奇故事，不靠规模，而靠那份对原料与技艺的笃定与坚持。

* 本文作者艾江涛，摄影蔡小川，原载于《三联生活周刊》2016 年第 17 期。

作为一种最接近自然的茶类，政和白茶的传统工艺勾勒出的，是传统农事、人与自然的相处之道。

白茶是什么

2016年3月23日，农历二月十五，春分刚过。政和县的茶工上山采茶、茶商"开秤"收茶，已忙碌了两日。

在传统的二十四节气中，进入春分就意味着万物复苏的最美时节已然到来，传统农事的忙碌由此开始，比如茶。作为政和当地较早可采摘的品种，福安大白的一芽二、三叶采摘下来后，被制成白茶家族中声名显赫的白牡丹，贴上"首春首采"的标签，带着当地风物的气息，率先开启了政和白茶新一年的旅程。

在武夷山山脉上，政和白茶与武夷岩茶、正山小种一起，构成了武夷山地区白茶、乌龙茶、红茶三大茶类的代表，白茶也是该地区一年中最早开始采摘并进入市场的。

早上8点，45岁的杨丰背着竹篓领着我们上了茶山。经过一冬的休养生息，茶树重新焕发了生机，顶端墨绿肥厚的叶片上萌发出了细嫩的芽头，昨夜的露水尚未褪去，芽头上的绒毛纤毫毕现，青翠欲滴。标准的芽叶相抱，采摘正当时。

「首春首采」白牡丹

白茶技艺「非物质文化
遗产」传承人杨丰

杨丰将熟练采工的采茶动作比喻为"弹钢琴"，两手分别针对不同枝头，手指在茶树间轻轻掠过，完成一套美妙的动作：拇指和食指轻轻捏住叶梗，手腕一转就将叶片掰了下来，在奔向下一片茶叶的途中，先前的芽叶已顺势攥在了手心。如此反复，只有当两手的茶青满了，才稍做停顿，将茶青放入竹篓里。

这样的场景，40年前，便已开始成为杨丰生活的一部分。茶是杨丰与父亲连接的载体之一，父亲早年在茶厂工作，与制茶环节相关的场所，大都有杨丰的童年记忆。而在父亲的视角里，杨丰创办隆合茶业，

成为白茶技艺的非物质文化遗产传承人，茶厂迁入新址后每一天的变化，都构成了父亲晚年的记忆。

所以茶是个奇妙的东西，在杨丰的认知里，茶不仅是人与人关系的载体，也是人与自然关系的载体，"它向世人展示当地、当年的风土气息"。而手工白茶的制作工艺，需要借助自然界的力量来完成好茶的求索，更能展现自然与风土的气息。

古代的茶，最早被《神农本草经》记录为疗疾之物，从药用价值发展到品饮，线索清晰，由于茶叶生长的季节性局限，为使全年都能使用，便采集鲜叶自然晒干收藏。这一过程与后来的白茶萎凋环节类似，只是没有人为之命名而已。

"一年茶，三年药，七年宝。"白茶追求后期的转化，口感、功用、价格都随年岁的增长而增长。白茶家族按照茶青来分类，政和大白、福鼎大白等大白树种的芽头制成的是白毫银针，一芽一、二、三叶为白牡丹，特级、一级根据芽叶不同划分；小菜茶树种专门用来做贡眉，等级划分和白牡丹一样；寿眉基本没有树种限制，以各种大叶为主，在适口性方面，市场上各有所好。

相较于其他茶类，白茶的制作流程最为简洁，不炒不揉，传统工艺只有日光萎凋和室内通风处萎凋以达到干燥要求，即便有其他工艺，也是以此为目标而酌情添加。

最关键的技术在于萎凋，《中国茶叶大辞典》这样解释这一过程："红茶、乌龙茶、白茶初制工艺的第一道工序。鲜叶摊在一定的设备和环境条件下，使其水分蒸发、体积缩小、叶质变软，其酶活性增强，引

观音山寻茶路遇采茶人，手握肩背的是当地村民标准的采茶装备

起内含物发生变化，促进茶叶品质的形成。主要工艺因素有温度、湿度、通风量、时间等，关键是掌握好水分变化和化学变化的程度。"白茶是所有茶类中萎凋时间最长的。

生态条件是一泡好白茶乃至所有好茶的先决条件，也是门槛。政和白茶能够被认可，很大程度上是因为政和位于武夷山脉东南麓，是典型的南方低山丘陵地形，境内重峦叠嶂，雨水充沛，土壤多由火山砾岩、红砂岩及页岩组成，吸收了周边生态多样性的疏松土质，抚育了茶叶。

政和并不算产茶大县，现有茶园面积 11 万亩，茶叶总产量 1 万吨，政和工夫红茶与白茶各占半壁江山。全县 100 余家茶企中，像杨丰那样主打传统工艺白茶的，并不多见，反倒是民间，在政和东平、石屯、铁山一带，家家户户都有自制白茶自家饮用的传统。

而所谓传承人，更多的是用技艺与诸多不利的自然因素抗争，在看似简单的工艺中用经验在不同细节中寻找到平衡点，在天时、地利具备的时候，确保一杯好茶诞生。

流变

4月2日，清晨的铁山村观音山，雨停转阴没多久，藏匿在山谷里的雾便放肆地扑面而来。裹在雾里的山体，是政和大白的原产地，这种土生土长的茶树，是典型的晚生品种，刚达到采摘标准。

政和大白是观察政和茶历史脉络的绝佳起点。白茶依其不同的茶树品种可分为如下几种：凡采自大白茶茶树者称大白，采自水仙茶树者称水仙白，采自小菜茶茶树者称小白。大白茶树有福鼎大白、政和大白、福安大白之分。

作为中国著名的茶树无性繁殖良种，政和大白在接近清明时节才探出芽头，总要遭遇"雨纷纷"。其生长出来的芽叶幼嫩，采摘单芽是制作白毫银针的上品，也是政和白茶中最为昂贵的产品。民间自古便流传："嫁女不慕官宦家，只询茶叶与银针。"流传甚广，并非政和独有。

浙江的资溪、安吉，江苏的溧阳，虽也以白茶出名，但按工艺来区分，因有杀青工艺，实则是绿茶。白茶为福建特产，主要产区除了闽东的福鼎，闽北主要集中于政和、松溪、建阳等地，建瓯、浦城两县也有少量生产。福鼎大白和政和大白分别代表了闽东和闽北的优良树种，历史悠久。

在地理上，一条七星溪将政和大部分区域汇入建溪流域，与自古产茶的建州接壤，并构成建茶产区重要的组成部分。"北苑贡茶"在宋朝盛极一时，宋徽宗御赐政和县名更是全国绝无仅有。到了明朝，从史料记载中可知茶已成为政和人民经济生活的重要组成部分。

明万历二十七年（1599），知县车鸣时作县志序云："政延绵数百里，山川险谷，民罕十连之聚，然西南十分之九不尽宜于五谷，勤于事事，亦足自赡。上播茶粟，下植麻苎，其他木竹菇笋之饶，唯地所殷。"

政和白茶的商品化是在清中期，这得益于大白茶茶树品种于咸丰年间在铁山村被发现和推广种植，这便是今天的政和大白树种，铁山亦是现在政和的核心产区。当年依托此优质树种，茶叶加工场所开始陆续涌现。《茶叶通史》载："咸丰年间，福建政和有一百多家制茶厂，雇佣工人多至千计；同治年间，有数十家私营制茶厂，出茶多至万余箱。"

1939 年，福建省贸易公司和中国茶叶公司福建办事处联合投资在崇安创办"福建示范茶厂"，政和茶厂成为下属的七个分厂之一。著名茶学教授陈椽担任厂长兼技师，通过开展外销茶加工、改进加工技术、制茶技术测定等工作，开启了政和茶业的科学生产。

稍后，茶叶成为政和的主要经济收入。根据陈椽 1943 年的专著《福建政和之茶叶》记述："政和茶叶种类繁多，其最著者首推工夫与白毫银针，前者远销俄美，后者远销德国；次为白毛猴及莲心专销安南（越南）及汕头一带；再次为销售香港、广州之白牡丹，美国之小种，每年总值以百万元计，实为政和经济之命脉。"

转折发生在 1959 年，福建省农业厅在政和县建立了大面积大白茶良种繁殖场，采用短穗扦插法繁育政和大白茶苗 2 亿多株，种植区域已扩展到贵州、江苏、湖北、湖南、浙江、江西及福建的其他县市，1972 年，政和大白被定为中国茶树良种。随着茶叶产量大规模增长，茶叶育种的丰富，政和的茶业随着市场的需求流变：绿茶好卖的时候就"红改绿"，红茶好卖的时候就"绿改红""白改红"。

　　这一点，从杨丰所收藏的老茶中可以瞧出清晰的线索。在统购统销的年代，政和茶厂代表上级公司中茶集团在政和进行统一采购，除了极少供国内消化，主要用于出口。2001年，杨丰将政和茶厂的仓库库存全数收购，这个"宝库"有1950年到21世纪初这50年来的所有样品茶，样罐上写着茶的等级、品名、哪一批、共多少。

　　通过这些样品，我们可以看到政和茶业在不同年代因进口商要求在红、绿、白三类茶之间摇摆的轨迹。摇摆的背后，是政和茶随着中茶的出口订单而在全球流动的地图。

　　杨丰还没有来得及系统地去整理这些包含了地方茶业出口近代史的鲜活物料，在他初步的感知里，20世纪50年代政和茶的出口以绿茶为主，70年代末到90年代初是政和白茶出口的高峰时期，白毫银针、白牡丹和贡眉是主力，主销东南亚和以德国为主的欧洲地区。

　　1989年的政和县志记载，当年仅白毫银针的出口就达10万斤。到了80年代中期出口红茶的量开始提升，几乎与白茶出口并驾齐驱。当时除了政和工夫，在当地加工的玫瑰红茶、涌溪火青工艺制作的红茶等，是法国人的最爱。

　　30年后的今天，杨丰打开1985年的白毫银针样罐的时候，罐内依然散发着茶香。很多老茶人说，老茶的味道呈现出来的是当年的环境。我比较愚钝，最多能感受到仍然适口的茶香。杨丰问我："30年前的人因这杯茶会发生什么样的故事呢？"而我的思绪，已经朝着更不着边际的宏大话题而去：茶，在过去的世界版图中，有江山、有情怀、有礼仪、有信仰，构筑了万里江山，而现在为何却让人感觉不到其农产品属性了？

茶的流变仍在继续，商品茶的出现甚至打破了"不同的茶种有最合适制作方法"的传统。进入 21 世纪，政和茶的主力产量做什么茶，天平仍在市场需求的砝码下倾斜，或红或绿，倒是政和白茶因深植于百姓日常生活而从未间断。

2007 年 3 月，国家对政和白茶实施地理标志产品保护，保护范围为政和县现辖行政区域 1749 公里，同时"政和白茶"地理标志产品专用标志正式启用。到了 2012 年，政和白茶传统制作技艺被列为非物质文化遗产，这个被称为"茶叶活化石"的地方名茶，才算是以"技艺"的方式有了传承下去的理由。

现在，全县 10 个乡镇，70% 的农户均有种茶，茶农平均收入的40% 来源于茶叶，产茶大村茶农收入的 75% 以上来源于茶叶。产茶旺季，除了小孩上学，大家都在忙着采茶、收购茶青、加工等茶事，街上很少看见闲人。只是不知道，下一次茶叶的流变，他们将为何而忙。

吐纳

4 月 4 日凌晨 3 点多，睡在茶厂的杨丰被几声巨雷惊醒。走到户外，电光在闪动它的牙齿，雷声轰鸣，好似没完没了的空木桶由楼梯滚下来。没过一会儿，下起了暴雨，裹挟着小冰雹。

制茶季期间的杨丰精神高度紧张，这种动静必然会起来，他很担心在沿廊萎凋的茶青。前几年也是差不多这个时候，半夜来了台风，他和工人们亲眼看见茶青被卷走而束手无策，第二天一早起来，原本在沿廊

的篾匾连同茶青散落一地,有的还被卷上了屋顶。那一年,杨丰损失不小。

政和一年中最大的自然灾害是"三寒":3月、4月份的倒春寒,5月、6月份的梅雨寒,9月底的寒露寒。发生的频率虽不算频繁,却也不鲜见。即便没有这样危害生产的自然灾害发生,做传统工艺仍是看天吃饭,白茶和红酒一样也是要讲究年份的。"其实所有的茶都是如此,茶叶是农作物,也要风调雨顺。"

杨丰指着在沿廊晾晒的茶青说:"连续快一周的阴雨连绵,这批茶基本算是坏掉了,品质打了两折。"这批上等的一芽二叶的茶青,是清明前采摘,原本是一级白牡丹的底子,如今等级大降,杨丰佯装了张哭脸化解自己的落寞。

传统工艺白茶的理想天气首要的是连续4个晴好天气,"这能让最终成茶的基础分直奔90分而去,起跑线瞬间提升"。杨丰说,像2013年,就是政和白茶的好年份,这一年天公作美,不仅茶树无病无害,温度、雨水、太阳都极为配合。

政和民间把白茶的日光萎凋比作小孩晒太阳,美其名曰"补钙"。不宜长时间晒,正午阳光猛烈不晒。传统工艺白茶的萎凋过程差不多,太阳好的时候,把晾青架推到户外;碰到雨天,则放在室内通风处萎凋。

日光萎凋时,选择早晨和下午阳光微弱时将鲜叶置于阳光下轻晒,避开正午的强烈日照。日照次数和每次日照时间的长短应以温湿度的高低而定,一般春季期间晒25～30分钟,叶片微热时便要移入室内,待叶温下降后再晒,如此反复2～4次。随着后期的温度升高、湿度下降,单次晒太阳的时间要逐渐下降。晚上一律要进入室内,避免露水与雨水,并且要保持空气流通，以加速萎凋过程中的水分蒸发，给叶片提供发生生物化学变化所需的氧气。

杨丰这样解释室内外结合的原理：白天温度高、湿度相对低，夜晚温度低、湿度相对较高，这会形成自然的"吐纳"过程，交替的进行过程，其实就是把茶青中的水分吐出来；夜间湿度大，空气中的水分又会被吸纳，昼夜的吐纳，以在细胞液和细胞间隙中自由流动的游离水为载体，茶叶内含物质由此转变。

为了让茶叶在室内更好地吐纳，杨丰找到了廊桥的"非遗"传承人，在茶厂定制了一座南北走向二层的大型廊桥，横亘在两山之间的脊梁上。东南风容易回潮，这个方向用建筑"阻挡"；西北方向冲着峡谷，没有遮挡，西北风温度较低、干燥，可以帮助茶青夜间的萎凋。

将晾青架上萎凋的茶青推出去晒太阳是一件苦差事，天气越好越累。标准化的晾青架上有 15 个双人合抱大小的圆桌般的筛匾，每一筛约 1.5 斤茶青。虽然晾青架底下有三个滑轮，但要在一天当中将茶厂 800 个晾青架全推出去，往往最后一个推完，第一个推出来的就又要推回去。以前人手不够的时候，还需要外请工人，但以日薪结算的工人很容易忽视茶厂规范，抽烟会让烟味吸附于茶叶中，稍微偷些懒，可能让茶青错过或超过最佳的晒太阳时间，导致推回晾青架这个动作像加速的打地鼠游戏般忙不过来。

萎凋是让茶叶逐渐失去水分的过程，看似简单，实则大量的细节需要通过人的经验去控制。萎凋过程中如果失水太快，萎凋过程太短，理化变化不足，成茶色泽枯黄，口感偏涩；如果失水速度太慢，历时过长，成茶色泽暗黑，香味不良。茶的品相等级，失之毫厘，差之千里。制茶师傅需要对当地的气候、天气的变化了如指掌且判断准确，才不会在晴朗的天气中遭遇山雨的袭击，还需要根据天气来统筹安排不同萎凋程度的茶青的室内外相处的时间，甚至需要知道学徒帮工的性格，以降低人为的风险。

焙火

4月8日，细雨仍在密密地斜织着，静静地交错，这样连绵的雨持续了4天。正应了当地那句谚语：雨打清明前，春雨定频繁。

对于春天的雨水，茶农的态度有些复杂。雨水多可辅助太阳进行光合作用，利于植物生长，茶叶新芽萌发得就早，采茶时间也可以提前，便于打出明前茶概念以抢占市场，并卖出溢价。若是采摘时下雨，会影响茶的香气，经不起老茶人的检验。但茶叶不等人，芽头出来，隔天就成了老叶，芽头的鲜嫩便消失殆尽了。"做好茶得看天，哪有那么容易遂了人意的。"杨丰说。两害相权取其轻，还是得采。

雨水茶青对于白茶最终口感的影响，比起连日阴雨无法"晒太阳"来说，还是要小得多。白茶成茶的技术指标要达到含水率低于8%，有经验的师傅，伸手便知失水率大约是多少。若在显微镜下，可观察这个数字的逻辑：水分含量低于8%时，水呈单分子层，空气中的水进不来；高于8%时，会有游离水驻留，这会让茶叶渐渐变质。就政和白茶来讲，茶树多种植在海拔较高的地方，明前能采摘的茶是少数。而进入清明时节，持续的雨天总如影随形，仅靠太阳和室内通风处的萎凋，无法完成白茶含水率低于 8% 的成茶要求。

倘若一直没有好天气的支持怎么办？多少年来，务农者需研究和学会如何通过农耕技艺去对抗自然界的不利因素，茶叶制作也是如此。古人们发明了焙火的方法，来让茶叶干燥、定型。

对于焙火和日晒的品质差别，杨丰直来直去地说："虽都算是传统工艺，但经过日晒程序的白茶，口感还是更鲜爽。"正如明代田艺蘅的《煮泉小品》中所说："茶以火作者为次，生晒者为上，亦更近自然，且断烟火气耳。"

焙火虽是无奈之举，但这并不意味着差距巨大。福建省农科院茶研所原所长陈荣冰用科学视角向我解释：白茶特有的清甜爽口的品质特征与其较高的氨基酸含量密不可分，在长时间的自然萎凋过程中，氨基酸含量逐渐上升，从而让口感更为清爽。焙火时温度超过 60 摄氏度，会使茶中生物酶分子链阻断，酶绝大部分失去活性，口感不如日晒的自然，也不利于后期品质转化，所以白茶通常都采用轻火炭焙。

按照陈荣冰的介绍，随着焙火技艺的摸索，和乌龙茶、红茶一样，白茶的炭焙增添了更多目标和功能：调汤色、提香气、散杂味。焙火之于传统的日晒干燥，已经从萎凋过程中有效的补充几乎发展成为并驾齐驱的工艺环节。

由于连绵的阴雨天，杨丰已连续多日停止收购茶青，但自己还有300 多亩茶林，到了时间不采不行。采来的茶青，唯有焙火，可接近理想状态。所以这天，杨丰已经知会负责生产的厂长吴迎春当晚要开炭准备焙火。传统的焙火用焙笼进行炭焙，由于萎凋程度的不同，对烘焙技

吴迎春带队前往
锦屏收购茶青

术的火温与次数的掌握也不同，需要经验丰富的师傅亲自操作，这也是决定白茶品质的关键技术。

焙火学徒要从准备焙火器具开始，什么炭最耐烧并且无杂质异味不冒烟，如何控制温度，焙火过程中为了温度均匀如何翻焙，都需要长时间观察学习，把师傅的经验咀嚼消化。当称呼从小吴变成老吴的时候，吴迎春才算出师。

细节总是要先被掌握的：烘焙开始的前10分钟不加盖是为了让水汽先挥发，之后采用半加盖或全加盖；过程中要根据烘焙的温度，间隔不同的时间，翻动焙笼内的茶叶，增加受热面积，力图受热平均，次数还不宜过多，避免芽叶断碎，茸毛脱落；翻焙要从焙窟上拿下来，避免茶叶屑掉落炭火中，避免烟尘和气味被焙笼的茶叶所吸收。

更多的不确定性都需要经验去确定。茶叶在焙笼里需八成满，手背触碰焙笼壁3秒内为宜，烘焙15分钟到20分钟不等，要视需求而定。茶叶在焙火时随着时间推移与温度的变化，香气逐渐发生转变。在我看来丝毫闻不出差别的12个焙笼，每一个老吴都要俯身贴近了去闻，跟着去调整焙笼的位置、温度。经常会看到他风风火火地拿着几包焙好的茶样，跑到审评室试茶，以决定下一个步骤。吃不准的时候，还要请杨丰参与审评。

我问他们，如何确定焙火已恰到好处？他们说，这只有长期一起参与的人才能感同身受，无法用语言描述。决定停止焙火的时间点，取决于这款茶叶最佳的香气状况，也会考虑市场的偏好。但关于香气的那个点，只能意会。

山场

4月12日，是久违的晴天，整个茶厂的人看起来都像心中装着喜事，并洋溢于脸上，好像只消一声问候，对方就会告诉你喜从何来。这一天，杨丰带着外省的采购商，向念山出发，探青。

在闽北茶的舞台上，岩茶是全场的主角，山场的讲究，在岩茶的价值体系里如神一般存在。政和的白茶也讲究山场，和武夷岩茶的爱好者对于"三坑两涧"的口口相传不同，政和白茶最好的山场，只存在于茶厂和少数茶青收购商、部分精明的成茶采购商的语言体系里。

锦屏、念山、大红、洞宫山、观音山、佛子山，是他们公认的好山场。它们的共同特点是：海拔较高、生物种类丰富和与村庄毗邻，分别对应的是：气候多变、土壤养分充足和有人采摘。

念山我们前一日便已前往，半路因山上的落石挡住了去路而折返，这为此番二度前往增添了更高的期望。郑海萍是一行人中较为兴奋的，她是在济南拥有5家直营店的正和茶业的老板，因为名字谐音政和，杨丰多次感慨"缘分、缘分"。

在山东这个中国最大的省级茶消费市场里，郑海萍每年要采购超过7吨的商品级政和白茶，同时手头有一群追求传统工艺白茶的老茶人，每年上万斤的量仍浇不透他们的热情，所以每年她要多次来政和找茶，名曰"探青"，念山是第一次去。

郑海萍选购传统工艺的政和白茶的价值取向很清晰：看山场的生态环境、生物多样性和树种。海拔高的、生态好的山场，茶青提前预订并纳入来年采购名单；若还有小菜茶、水仙这类她极为看好的品种，一次性全部买断，不计成本。之前和她一起去洞宫山，就见她霸气地用手指朝着一片茶林画了一个圈说："这，都归我了。"虽然语气嗲嗲的，却不容置疑。

关于政和植茶的环境，教科书上会这样描述：政和县地貌属东南沿海中低山丘陵区，海拔在 800 米以上的高山区占全县面积的 58%，有着华东地区唯一的连片面积最大的高山台地，与海拔 300 米左右的平原区构成华东地区独特的高山、平原二元地理气候。境内河流交错，森林覆盖率高达 78%，土壤肥沃，雨量充沛，年平均气温约 18.5 摄氏度，年无霜期 260 天左右。茶园开辟在缓坡处的森林迹地，土层深厚，酸度适宜，有着"雨洗青山四季春"的宜茶环境。

这种"平均值"的说法，相当于把不同山场的个性、特色去掉，变成"标准化"产品传递给世人。政和地处武夷山脉东南麓，虽已不属于丹霞地貌，没有"岩韵"一说，但因为山形复杂而连绵，山里多树木，风向很难一致的同时，表现出太阳辐射减少、空气湿度和降水量增大以及风速减小等小气候特征。复杂的地形，也使地表上升的水蒸气不断改变方向，让云雾缥缈不定。海拔越高，小气候越明显，变化越大。再加上生物多样性和土壤的孕育，不同山场有不同的风土气息，最后在产品端展示出来的白茶就拥有了不同的香气。

其实政和的山场或者产区的分级，已经具备了基础，一定范围内已经能被市场的偏好所描述。在政和境内，海拔 1000 米以上的山峰就有 400 多座，多数山头生态优良但人迹罕至，稀稀落落总有野生茶树。

　　境内山场多为中高海拔区，大量的茶种分布在半山坡，等级的区分基础良好。只是现在尚未被发现，且境内山坡多为 60 度角，采摘困难，所以我们这么多天四处巡山总会见到抛荒于半山的茶林。

　　而在已经形成产区概念的山场，没有武夷山多雨，没有桐木多雾，天然迎合了白茶的工艺制作需求。所以，政和的山场尚有极大的空间去探索好茶的可能。

　　比如此番念山之行，路上几乎是前几日上洞宫山和观音山采茶的路况"回放"：阴、晴、雨随着车子在山谷间的高低起伏各有展现，湿度也随着地形变化让人的皮肤感觉明显不同。锦屏海拔超过 1000 米，自然条件、地形和武夷山自然保护区里的桐木关很像，生物群落类型繁多而复杂，保留了较为丰富的第三纪和第四纪以前的古老科属和珍稀植被，如水杉、水松。

　　看不到的是地表之下，最能决定茶树品质的部分——土壤，也是往往易被人忽略的部分。在山坡的断层处，用一根细长脆弱的枯枝，轻易地便能戳进土壤里去，土壤之上就是茶树。枯枝抽出来时掉下来的土壤，用手揉捻，有一半都是岩石风化后的沙砾，这样疏松的土质，能让茶树根部透气，更易吸收土壤中的营养，以至根系发达，枝繁叶茂。

　　良好的植被有利于水源涵养，保持空气湿度并调节气温，维持生态平衡，也在自身的生命周期结束或代谢的时候落叶归根，与风化的岩石混为一体成为土壤，经雨水的冲刷，逐渐从山顶覆盖到山腰、山下。这带来的自然条件禀赋，恐怕正是区别于大多数茶树生长环境的核心吧。

政和念山梯田旁的茶园

熟人社会

4月14日，连续两日晴天，杨丰也是连续两日下达指令：收购茶青。这一天，要从锦屏收购1000斤茶青。

李招图是茶厂4个"90后"中年纪最小的，大家都管他叫图图。他是锦屏人，是我们这趟锦屏探青的导游，也肩负着将茶青运回的任务。出发之前，杨丰说，锦屏非常值得去探访，除了罕见的生态条件，在这座自古便存在的小村落，人们能清晰地看到茶在传统农耕社会的线索。

车子离开政和县城半个小时后，一下子便滑入锦屏的峡谷，湿润、浓稠、甜滋滋、清新的空气活泼地自车窗钻进来。村口的水尾桥头，生长着一棵树龄千余年的杉木，树高47米，奇异的是，它竟长在溪岸边的一块巨石之上。十几米开外的山坡上便是茶树。

到了村子下了车，村落沿溪流两岸而建，别致而整洁，生土夯筑的屋墙，卵石铺路，四周皆是青山。正是吃饭时间，四处炊烟袅袅，沿路猫狗相倚、鸡犬相闻，安宁的生活就这样猝不及防地映入眼帘。

锦屏古称遂应场，距离政和县城40公里，村子就在南屏山下，是一个坐落在山坳里的只有26平方公里的弹丸之地。这个在古代被称为"化外之区"的地方，盛产本地小菜茶，它比这个村子存在的年纪略长，有超过千年的历史。

小菜茶的发源地已无处考证，有时也会出现白化现象，现代有些茶书因此宣称这就是宋徽宗的《大观茶论》中记载的制作龙团凤饼蒸青绿茶的野生白化茶树，算是善意的"联想"吧。小菜茶是整个武夷山地区

锦屏采茶人。政和茶工平均年龄在 50 岁以上

的当家品种，也是政和工夫红茶的首选树种，做成白茶、绿茶同样适制。

南宋隆兴二年（1164），官府在锦屏开办官采银场，从此锦屏成为宋、元、明三朝官银的开采地，前后陆续开采了 359 年。到了清朝，"八万打银工"的故事已经结束，因茶而兴的"三千买卖客"接棒。这时，村民开始用小菜茶制作"仙岩工夫"，是政和工夫红茶的前身。

过去，闽北交通闭塞，但地处闽北、闽东、浙南交界处的锦屏村有条重要的古道穿境而过，古道从锦屏上行，越过长毛隘，经外屯乡黄坑村、澄源乡黄岭村，通往周宁，直抵东海。送往京城的银子、闽东进来的食盐、锦屏一带销往欧洲的茶叶都是靠这条穿山越岭的古道运输，锦屏也一度因为交通便利，成为当时繁荣的茶叶集散地。古时庆元所生产的红茶也贴上仙岩工夫的标签进入市场。

南屏山一带是 1 万多亩的原始生态林，海拔 1000 多米，区域内飞瀑鸣涧，清流急湍，漫山遍野都是茶，但茶不成片，而是东一丛、西一丛地分布于山野之间，茶枝上爬满苔藓，有的藤蔓缠绕。虽是公认的好产区，但采摘非常不便，外地亦鲜有采工愿意来此劳作。物以稀为贵，这里的茶青价格冠绝政和，平均每斤 35 元，比许多乡镇要贵一倍不止。晴天和部分特殊区域采的青甚至能卖到每斤 50 元，所以这一天，一个 2000 多人的小村庄，三分之一的人上午都要去采茶。可能得益于闲适的生活、每日劳作的锻炼，以及养人的水土，村子里能上山采茶的年龄上限最高能到 86 岁。

这里的人，不太擅长和人交流，初见时，第一反应就是对着你笑。那种毫无修饰的从眼底心底透出来的笑，暖意十足，直抵人心。我们遇到了一位 83 岁的老爷爷，笑容可掬，走路的形态仍可用大步流星来形容。他腰间别着镰刀，肩上挂着竹篓，问他去哪里，他洪亮地回答去采茶，顺便砍柴。唯有从一口假牙中，勉强看出岁月的顺理成章。

图图父亲的"发小"叶芳清是杨丰委托在锦屏负责收购茶青的"青头"，既是生意伙伴也是朋友。老叶也兼营农家乐"万兴丰"，烧得一手好菜。杨丰在很多村都有类似老叶这样的青头，通常都是本村人。人品好、人缘好是这份职业的基本素质，倘若在本村家族庞大、亲戚众多，收茶青更是事半功倍。一杆秤、一张摊开的塑料布，几个竹筐，在村子默认的中心，摊子支好，就相当于贴出了"今日收茶"的告示。

青头的日薪与当日收购茶青的数量、质量直接挂钩。茶厂通常以每斤茶青为单位向青头支付 3 ~ 5 毛钱的报酬。不同山场、不同品种、不同时节、不同天气，价格不一。像锦屏这类公认的绝佳山场，非下雨天与雨天采摘亦有差别，前者更贵。满足最佳条件的茶青，青头能获得每斤茶青 10 元的"奖金"，这可视为青头来负责"品控"的激励机制。

青头能否有效控制茶青的品质，则完全要仰仗他在本村的口碑、威望，毕竟从事该职业的不止一人，彼此之间也有竞争。依靠个人的威望以及"政和隆合"在村里 10 多年来无欠无赊建立的信任，同等价格的情况下，总是会优先叶芳清。而老叶又因为与杨丰相熟，在价格竞争处于劣势时，可加价收购，这又是基于杨丰的信任。

传统工艺的白茶，一定程度上要依赖于熟人社会。因为做的是小众市场，收购"山场"级别、特殊品种的茶青，要依赖老叶这样的熟人。叶姓在锦屏是大姓，叶芳清在锦屏也算大户人家，膝下儿女各一对。家族人丁兴旺与否，是一个家族在本村是否受"尊重"的基础。儿子们已成家生子，传递着家族枝繁叶茂的香火之气，也强化了一家之主的威望。这些血缘的枝丫，又伸进这个熟人社会，开出新的果实。

回到杨丰一直要我注意的问题：茶到底还能成为什么？在锦屏，我看到，熟人社会、宗法、礼俗还在，尚未被现代化浪潮席卷。

虽然很多年轻人都已外出打拼，但故乡乡情还在，身份认同和感情归属也没有丢失。父亲坐着的老椅子，奶奶做竹编的拨架，老屋木梁上吊着的蜘蛛残网，哪怕是一杯不那么完美的白茶，都有可能让回乡的游子潜藏于心底的那悠远的记忆重新复活，而那个在某个特定时刻爆发的情感仍有安放之处。

那杯能代表人与自然关系、劳动的骄傲、收获的喜悦的茶，能连接更多吧。

＊本文作者程磊，摄影黄宇，原载于《三联生活周刊》2016 年第 17 期。

茶經卷上

竟陵陸　羽　撰

一之源
二之具
三之造

一之源

茶者南方之嘉木也一尺二尺迺至數十尺其巴山
峽川有兩人合抱者伐而掇之其樹如瓜蘆葉如梔
子花如白薔薇實如栟櫚葉如丁香根如胡桃

西湖龙井：

茶叶地理与『原产地』之战

龙井茶的"御茶"名声，得益于乾隆皇帝的个人喜好。清初的贡单上还没有西湖龙井茶，比如《顺治十二年（1655年）浙江巡抚秦世祯为进献富阳等县芽茶事的题本》中的记载，富阳、临安等地的芽茶才是贡品的首选。到了乾隆时期，龙井雨前茶、明前茶成为浙江巡抚甚至是杭州织造府的每年例贡。据说是乾隆下江南时偶然喝到了龙井茶，于是就在龙井村钦点了18棵茶树作为进贡御茶——作为佐证的史料，是六下江南的乾隆，四次到达西湖周边的产茶区，共为龙井写诗32首，还为游历过的8个景点分别题名，后人称之为"龙井八景"。18棵御茶所在地龙井村，在茶学界也就成为西湖龙井茶的发祥地。

"御茶"故事和茶乡变革

为了印证西湖龙井的"御茶"身份和历史内蕴，古老的史料一一被梳理出来，这些历史标签沉淀得越是久远，现实中西湖龙井的昂贵市价，就越发有了依据。

关于西湖产茶区的最早记载，是唐代陆羽的《茶经》，"杭州、钱塘天竺、灵隐二寺产茶"，而西湖龙井的直接源头，曾被追溯到北宋时期上天竺住持僧人辩才退居龙井寺经院后在山顶开辟的茶园。北宋在杭州担任知州的苏轼，也曾考证过西湖种茶的历史。"他追溯出来的龙井历史要从南北朝算起，距今有 1500 年，"中国国际茶文化研究会理事舒玉杰考证说，至于西湖龙井的称谓，"取自于西子湖和'龙泓井'的圣水"。

对于西湖产茶区的茶农来说，这些生僻的记载都显得拗口了些，他们耳熟能详的故事，一个是龙井茶最早和寺院僧人相关，一个就是乾隆下江南时那 18 棵御茶树的来由，还有"乾隆皇帝摘了几片茶叶夹在书中，第二天早上起来一看茶叶压得扁扁的，很好看，后来炒制龙井茶就以这个做了标准"。

这些当然只是传说，根据龙井茶老行家们的口口相传，在清朝雍正年间，龙井茶已经是扁体形状。不过被乾隆钦点为贡品御茶，显然是西湖龙井声名鹊起的"金字招牌"。

和许多名茶一样，顶着御茶金字招牌的西湖龙井，开始有了不同的分类标准以及细致而烦琐的类别，茶叶商家们最早根据产地区分出来的是"狮、龙、云、虎"四个字号，中华人民共和国成立后，因为周恩来对梅家坞的三次视察，作为产茶区的梅家坞声名鹊起，从原有的四个字号中分离出来，成为"梅"字号。

1953 年，浙江省茶叶公司为简化品级，将这五个字号调整为"狮峰龙井""梅坞龙井"和"西湖龙井"三个品类，1965 年开始，再经过了一次简化，三个品类经过拼配后归并为"西湖龙井"，并沿袭至今。

称谓和标准演变背后，是中国社会的深刻变革。中华人民共和国成立后全新的政治经济体制影响力，渗透到社会生活的各个层面，同样在西湖区的茶叶生产上体现出来。老一辈的茶农回忆说："以前产茶区都有自己经营的茶庄，所以后来划成分的时候，就出现了'地主兼工商'，跟很多地方都不一样。"

取消了茶庄和字号之后的龙井茶，进入了计划经济时代茶叶"统购统销"的生产历史，这段历史持续到 1983 年年底，以农村推行包产到户，国家取消茶叶统购统销作为结束。龙井村村支书陆鑫富 1953 年出生，作为土生土长的茶农，与同时代其他人一样，亲历并见证了这一时期的深刻转变。

陆鑫富回忆起以生产队为单位的茶叶生产时期，线条简单而明晰，"一个生产小队七八十人，队里面种茶、采茶、炒茶等工作区分得很清楚，每天大家听哨出工，晚上评定工分，10 个工分算是满分，一块七。最好的劳动力才能得 10 分，一般的年轻人也就 5、6 分"。

即便如此，折算下来，茶农们一个月的收入，相比其他的农村地区，陆鑫富自己也觉得"要好很多"。因为茶叶这种作物的特殊价值，茶区的经济收入，陆鑫富说，"历朝历代都不是太差，都算是'小富即安'的地方，就算是三年自然灾害的时候，日子苦一些，但比起其他的农村地区，依旧算是好的"。这差异现在更明显，2005 年龙井村人均年收入是 1.17 万元，这还是"最保守的数字"。

1983 年陆鑫富当上了生产队队长，到年底赶上了包产到户的政策变革。第二年，他当上了村委会副主任，又赶上了国家正式取消茶叶的统购统销。

转变中的情绪是复杂的，"1983 年以前，生产队就是生产任务，国家每年有标准，完成这个任务就可以了，其他的都是'国家的事情'"。茶叶的统购统销时代，"坐火车个人携带两斤茶叶都是超过标准要被没收的"。

那时候的茶叶销售程序统一而严格，"先由供销社统一收购，然后送到杭州茶厂加工，再送到杭州特产公司，分发到各指定商店和食品店销售"。

陆鑫富记得，那时候龙井村的茶叶任务是 12 担，每担 100 斤，供销社"专门开辟一个窗口来收购"。一系列的政策，都让西湖龙井和其他茶叶一样，"皇帝女儿不愁嫁"。

压力从包产到户开始显现，以前生产队分工明晰，现在全部成为家庭的个人任务，而茶叶生产又是各项分工专业性都很强的事情，怀揣着"大干一场"心愿的茶农们，开始感受到了诸多的不适应。

不过这些茶叶生产的技术问题，虽然复杂，倒还在茶农们的掌控范围之内，真正让他们为难的是茶叶的销售。陆鑫富回忆说："其实 1984 年、1985 年国家并没有完全放开茶叶市场，有一定指定任务，供销社、茶厂还会来收购茶叶，也算是一个缓冲期。到了 1985 年之后，茶叶市场全部开放，国家彻底不收茶叶了。"

这一下子，龙井村的茶叶生产销售与市场衔接就出现了断裂——结果是"想卖的卖不掉，想买的买不到"。在西湖产茶区，这成为困扰茶农们的普遍问题。茶农只能凭借个人的关系网，试图搭建起销售渠道，茶农们戏言"正的邪的明的暗的"，什么路子都用上了。

最严重的后果是"茶田抛荒"，"村民不愿意种茶了，外出打工，荒废了茶田"。当时政府的号召，是要"村干部先致富，引导群众"。作为村委会副主任的陆鑫富选择的致富方式同样不是茶，而是开糖果厂，

2004 年 3 月 27 日，『西湖龙井开茶节』在中国茶叶博物馆举行茶歌、茶舞、炒茶表演等活动

把自家的茶地借给了别人。他的糖果厂一直开到 1989 年，期间"生意还不错"。关掉糖果厂的背景之一，是"茶叶价格好了起来"。

看到茶叶价格好起来的还有很多人。龙井村村民盛未根是村里出名的炒茶能手，他始终坚守着自家的茶田。1988 年，他用卖茶叶的钱，给家里盖了新房，买了第一台彩电，上海产的金星牌，3200 元。盛未根说，这时候村里一半人家都已经买了彩电。

进入 20 世纪 90 年代，市场经济的供需关系决定了龙井茶叶市场行情的上升，其中可观的利润，一方面刺激着西湖龙井的生产，而另一方面，却又对真正的西湖龙井的生存造成了挤压。

"龙井"混战：茶叶地理与利益归属

"一方水土养一方茶"，对于地理位置的区分和强调，使得即便是西湖产茶区内，龙井茶之间的相互比拼也一直是暗自较劲的。中华人民共和国成立前的"狮、龙、云、虎"四大字号，强调的也是产地。

"狮"字号产地以狮子峰为中心，包括胡公庙、龙井村、棋盘山、上天竺等地；"龙"字号产地为翁家山、杨梅岭、满觉陇、白鹤峰一带；"云"字号产地为云栖、五云山、梅家坞等地；"虎"字号产于虎跑、四眼井、赤山埠、三台山等地。"狮、龙、云、虎"四个字号的龙井茶都产于西湖群山，又称为"本山龙井"，以此与那些品质较次的西湖平地所产的"湖地龙井"和邻区所产的"四乡龙井"相区别。

龙井村因为那"18 棵御茶"，得天独厚地成了西湖龙井的发祥地。

沿着一条山路被衔接起来的临近周边村庄，比如翁家山、满觉陇、杨梅岭，心中多少有些不服。无奈龙井村从村名上就占了先天的优势。关于正宗"龙井"字号的争抢，彼此都暗暗较着劲。

翁家山村和龙井村多年前曾经有过一场官司，是关于彼此村里的水井哪一口是正宗的"龙井"，官司是龙井村赢了。不过翁家山村并不服气，村干部翁国平说起来，还是坚持认为，"翁家山的水井可是位于水的源头，龙井村的井是下游"。翁国平还会强调翁家山的地理位置，"茶田都在山坡上，朝东南方向，太阳一出来就能照到"，相对而言，龙井村的茶田"在山坳里，阳光要 10 点才能照到"。而龙井村则会有另一套"小气候"的说法，来证明自己的茶叶才是精品中的精品。

与翁家山村的强硬不同，杨梅岭村因为地理位置相对偏僻，并不和龙井村做这样的争抢，部分村民们采取"曲线救国"的方式，把自己称作"龙井生产二队"，甚至现在一些邮购茶叶的信件中，地址写的还是"龙井二队"。

说起这个，现任村委会主任应岳明也笑，"那是村民自己的行为，没办法"。杨梅岭村是计划经济时代生产正宗西湖龙井的"翁龙满杨"四个村之一，但人口和茶田面积是四个村里最少的，农业户口 365 人，茶田在册的是 330 亩。龙井村是它的两倍，农业户口 656 人，茶田 793 亩。计划经济时代，作为西湖龙井茶的限定产区之一，杨梅岭村并不需要强调自己的身份，而现在面对市场，名气显然是村民们更渴求的。

龙井茶的利润，则将这种关于龙井名号的争抢扩大到了更广阔的范围。计划经济时代的龙井茶产区需要应对意想不到的压力。北京市茶叶学会会长张大为跟茶叶打了大半辈子的交道，在他的回忆里，"在计划经济时期，龙井茶叶限定在西湖龙井茶区生产和收购，其他地区生产的扁体绿茶统称'旗枪'。两者之间的价格差异很大，20世纪70年代，1斤狮峰特级'龙井'23.5元，1斤一级'旗枪'9元"。"20世纪80年代中期茶叶市场放开以后，萧山人把自己的'湘湖旗枪'改称为'浙江龙井'，新昌、温州、富阳等地产的茶也分别叫起了'龙井'，浙江省茶叶公司于是干脆把西湖以外地区产的'龙井'，统称'浙江龙井'。这样'龙井'的产量一下就上去了。"

杭州西湖龙井茶叶有限公司董事长戚国伟是土生土长的龙井村人，1947年出生，祖辈都是茶农，他本人也是由农业部评定出来的目前我国唯一一名西湖龙井茶制作高级技师。

不论是从专业的技术角度，还是市场层面，戚国伟对于这场"龙井混战"都有着自己的见解。在他的记忆里，自20世纪80年代中期茶叶市场开放以后，茶叶的流通渠道增多，"国内许多产茶地区的扁茶、绿茶纷纷都冠以某某龙井茶之名。甚至还出现了龙井花茶、龙井红茶等怪现象"。

戚国伟分析，假冒龙井的出现，主要还是利益驱动，"新茶上市的时候，假冒龙井茶每500克收购价100元到200元，而在西湖龙井茶一级保护区的正宗龙井茶收购价起码要600元至800元，特别是在新茶刚开始时，收购价可高达1200元至1500元"。

这种价格差异，"造成了很多地方，凡是茶区可以自制扁形绿茶的，都冠以龙井茶的称号"，最混乱的时候，戚国伟说，"一时间全国无处不龙井，甚至台湾地区龙井、韩国龙井、日本龙井都出现在市场上"。

假冒的龙井姑且不去讨论，浙江龙井和西湖龙井之间的微妙关系，是西湖龙井茶产区的茶农们不得不接受的现实。1981年，浙江省正式建立了"浙江龙井"的品牌标识，分为一、二两级，每级分两等。1993年重新制定了浙江龙井标准样，新标准分为特级和一至五级，使各地方所产的众多浙江龙井有了一个质量参照标准。浙江龙井也不必再被斥责为"冒牌西湖龙井"，而有了自己的合法"龙井身份"。

这背后的关系，茶产区的村干部们都看得很通透。他们也会坦然地说，"这是站的立场和高度不同"，"站在村里的立场，当然希望自己的茶叶才是最正宗的，而站在西湖乡的角度，自然是希望整个西湖乡地区的茶叶都是正宗的"。这样层层往上，市里和省里当然都希望通过扩大茶产区范围，可以给地方财政带来更多收益。

翁家山村干部翁国平回忆，20世纪80年代初的时候，政府还会号召西湖茶乡的种茶、炒茶能手们去外地帮助更多的地方脱贫致富，各个地方也会高价来请这些能手们。那个时候，谁也没有想到，随着龙井茶的行情看涨，会出现如此"混战"。

原产地保护：戚国伟的茶叶江湖

现在戚国伟和他的杭州西湖茶叶有限公司，稳坐着西湖龙井茶经营的"老大"位置。作为中央警卫局指定的国家礼品茶承办单位，他的公司每年承担了西湖龙井70%的礼品茶任务。不过这"老大"的位置来

外国友人在西湖龙井茶场

得并不容易，20世纪90年代的龙井混战局面一度让戚国伟的茶叶事业陷入了低迷，于是才有了2001年11月的西湖龙井茶原产地保护之举。

戚国伟的个人故事里，1962年是一个曾经让他倍感荣耀的年份。这年周恩来陪同外宾到杭州梅家坞参观，正在梅家坞念茶叶中学的戚国伟有幸见到了总理，还回答了总理的问话，若干年后，这一问一答的对白依旧被记录和复述下来。

戚国伟是茶叶学校的第二届学生，那一年同村一共去了十几个孩子。毕业之后回到龙井村，年轻的戚国伟就成了生产队的记工员，专管记工分，1975年调到人民公社成了茶叶辅导员，经过层层比赛选拔，拿过人民公社的炒茶冠军，成为西湖龙井的"技术行家"。

1975年之后在供销社的三四年经历，让戚国伟对于茶叶的市场销售有了初步概念。1984年，西湖乡政府成立，戚国伟分管的就是茶叶这部分。1984年国家的政策变更，乡政府决定成立一个公司，帮助本地茶农解决销路问题，戚国伟于是成为公司管理层的不二人选。

1984年5月，戚国伟的茶叶公司成立，启动资金是贷款来的3万块钱，添置了3辆三轮车，其余的作为购买茶叶以及加工的流动资金。"最开始就7个人，后来增加到了14人，其中9个都是各村退下来的老村委会主任、村支书们。"乡政府给了一个优惠政策，准许他们在九溪、六和塔、灵隐、虎跑和龙井5个地方设点销售茶叶。大家轮流分工，去村里收购毛茶，加工包装好了之后，第二天一大早拉到这5个点去卖，卖来的钱再拿去收购新茶。

半年之后，戚国伟申请到了自己创意的"贡"牌商标。他的茶叶生意开始让人惊叹。1986 年，这个"乡镇企业"的龙井茶叶卖进了杭州最出名的解放路百货商场。当时商场里有 6 个茶叶柜台，一直是从市特产公司批发茶叶，对于戚国伟的小企业并不信任，是戚国伟承诺自己出营业员，茶叶销售价和批发价之间的差额全部返还给商场，这才给自己争取来了一个柜台。

原本冷眼旁观的商家们看到了不可思议的奇迹。一年之后，商场里的 6 个柜台全部成了戚国伟的。到了 1989 年，戚国伟的公司发展到 140 人的规模。对于这样的速度，戚国伟自己解释，主要是"山中无老虎"。他指的"老虎"，是那些传统的大茶叶公司，因为处于转制期间的"混乱"局面，还没有展现出真正的实力。

到了 20 世纪 90 年代，戚国伟的公司仿佛陷入了前所未有的低谷，"老虎出笼了，茶农的自主经营意识也增强了"，而最重要的，是龙井茶出名之后的"茶叶混战"。1000 多万的销售额一度缩减到 30 多万元，政府采购和礼品茶成为这个阶段公司渡过难关的主要支撑，占到全部销售额的三分之二。

销售额的缩减，也直接导致了公司茶叶收购量的缩减，压力一层层地传递到最细微的生产单元和茶农的身上，形成恶性循环。戚国伟看到的转机来自 1999 年。他作为唯一的农民代表，参加国家质量监督检验检疫总局组织的考察团，被邀请到法国干邑葡萄酒的原产地，考察当地原产地域产品保护的经验。

对戚国伟来说，"原产地域保护"是一个全新的名词，也是他可以努力的空间。半个多月的考察结束之后，戚国伟把自己的方案层层上报，期间经历了复杂的讨论，"各方都觉得是个好事情，可所处的位置不同，考虑也就不同"，2001 年 11 月"几上几下，各自让步之后，终于达成了共识"，国家质量监督检验检疫总局正式批准了对龙井茶的原产地保护。

根据这个保护条例，将龙井茶区分为 3 个产区，其一是西湖龙井，其中"一级保护区为西湖区的西湖乡，范围东至南山村，西至灵隐、梅家坞，南至梵村，北至新玉泉。也就是计划经济时代的龙井产区，占地 54 平方公里。二级保护区是西湖乡以外所有西湖区 168 平方公里内的西湖龙井茶区"。其二是钱塘产区，包括杭州地区的 7 个县。其三是越州产区。地域的优势重新在价格上体现出来，一级保护区和二级保护区之间的收购价要相差一半。

这个被戚国伟称为"正本清源"的原产地保护，对于计划经济时代的龙井产区来说，显然是个好事情，成效也逐步显现出来。"翁、龙、满、杨"四个村的茶叶销售，现在"每年的新茶基本都能卖完"，而且茶农们也将主要的力气放在春茶的生产上，夏茶和秋茶基本都不做了，因为"算上采茶的人工、炒茶的成本，卖不起价的夏、秋茶是赔本买卖"。

作为西湖龙井茶商会会长的戚国伟，垄断了一级产区大部分的茶叶收购，成为标准的制定者。尤其是龙井村，支书陆鑫富说，除了村民个人的零散销售，全村的茶叶只供戚国伟一家公司收购。这既是对他们心目中大功臣的认同，显然也解决了所有茶农销售上的后顾之忧。

"老大"的位置和他所垄断的市场，显然被更多的目光紧紧盯着。满觉陇村的一个后辈偷偷到工商局注册了一个"翁龙满杨"的茶叶商标，过了两年在商标具备法律效力后，巧妙地举行了一个炒茶活动，请了四个村的老茶人参加，然后打出自己的招牌，宣称是四个村联合做的品牌。

结果引发了诸多的反弹，至少三个村的村干部们拍了桌子，尤其是陆鑫富，说自己村的老茶人是"被骗了去的"。不过他们的愤怒后来也不了了之，这个后辈的母亲，就是龙井村人，算起来，都是低头不见抬头见的邻里。戚国伟也把这个后辈找了来，"一问才知道，商标注册两年了，生效了"。

现在，茶田的"寸土寸金"已经成为西湖乡村民的共识，只有本村的农业户口才能够分到茶田，于是在这里，办一个农业户口的难度是难以想象的，反倒是非农业户口，只要点头，就可以从农村转出去。

1983年包产到户的茶田，定下的是30年不变的大方针，各村的政策，原本是每年按生老病死调整一次，后来逐步改成了5年，这就意味着，在一次调整之后，新增的农业户口，需要至少5年才有获得茶田的机会，而茶田的数目已经基本固定，在风景区的严格规定之下，新开辟茶田基本不太可能了。

正在逐渐取代西湖乡的行政机构西湖风景名胜区于是制定了一个自己的"土办法"，景区内的新生儿，一律要报非农业户口。村民们当然不乐意，于是就打官司，按照各村村干部们的说法，"打官司就是意思一下，走个过场，一打准赢"。这"土办法"的合理性被深深地质疑。一场官司的花费三四千元，"赢来一个农民身份"，成为这里的茶农们为下一代的第一笔投资。

＊本文作者王鸿谅，原载于《三联生活周刊》2006年第37期。

在中国名优绿茶地理带里，缘起于中国西南方的茶叶，随着历史时光的缓慢推移向东南方的浙江、福建等地延展。大山深处的湖北五峰县，被看作是中国茶叶自西而东的必经传播地。采花乡是五峰县最精华的产茶区，古老的"宜红茶"产区今天成了名优绿茶的主产区。

春天抢"早茶"

采花乡的太阳是从早上9点开始被感知的，太阳在山坡间移动，不同朝向的坡度被晒出了不同的光影。虽然天亮得并不晚，太阳却躲在高山间的云雾里，迟迟不肯现身，所谓"高山云雾出好茶"正是如此吧。

采花街是从五峰县通往采花乡的唯一一条水泥公路，距离五峰县城50公里，成了乡里最热闹的所在。湖北采花茶叶有限公司总部生产基地就在街边，春茶时节来临，将近1公里长的街道几乎聚集起了全乡所有与茶叶有关的人，不同茶叶品牌的专业冷藏车往来穿梭。白天本地茶农赶着来卖茶，车间夜里开足马力生产，远处的经销商跑来看货色，希望多抢些早茶。

一大早，只要天微微看得见光，绿色的群山间就有了蚂蚁似的采茶人，多半戴着草帽，斜挎着轻巧的花布棉包，手指麻利地在低矮的茶树上"跳跃"。当地人说，这春茶"早采三天是宝，晚采三天是草"。

五峰境内高山绵延，森林覆盖率超过80%，清江的各种小支流在峡谷间流淌，窄窄的水面并不湍急，几乎听不见声响。与平原或丘陵地带田间的密集劳作不同，即使到了采茶的繁忙季节，撒在山间的茶人被包裹在了自然里，也显得多了几分悠闲。

何时采茶是个学问。五峰县茶叶局副局长邬运辉带着工程师付本兴住到了茶厂里。茶叶是五峰县最大宗的农产品，全县20万人口有着16万亩茶园，因此县农业局专门设置了一个茶叶局，技术专家亲自督阵确保春茶生产。

邬运辉说，"开园"的时间根据每年的气候温度而有所不同，当茶园里有5%～6%的茶树开始发芽时，就可以开采了。这样既能抓住早茶的时机，又不至于等到茶树全面发芽时忙不过来。

采花乡2009年3月8日这天刚刚开园，早春第一道采的是芽茶，芽尖采摘后，过两天又会抽出新芽，"就像给奶牛挤奶一样，挤了还会有"。照顾得好的茶树，春季里能采摘20多个轮次，但是要保证顶级茶的品质，这芽茶下雨天采摘不行，大太阳时采摘也不好，叶子的鲜度会大受影响。于是一年下来，只有清明前后的二十来天是名茶的最佳采摘季节。

我们到达采花乡是3月14日，采花乡的茶农们正为一场不期而遇的倒春寒伤脑筋。头两天下了一场雨，夜间的气温低至零摄氏度以下，刚吐出的芽茶受了冻。宝贵的春茶季节最怕下雨，一下雨就得停止采摘，"春雨贵如油"的说法对于茶农可并不适用。3月15日的下午，茶农拿着新采的芽茶到湖北采花茶叶有限公司售卖，收购员有些拿不准鲜叶的品质，公司老总便请邬运辉来鉴别。

刚一走进厂门，邬运辉就被茶农们围住了，茶农们纷纷拿出自家的鲜叶给他看。只要是清明前的"明前茶"，1斤的价值相当于夏茶秋茶的100倍，万一采下来的芽茶厂里不收，茶农就得心疼死了。邬运辉将芽茶抓起一小把放在掌心里，另一只手细细地扒拉着，"你们看，这个茶叶的脊背处有深红色的痕，是冻伤的"，有些芽茶的根部发黑，也是明显受冻过的痕迹。冻过的鲜叶颜色不够鲜绿，香气成分也会受损，做不了上等名茶的原料。

一旁有经验的茶农议论道，这冻过的芽茶让它自然老去，过两天新芽就又冒出了。采花茶叶公司的孙总和唐总赶紧带上邬局长与付工程师，开车到其他几个分厂的收购点去，"由你们专家出面跟农民讲讲，他们容易接受，这样的叶子我们要不得"。

山区里由于所处海拔不同，农户们各家的茶园情况不一。就采花乡的地势而言，由东往西顺势而高，茶园沿着峡谷地带山环水绕的格局高低错落。距离采花街往东7公里的星岩坪村，处在峡谷间的缓坡地带，一座座山坡好似盛开的花瓣，村落点缀其间。村内人家的海拔高度从300多米到1000多米不等，春季来临，茶园依据海拔由低至高依次开始采摘。

五峰县的茶叶专家许锡亭说，海拔500米至1000米的地带最适合种茶。42岁的褚帝宜住在星岩坪村的褚家岭，一片海拔400多米的平地里有他家的茶园。星岩坪村的好多人家1997年开始种植新的茶树品种，茶价这些年越来越好，将田地改为茶园的人也越来越多。

像褚帝宜这样的四口之家，3亩茶园给他们带来将近2万元的年收

星岩坪收购站挤满了
送茶的茶农

入，收益远比种粮食高。星岩坪村如今被称为"楚天名茶第一村"，由于地形气候适宜，全村绝大多数人口都专事种茶，将鲜叶卖给茶厂制成"采花毛尖"等名茶。

海拔更高些的前坪村，距离星岩坪村往西十来公里，这里的茶园3月15日才开园。没想到第一次采摘就碰到头几天的倒春寒，一些茶农14点来到采花茶叶公司的收购点，带着茶叶来探探行情。20岁的王永星和妈妈两人上午10点开始采茶，到午饭后采了7两半，"我们的茶卖了45元1斤，还行吧"。他家的茶园海拔700多米，主要供应茶叶公司的顶级毛尖，6亩多茶园再过十来天就到了高产期，一家人出动还不够用。

茶叶公司与茶农的及时收购关系比较有趣。春茶特别强调"鲜"，因此从采摘到加工最好都当天内完成，茶农们忙着采茶，采到一两斤的分量就赶紧去附近收购点卖掉，以免叶子变得不新鲜。偶有摩托车在田间穿梭，卖茶回来的农民就成为众人打听的对象："你的茯苓大白卖了多少钱一斤啊？哪个点收购价更高？"

采花茶叶公司在不同的分厂都挂着相同的牌子，写上当天的收购价，比如："今日鲜叶收购价：本地品种40～50元/斤，六号35～45元/斤，大白35元/斤。"茶农们拎着各自的两三个巴掌大小的花布袋，原本采茶以女性居多，如今每家老少齐上阵，只是从布袋鲜艳的花色依稀看得出以前女人采茶的传统。布袋子必须透气，茶农小心翼翼地把茶叶倒进收购站的塑料盆内。

有经验的收购员具有相当的权威，他们看一眼或者用手扒拉两下，就报出一个价格，茶农基本没什么争议，双方便成交。于是每个茶农拿着不同花色的花布袋，站在铁栏杆外等着自家茶叶的报价。

卖完茶叶的农民，很快就能在旁边的财务室领取现金。茶厂在财务室墙上挂着提示："请各位茶农保管好鲜叶收购毛票分红联，年底时将根据交付的金额，参与公司分红。"茶农们舍不得喝极品的茶，往往是等春季末尾的普通绿茶出来了，到茶厂去买些便宜干茶喝。

收购站依据茶叶种类，放在不同的大竹筐里，竹筐透气，但茶叶只能薄薄地铺上一层，以免挤压，损坏鲜叶。这些白天收购来的鲜叶，当天夜里就进入车间加工，第二天一大早，毛茶就到了专家们的嘴里进行评审。

成为名茶的理由

47 岁的五峰县茶叶局副局长邬运辉是这样开始他的一天的。一大早起来先进入湖北采花茶叶公司的评审室，公司总部和各个分厂将连夜加工出来的茶叶，泡给他和付本兴这样的专家品尝定级。

73 岁的五峰县茶叶局老专家许锡亭老人偶尔也来品尝，对新茶提提意见。下午茶农开始卖茶，邬运辉看看茶叶，指点茶农如何采摘。晚饭后便一头扎进车间，对加工的各个环节进行指导，有时候忙到天亮。

从安徽农学院（现为安徽农业大学）毕业的邬运辉是五峰本地人，研究了 20 多年的茶，他越来越感觉到茶叶的灵性，"茶是造物主赐给人类的一个神奇物种"。唐代的茶痴卢仝一生未婚，唯嗜茶如命，他的"七碗茶诗"形容茶喝下肚的感受是："一碗喉吻润；二碗破孤闷；三碗搜枯肠，唯有古文五千卷；四碗发轻汗，平生不平事，尽向毛孔散；五碗肌骨清；

六碗通仙灵；七碗吃不得，唯觉两腋习习清风生。"邬运辉说："这可是我心中真正的茶人，他把喝茶从生理到心理上的感受都给描述出来了。"

怎样口感的茶才是好茶？邬运辉说他天天品茶，"好茶的茶汤在口中轻快流畅，经过喉咙时非常甘凉、回味微甜，吞咽之后唇齿留香"。邬运辉喝上一口茶，就能判断出茶叶生长的大致区域、海拔高度，以及茶树长在什么品质的土壤里。好的茶叶香味清淡、口感鲜爽，"上品的东西往往有种高贵淡雅的气质，滋味不会过于浓烈"。轻微栗香的茶叶属于中上等，还不是上品的滋味。后味回甜的茶是沙壤中长成的，采花乡 90% 以上的土壤是以砾质岩为成土母质，非常适合上等茶树的生长。

至于不同海拔的茶树，香气也是有所区别的。邬运辉说，海拔 600 ~ 800 米这样的半山腰种出来的茶叶，香味特别突出，这样的海拔是茶叶香味与滋味的最好结合。植物在海拔低的地方，由于温度高而生长过快，内含物成分就少；海拔过高的地方，植物容易受冻和生病，茶叶的苦涩味重。于是海拔过低的茶叶滋味不错、香气淡；海拔上千米的茶叶，香气好但是滋味苦涩。五峰县大部分茶园海拔在 500 ~ 800 米，因此茶叶香气突出。

在五峰放眼望去，除了星岩坪这样的"楚天名茶第一村"，一般的高山上看不到成片的茶园。工程师付本兴说，好多领导来五峰视察，觉得奇怪，怎么茶叶之乡看不到很多茶园呢？"其实这正是五峰茶叶优质的一个原因，我们这里是林中有茶、茶中有林。"

五峰的森林覆盖率高，山间开辟出来的茶园，被天然林分隔成不同的小区域，高大的乔木半遮着小乔木和灌木茶树。"山林形成了自然的隔

离带，茶园横向纵向都被隔开了，这样病虫害不容易影响茶园。"付本兴说。

　　那种平原或丘陵地带满眼的茶园，为了抵御病虫害要喷洒大量农药，但是五峰的茶叶因为天然林的阻隔，基本不用农药，只需要少量植物源或矿物源农药。并且茶叶喜欢湿润但是害怕积水，五峰一年中降雨天数有 165.3 天，云雾湿润，但是坡地茶园又不会积水。茶树最喜欢漫射光，云雾中的阳光非常适合茶树的生长。

　　我们原本以为来到茶乡，会看到满山遍野的白色茶花，但是如今的茶园，已经看不到漫山开花的情景了。邬运辉说，植物的营养生长好，生殖生长就会受到影响。古人不太追求茶叶产量，让茶树自然开花结果，但是现在需要不断采摘鲜叶，茶树的营养必须旺盛，因此很少再开花结籽，"免得消耗了营养成分"。

　　湖北五峰所在的纬度，与安徽黄山、陕西紫阳、浙江湖州等一样，同属北纬30度优质茶产区带。北纬30度的气候条件加上当地特有的土壤，成为茶叶内含物出色的客观条件。茶要求土壤酸性的 pH 值在 4.5 ~ 6.5 之间，邬运辉说，上等好茶的土壤酸性 pH 值应该在 4.5 ~ 5.5 之间，采花公司出品的毛尖王就产自这种土壤。五峰茶区基本上是以砾质岩为成土母质，页岩也是砾质岩的一种。这样的土壤有机质含量高，养分全面，茶树内含物丰富。

　　水浸出物是检测茶叶的一种指标。它是指用水浸泡茶叶后留下的干物质，一般茶叶的水浸出物在 35% ~ 38% 之间，而五峰茶叶达到 43%。邬运辉说，水浸出物里边含有多酚类、氨基酸、咖啡碱、微生物等多种人体能够吸收的物质。

海拔 600-800 米这样半山腰种出来的茶叶，香味特别突出，这样的海拔是茶叶香味与滋味的最好结合［左页图］

茶的香气物质主要是氨基酸，"味精是从粮食里提炼出来的氨基酸，茶氨酸就是茶叶独有的氨基酸"，高山茶叶的氨基酸含量高，因此茶叶的香气也高。据检测，普通茶叶的氨基酸含量刚刚超过 3%，五峰茶叶的氨基酸含量达到 5%，本地良种的氨基酸含量则超过 7%，仅有浙江的安吉白茶等少量品种才能达到 7% 的含量。

五峰处在高山地区，河流交汇，高山云雾气候明显，即使晴天也能看见云雾。邬运辉强调，温良的气候适宜茶树生长，五峰的年平均气温 13.1 摄氏度，有利于香气物质和滋味物质的积累。"气温高的地方，植物呼吸作用强，会消耗掉一部分营养物质。"

比如云南的大叶种做成的绿茶，香气就远不如北纬 30 度地带的绿茶。而云南红茶好，关键在于红茶的茶多酚含量高，茶多酚是茶叶最重要的滋味物质。但是由于香气物质含量低，口感会略感苦涩，香气不高。绿茶最重要的指标是酚氨比，也就是茶叶中茶多酚与氨基酸的比值，比值越低，绿茶的品质越好。

整个五峰县海拔最低 331 米，最高峰白溢寨海拔 2320 米。所谓"无山不绿、无坡不茶"，昼夜温差大，平均气温 13.1 摄氏度，日照率 35%，属于典型的高山云雾气候。生产出来的采花毛尖条索细秀、均直显毫，色泽翠绿油润，香气高而持久，滋味鲜醇回甘，汤色清澈明亮，叶底嫩绿匀齐。

"制茶大师"的传奇

五峰虽然是土家族自治县，但是如今单从当地人的生活习俗或语言上，几乎看不出与汉族的区别。沿着盘山公路，两侧已经很少能见到木头搭建的吊脚楼了，只在偏远的大山深处，土家族还穿着传统的对襟褂子。五峰单独建县的历史仅能追溯到 300 年前，但是此地在土司制度下产茶的历史却跨越千年。

在湖北采花茶叶公司的大门内，挂着一个"英商宝顺合茶庄"的大牌匾，是清代时英国人在此地开茶号留下的字号，也是五峰境内为数不多的与茶有关的遗迹。民间谚语说，"生在青山叶儿尖，死在凡间遭煎熬，世上人人爱吃它，吃它不用筷子拈"，可见当地人对茶叶的依赖。

唐代被誉为"茶圣"的陆羽在《茶经》开头写道："茶者，南方之嘉木也。一尺、二尺，乃至数十尺，其巴山峡州，有两人合抱者。"

据考证，唐代的峡州全称峡州夷陵郡，包括今天五峰、长阳、宜都、宜昌、鹤峰等市县。本地的土司田泰斗曾有诗曰："双手捧着顶天柱，文武官员尽低头，万颗珍珠一碗水，呼吸长江水倒流。"容美土司向清朝皇室进贡茶叶的故事也有记载。

五峰的地名还留着历史上不少传说的影子，比如"采花乡""撒花台"。本地有个传说，某皇帝久病不愈，便有村姑自告奋勇赠予皇帝一包茶叶，喝下即病愈，皇帝再也寻不见献茶的村姑，称此人为"水仙女"。当地人为了向皇帝进贡，便每年让未婚的女子用牙齿一颗颗地把茶叶的芽头咬下来制成茶。前些年五峰研发了名为"水仙春毫"的绿茶，就是借用了这个传说。

清道光前后是五峰茶叶的发展盛期。这时，广东茶商林志成、钧大福、泰和合等商人，带领大批江西制茶工，在五峰采花、水尽司、渔洋关等地设立茶号，制作精致红茶出口。渔洋关是江汉平原进入鄂西的咽喉，茶商林志成为了把生意做大，方便运茶出山，投入巨资在采花修筑骡马运道。在高山上，偶尔还能寻见当年"骡马大道"的踪影。

20世纪30年代，五峰渔洋关生产的"香艳"牌宜红茶在全国工夫红茶中名列第二。当时中国出口的"滇红""川红""祁红"等几种红茶中，五峰地区的"宜红茶"以"香高、汁浓、汤碧、味纯"为特色。

对本地茶叶史颇有研究的邬运辉说，抗战之前汉口是中国最大的茶叶口岸，宜红茶通过水路和陆路两种方式外运。俄国是当年宜红茶最大的进口国。五峰在长江三峡以南一两百公里处，东南与湖北宜都、松滋、恩施接壤，南边与湖南石门等地相邻，北边接壤长阳。

五峰的土匪在历史上曾经相当猖獗，据说高峰期土匪手里有1000多条枪。因此当年的英国人、俄国人或是外地人，可谓不远万里跑到这个土匪出没的蛮荒之地，看中的全是茶叶带来的利润。

付本兴说，茶叶根据多酚类氧化程度的不同，分为6种：多酚类不氧化，制成绿茶；多酚类适度氧化，根据程度不同分为乌龙茶、白茶、黑茶和黄茶；红茶则是多酚类完全氧化的结果。白毫是茶叶的嫩度指标，也是品种特征，有白毫说明茶叶非常嫩。而茶叶的鲜与嫩正相关，绿茶要求滋味鲜爽、味道鲜浓。

在20世纪六七十年代之前，五峰本地人喝"白茶"，出口的则是"红茶"。67岁的汪盛元十几年前从海拔高的楠木桥村搬到了采花街上，他还记得土家族以前喝白茶的习惯——将茶叶放在袋子里用脚踹、挤干水分，放在铁锅里用手翻炒，土瓦罐在火上烧得将将红，扔进茶叶，再用铜壶煮沸的水冲泡进去，非常香。

邬运辉说，这种喝茶传统其实有相当的科学道理。用干柴烈火烧茶，这样的明火没有烟，茶叶就不会有烟气。土瓦罐吊在火上边炒边转，这样的旋炒让茶叶受热均匀，是对茶叶重新提香的过程。土家人喝的白茶其实就是今天绿茶的前身。

让人略感奇怪的是，五峰虽然历来产茶，但由于出口的红茶需要长成的大叶子，茶叶多由江西人加工，本地人对制茶的传统工艺并不是十分了解。土家人喝的白茶，只是相对低档的春茶加工而成的，因此本地人对名优茶的制作并没有太多传承。

1911 年出生的五峰渔洋关人黄足三是个例外。他是五峰有史以来第一个本籍的茶号大包头和制茶技师，经历传奇，老人家于 2000 年左右去世，邬运辉曾与他有过交往。

民国年间，渔洋关有中兴昌、同顺昌、恒信、民生等 9 家茶号，源泰资本最为雄厚。所有茶号大包头（制茶技师）清一色由江西人把持，制茶技术性的精细活儿多为外地人包做，粗重活儿由本地人承担。

茶号大包头，人称"不出股资的老板"。大包头不仅对茶号的毛茶品质、加工质量、成品茶质量，甚至对成品交易均有决定权，对茶号盈亏起着重要作用。

黄足三从最基础的毛茶收购、筛分、半成品加工等做起。半成品分筛要求茶师根据茶的不同级别和条索的大小、身骨轻重，选择不同型号筛具，要求脑灵眼快、手腕身臂灵敏配合，运用顿、抖、圆、闹、飘、劈等筛技，将茶按照不同级别的技术工艺要求分离出来，配制半成品或成品。

从湖南迁徙到渔洋关的刘祥兴开办了民生茶号，第一次请本地人黄足三为大包头。1937 年黄足三执掌大包头后，民生首批"香艳"牌宜红工夫茶成为汉口洋行的抢手货，每担同级比其他茶号多卖 5 两银子。

中华人民共和国成立后，黄足三在中国茶叶公司中南区公司工作，当时宜红产区的原料，全部调汉口茶厂精致加工，拼配出口。黄仅凭感官就能将茶叶水分含量辨别出来，并精确到 0.3% 以下误差。

1955 年黄足三调到广东省茶叶公司工作。公司接到一笔出口业务，并将对方贸易样品和拼配比例的要求，通知黄拼制加工出成品小样。黄足三按照要求拼配出来，公司反而会赔钱。他经过拼配，将外商要求云南茶占 50%，湖北、江西茶各占 20%，湖南占 10%，改成云南 20%，湖北、江西各占 30%，湖南 20%，通过技术处理加以改进，最后产出的茶成本适中，质量也通过了审核。

以前在五峰茶叶圈内有一种说法：汉口、上海、广州的公司，审评单上只要有"黄足三"的亲笔签名，原级照收，概不开箱复验。因此黄足三成为中国制作红茶的一代名师。

"采花毛尖"与茶人精神

比起第一次开机生产春茶的紧张劲儿，湖北采花毛尖有限公司的总经理沈厚锦现在轻松了许多。由于春茶一年只生产一个多月，即使是有经验的老师傅，第一次开机前也有些手生。于是所有的技术人员、分厂厂长等都会一起参加第一次茶叶生产。虽然现在绿茶生产已经基本上是机器操作，但是如何掌握温度和时间，也大有讲究。第一批绿茶杀青后，火候过了，"弄出来的茶像一堆棉花"。不过很快技术人员就琢磨了一套方法，生产出了好茶。

3月17日夜里，我们在湖北采花毛尖的生产车间，看到了春茶的生产过程。技术人员拿着一台电水壶一样的"电脑水分测试仪"，将茶叶放进去，便立即显示出水分含量。

邬运辉说，杀青后茶叶的香味就基本出来了，这时含水量保持在56%～58%最好，茶叶的青草气消失，散发出清香和嫩香。这天加工的是极品茶，杀青后呈现出嫩绿色，邬运辉说叶子越成熟杀青后要求手感越软，春茶里的极品茶杀青后反而有轻微刺手的感觉。杀青的温度在80～90摄氏度之间，80摄氏度以上茶叶里的酶就钝化了，不会再氧化；但是如果接近100摄氏度，茶叶里的滋味物质就体现不出来。

杀青后的茶叶在传送带上晾凉，再进入到揉捻程序，接着到了干燥程序。采花毛尖的等级分为极品、特级、一级、二级、三级。极品是以全芽为原料；特级为一芽一叶初展，芽长于叶，多白毫，芽叶长为2.5厘米；一级为一芽一叶或一芽二叶初展；二级为一芽二叶。

顶级的"采花毛尖王"则全部采用手工制作，做出来的每包茶叶，一经冲泡就成为两层，上层茶叶被串成了菊花状，一经水分滋润立即充盈起来，成为立体的花朵。下层的底茶滋味上等。由于这种奇特的设计，采花毛尖王被赋予了一个诗意的名字——"一花一世界"。

采花毛尖公司的孙总说，只有4个师傅掌握了毛尖王的制作手艺，并不外传。如何让上层的"花儿"浮起来而底茶不受影响，经过了很多次的研究试验。

如今新成立的采花毛尖公司，由五峰县原本各自鼎立的几家公司合并而成，2007年宜昌国贸大厦集团进入，又整合了30多家小型茶叶公司，五峰县做茶的名人基本也被集合到了一起。在合并之前，"采花毛尖""天麻剑毫""水仙春毫"等本地品牌各占一方市场。

红渔坪茶厂原厂长毛开吉，凭借着身居深山多年与天麻、茶叶打交道的经验，异想天开地把天麻和细嫩茶叶混在一起，与儿子毛方琴在1989年研制出了"天麻茶"，但是含有较重的土腥气。52岁的沈厚锦是采花乡红渔坪人，后来任厂长时与武汉同济医科大的专家合作，"光是小白鼠就用了2000多只"，将天麻、枸杞、绞股蓝和茶叶配在一起，既有保健功能，也不影响茶叶的滋味。

过去几家公司抢着收农民鲜叶，最高价出过100多元收一斤鲜叶，但是价格经常一天几变。每年春茶开园后，沈厚锦派人到采花毛尖的茶场周围，收购采花毛尖公司的鲜叶。"采花毛尖"的王诗典也派一名司机开着大卡车，堵在天麻剑毫公司大门口，以每公斤高0.2元、0.3元的价格，抢购天麻剑毫的原料。

销售中的竞争更残酷，为了争夺大客户，双方互相拆台，"你公司要求现款结算，我公司就提出可以赊账。结果，2004年采花毛尖公司通过赊账销售出去的茶叶占到总销量的80%"。一直到2005年6月，湖北省评选"茶叶名茶第一品牌"的风声传出，当五峰县政府把两家茶叶老板召集在一起时，原本以为需要大费周章，没想到两家老板仅用7分钟就握手言和，县里的3个品牌都归属湖北采花茶叶有限公司。

根据当时湖北省农业厅的调查，2005年湖北省有大小茶厂5000多家，茶叶注册商标300多个，但是有一定规模的龙头企业不到50家。湖北的农产品还没有一个像"西湖龙井""东北大米""金华火腿"这样响当当的品牌。这导致湖北的茶区普遍成为外省知名品牌的廉价原料供应地。比如江苏茶商每年在英山采购鲜叶制作成碧螺春，"市场价值不低于3亿元"。新成立的采花毛尖公司聚集了当地的大部分资源，生产湖北的"茶叶名茶第一品牌"，产值早已过亿元。

"现在中国喝绿茶的人相当多，但是真正懂得品尝的人不到十分之一。"做了一辈子茶生意的沈厚锦感慨。在本地创出品牌"向师傅茶"的向光泰说，五峰的茶叶品质好，他非常自信，但是茶文化还需提升。

邬运辉对日本的饮茶文化感悟颇深，日本茶道讲究"和、静、清、寂"，茶室根据不同季节配有不同花朵，但是花香一点不能影响茶香。茶室的门仅3尺高，让喝茶人低头进门，保持对茶的谦逊之心。

"这种感悟提升了茶文化，饮茶甚至可以成为人的一种精神信仰。"邬运辉盼望着有一天，中国顶级绿茶有了相配的茶文化，顶级的制茶大师手工制茶，不同的大师能让茶叶带上自己独特的味道。"唐朝的饮茶大师，不管劝诫他人什么事情，都会说'你吃茶去'。任何事情都可以通过品茶找到答案。"

＊本文作者吴琪，摄影关海彤，原载于《三联生活周刊》2009年第11期。

历史上安化黑茶北上的古道有两条：一是走洞庭湖经汉口到山西，北出内蒙古至恰克图，再直达俄罗斯圣彼得堡的草原之路；另一条是从汉口北上，经泾阳进甘肃，西进新疆，出中亚抵达黑海的绿洲丝绸之路。

"茶好金花开"

特殊的工艺是安化黑茶区别于其他五大茶类的最大特征，"千两"与"茯砖"，是安化黑茶的双子星座。2015年10月的安化县城，冷雨萧瑟，街上行人不多，往来的大卡车倒是络绎不绝，尽管制茶季尾声将近，但并不影响他们运送原料与成茶。

茯砖是边销茶的核心，黑茶是丝绸之路的主角。因在伏天加工，故称"伏茶"。因其效用类似土茯苓，故美称为"茯茶""茯砖"。现在安化黑茶的体系中，有天尖、贡尖和生尖这"三尖"，有茯砖、黑砖和花砖这"三砖"，还外加千两茶。

但每年一半以上的销量是茯砖完成的。砖内含有浅黄色像蛋花般的金花才可称为茯砖，金花含量又与茶叶品质呈正相关，民间所说的黑茶养人，主要说的就是金花。所谓"茶好金花开，花多茶质好"。

茯砖茶的金花是一种微生物，过去只有在千年灵芝上才发现过，是安化黑茶在当地特定环境条件下，通过"发花"工艺长成的自然益生菌体，俗称"金花"，学名冠突散囊菌。

　　湖南农业大学著名茶学教授刘仲华等已在分子水平上，证明了茯砖茶中的金花是一种对人体有益的益生菌体，长期饮用能起到调理肠道、降血脂等作用。当前，全球范围内有不少学者，希望在冠突散囊菌上拿诺贝尔奖。

　　2014年初，刘仲华在哈佛大学为"金花"举行了一场学术报告会，掀起了美国的黑茶热。千百年来游牧民族用历史和生活也证明了茯茶的作用。西北谚语"一日无茶则滞，三日无茶则痛；宁可三日无粮，不可一日无茶"，就是其真实写照。

　　"金花什么味，什么也不用说，喝完了才会明白。"刘杏益说。51

安化茯砖茶中含有一种俗称「金花」的微生物，益生菌体是安化黑茶的独特之处（于楚众摄）

益阳茶厂的茯茶大师刘杏益正在仔细检查一块茯砖的「发花」。他是中国非物质文化遗产茯砖茶制作技艺传承人（于楚众摄）

　　岁的刘杏益在益阳茶厂制黑茶30载，科班出身。安化县隶属于益阳市，益阳茶厂虽在益阳，但茶园遍布安化。2008年，专注生产茯茶50多年的益阳茶厂的茯茶制作工艺被列入国家级非物质文化遗产保护名录，并成为唯一的传承保护单位，对于益阳茶厂的茯茶成为行业标杆和国家标准，刘杏益贡献丰硕。虽然已经有了全国茶叶标准化技术委员会委员、国家级非物质文化遗产茯砖茶制作技艺传承人、湖南省益阳茶厂副总经理等诸多头衔，可他说起茶来，如茶农般朴实，没有故弄玄虚的花架子。

　　刘杏益邀我们品尝的是2007年益阳茶厂的1.95公斤包装的茯茶。此款茶的原料含部分的安化本地料，汤色红艳，极为耐泡。刘杏益指着茶汤说："每天都有很多客人来品茶，这一壶茶没换过，十几泡下去，还是有滋有味。"我们大概喝的是第七泡，一口下去，陈香浓厚，叶底的一股糯香依稀可闻，这种特有的菌香只有黑茶才有。

早年丝绸之路上的茯砖茶，没有现在这么细腻的口感，因大部分选用叶片大、叶张肥厚、成熟度高的黑毛茶为原料。33 道工序反复发酵，是为了去掉粗老叶的苦涩。虽然历史上的黑茶一直是价廉物美的边销茶，安化却并非没出过黑茶的精制品。

当年晋商采谷雨前最细嫩的芽尖，乃至带有白毫的白芽尖，制成黑毛茶后，再用 106 目皮篾小雨筛，筛选出极细的精制茶。一斤一篓，60 篓一套篾箱，并不出售，而是带回家乡作为高贵的赠品。这样的芽尖茶，明洪武到清康熙、乾隆年间，都有岁贡。

就茯砖来说，更精致的产品在当代，始于 2004 年。当时以边销为主的益阳茶厂转向内销市场，开始提高原料的等级，以一芽二叶为原材料的茯茶发花需要突破多重技术瓶颈。原料等级较高，会使茶香气比较纯正，但是菌花香会稍弱，并且发花的稳定性不够。益阳茶厂解决了这一问题，并带动全行业的技术升级。到了 2005 年，安化的茯砖茶已经扭转了过去人们对安化黑茶原料粗老、品质低劣的印象。

在六大茶类中，安化黑茶是以独特的生产工艺定义的茶。比如茯砖茶，大体要经过青茶加工、筑茶成封和发花三大阶段，其中发出金花来这一神秘而关键的工艺，是理所当然的技术门槛。它与黑茶压制的紧实度、温度、湿度以及原料的含梗量密切相关，任何一项发生细微的变化，其他项均要随之变化。

发花的最后一个场所是烘房，压制成砖后，这里是最后一道工序，

两位茶人在对黑毛茶拣梗。茎梗中的维管束是养分和香气的主要输导组织，很多茶厂仍旧喜欢人工拣梗（于楚众摄）

也是安化所有黑茶厂商的禁地，几乎不对外开放。在阿香美茶业的工厂，我们有幸近距离"涉密"。

　　进入烘房，像进入了一间桑拿房般的仓库，首先映入眼帘的是温度计与湿度表各一个钉在架子上，16点时的温度是28摄氏度，湿度接近30%。机密当然没有这么简单，在每一天里的不同时段，温度、湿度都不尽相同。在烘房狭小的空间里的3排架子上，以拇指长的距离为隙，一块块"砖头"整齐地横立着，它们距离上市销售，仅一步之遥。

　　国人喜绿茶，而绿茶中如果含有茶梗，则被视为劣质茶，这一点在黑茶体系内并不适用。根据阿香美董事长夏绪平的说法，黑茶中除了天尖、贡尖和生尖等散茶为芽头制成外，其余的均含茶梗，尤其是茯砖茶。添加茶梗是为了确保压制过程中会出现空隙，这些空隙是金花的"家"，茯砖茶的含梗量一般控制在 12% 左右，含梗量越低，发花技术要求越高。

刚出烘房的新茯砖，表面如刀切般齐整，通体呈褐黑色，掰开砖身才可看到内有大量的金黄色颗粒，放置于显微镜下观看，像一朵朵黄色的小蘑菇。

目前很多口味的创新都是围绕茯砖在进行。安化第一块荷香茯砖诞生于阿香美，采用高山黑毛茶，佐以荷叶、决明子等天然植物制成，深受日、韩两国年轻女性的追捧。

边销之王的丝路

安化县茶叶办主任说，安化黑茶北上的古道有两条：一是走洞庭湖经汉口到山西，北出内蒙古至恰克图，再直达俄罗斯圣彼得堡的草原之路；另一条是从汉口北上，经泾阳进甘肃，西进新疆，再出中亚直达黑海的绿洲丝绸之路。

从事茶叶贸易 25 年的哈萨克斯坦茶业总经理麦的奥说，沿着丝绸之路而来的安化黑茶，至今都是哈国饮用中国茶叶重要的种类。20 世纪 50 年代，该国 80% 的消费茶叶都从中国进口。

现在，现代交通已取代了悠悠驼铃。但黑茶北上的脉络依旧依附于古老的丝绸之路。在安化黑茶大市场里，我和来自兰州的茶商聊了许久。他的黑茶经销商铺在兰州七里河的西北茶城，那是一个紧邻黄河的茶叶交易市场，那里最受欢迎的仍是安化的茯砖。

胡马的嘶鸣声早已随西风流云而去，而浓郁的茶香依旧飘溢在黄河岸边。他用火车将这里的黑茶运往兰州，再经下一级茶商销往西北各地。在武威、在张掖、在酒泉、在甘南、在新疆、在青海……只要你走进牧民毡房，主人先端上来的，依旧是一碗飘着奶香或枣香的热乎乎的黑茶。

几千年来，以丝绸交易为纽带，东西方几大文明都在中亚发生交集。后来茶叶贸易兴起，中国茶叶在丝绸之路中扮演着十分重要的角色。在这个意义上，丝绸之路也是一条"茶叶之路"。而因为边销以及在该领域的统治性地位，古时安化黑茶在这条"茶叶之路"上，既有车马奔驰的喧嚣，又有舟楫横渡的壮观。

始于边销的安化黑茶，改变了边区人民的生活。文成公主不仅用和亲的举动抚慰了松赞干布和他的臣民，带来了边地的平安，而且她进藏带去的茶叶，使吐蕃人发现了茶叶对这个缺少果蔬食用的民族的重要性，所谓"牛羊之毒，青稞之热，非茶不解也"。

牧民们围坐在一起，支起小锅，点起篝火，从背囊中取出一块像砖头一样的黑茶，抽出短刀，砍下一块丢入锅中，随手放些盐巴、酥油、牛奶等物。这至今还是边疆一些少数民族的生活常态。他们背囊中像砖头一样的物品就是边销茶。当前西部边疆的回族、蒙古族、维吾尔族的奶茶，以及分布在甘肃河西走廊中部和祁连山北麓的裕固族的摆头茶，都是用茯砖茶或黑砖茶制成。

在青藏高原、蒙古高原以及绵延数千里的丝绸之路两侧，蒙古、藏、回、维吾尔、裕固、锡伯、哈萨克等20多个民族，由于他们的主食是

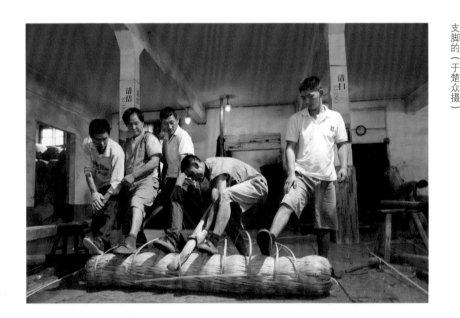

牛羊肉和奶酪食品，加上生活环境气候寒冷、干燥，缺乏蔬菜，具有分解脂肪、舒畅肠胃、增加热量等功能的边销茶便成为他们长期的生活必需品。安化黑茶，便是作为这样一种特殊角色出现，作为边销茶源源不断地从湖湘腹地走向遥远的边疆，直至欧洲。

历史上黑茶不仅是边境各民族的生活必需品，还是历朝中央治边的战略物资。中央政府用内地黑茶边销，换取边疆民族喂养的大量战马。中华人民共和国成立后，边销茶也需要国家指定的定点厂家进行生产，所以也有"安国茶"一说。

安化黑茶早期的边销茶，以散茶为主。为了方便运输，陕西商人开始将安化的原料运到泾阳压制成砖。也有商人就地在安化踩捆成包，后来改成小圆柱，每支 100 两，称安化"百两茶"。到了同治年间，出于同样的目的，晋商与安化江南镇的刘姓兄弟在百两茶的基础上共同研制，增重为每支千两。按现在的算法，有 72.5 斤。

砖也好，柱也好，主要都是打破以往茶包体积大但比重轻的局限性，作为丝绸之路上的边销茶，商人们希望每一次长途跋涉都能尽可能地多运一些。

边销市场的火爆，也直接推动了安化黑茶的发展。根据益阳茶叶局局长李建国的研究，明清两代是安化黑茶发展的黄金期，号称"十里一铺，黑茶传奇"的茶业盛世由此开启。到了清末，安化已有 4 万人口，与当时 300 公里外的益阳城人口相当。

明清 600 年，安化成为世界黑茶中心，黑茶产量世界第一，在边销市场占据着统治地位。根据古文献记载，这期间中国 5 个黑茶产地，平均产量比例是：湖南（黑茶）40%、四川（乌茶）20%、广西（六堡茶）15%、云南（普洱茶）15%、湖北（老青茶）10%。

目前，边销仍旧是黑茶的重要市场。刘杏益说，仅自己一家，每年西北三省的边销超过 5000 吨。只不过现在利润微薄，每年三分之二的产量用来边销，只创造了三分之一的收入。

黄金水道

在踏上丝路的征程之前，安化黑茶的命脉在一片溪河网布的水系之间。安化境内除了资江两岸城镇所在的少许狭长平地，其余几乎全是山地。雪峰山脉和衡山余脉，一南一北，盘踞资江两岸，千米以上的山峰就有157座。境内河谷纵横，主干河资江流经24个乡镇，连绵120公里，水系流域面积与安化土地面积相当。一出县城就进山，永远走在转不完的盘山道和涉不尽的溪流中。

沿着县域内的资江而下30公里便是安化江南镇，安化黑茶的又一重镇。顺着江岸往下游走，很容易就能找到德和兆记茶行遗址。这个茶行建于乾隆年间，也曾是赫赫有名的大商行，到现在还有13家名号。眼下旧址被一家篾厂租下。尽管茶行没落，篾却也和茶有关。天井里篾师傅用柴刀劈开一根根青毛竹，女工再把竹条编成十两、百两、千两茶用的篾篓。

跨过地上的竹篾，走到后门，一座小码头湮没荒草之间、清澈的资江水下，几十年来水电兴盛，水位已经抬高了。在交通不发达的时代，这条江维系着安化与外面世界的接触，同时也是安化黑茶的生命线。

据安化县茶叶办主任肖伟群介绍，百来年前，资江两岸茶镇，如江南、边江、黄沙坪、小淹、酉州、东坪等镇，沿江都有这种直接通进茶行的私人码头，专门的茶叶大码头就有四个，是长江水系与汉口相连的最大茶叶码头，称之为黑茶丝绸之路的重要起点并不为过。

明清至民国期间，借助资水横贯全境的地利之便，安化黑茶从这里起航。茶季每天都有大量船只满载茶包，沿资江入洞庭，沿长江、汉江再转陆路，用马和骆驼驮往西北地区的陕西、山西、甘肃、新疆乃至俄国的恰克图。俄商们再贩运至伊尔库茨克、乌拉尔、秋明，一直通向遥远的莫斯科和圣彼得堡。

　　从 17 世纪末开始，从中国大量销往欧洲的茶叶有两条路线，除了连接川滇藏的茶马古道以外，另外一条就是由俄罗斯商人经营的商队，经恰克图口岸出口，横跨亚欧大陆。这条茶叶之路在中国境内又叫"茶商水道"。普遍的认知是"武夷山—恰克图—俄罗斯"这一条路，而根据肖伟群的考证，武夷山只是茶叶之路的起点之一，更古老的起点，在安化。

　　在武汉大学世界经济系教授、博士生导师刘再起看来，整条中俄茶叶之路的南段，基本上是顺着中国古代黄金水道运行。之所以称其为黄金水道，是因为这条水路运输路线贯通了信江、长江和汉江流域，沿途经过的城市和码头，都是当年各省的经济交通枢纽，如河南的赊店镇、江西的景德镇和湖北的汉口镇。

称重、品味、装箱、搬运
汉口港茶叶北上的最后阶段：
十九世纪中国丝绸画中描绘的

这条茶叶之路的北段，是从北方草原开始的一条纵深通向蒙古和西伯利亚腹地并且能直抵欧洲的驼道。这条茶叶之路繁荣了近200年，是当时重要的国际商道，其源头就是中国湖北汉口。

1727年，清政府与沙俄政府签订《中俄恰克图界约》，确定了两国的边界线，更丰富了清王朝与俄国的贸易形式，从单纯的商队贸易逐步过渡到商队与边境互市贸易并存。恰克图这个昔日的边境小沙丘，也由于贸易的发展，逐渐演变成大漠以北的商业"都会"。刘再起教授指出，造成这种繁荣的根本原因就是茶叶贸易。

1860年，清政府签订《北京条约》后，汉口正式成为通商口岸。1862年清政府签订了《中俄陆路通商章程》，俄商取得了直接在中国南方茶区采购加工茶叶和由水路通商的权利。俄商来到汉口，与英国商人开始了在汉口的茶市竞争。由中国销往英国和俄国的茶叶，大量由汉口起运。1871年至1890年，每年出口达200万担以上。这期间中国出口的茶叶，占世界茶叶市场的86%，而由汉口输出的茶叶占国内茶叶出口的60%。穿梭往来的运茶船队不断进入汉口港，其中一支主力军就是沿资江而来的安化黑茶。

黑茶的流动改变了许多地区的文化生态，它成了邻国的欢喜之物。1764年，俄国人米勒在他所写的关于赴华使团的意见中说："我们已习惯了喝中国茶，很难戒掉。"李建国的研究发现，黑茶输入俄国后，开始还只是俄国王公贵族、富商和文化名流的时尚饮品，到了18世纪末，茶叶就成为俄国西伯利亚人民的生活必需品，在俄土战争和俄法战争中，黑茶是俄国军队的标配。

俄国人的需求又反过来促使他们进行工业技术的输出，1874 年，俄国茶商改用蒸汽机和水压机制作砖茶，成为武汉地区第一批近代产业。19 世纪俄国人在汉口留下的遗存几乎都与茶商有关，在洞庭路有著名的俄商"巴公房子"，是曾任新泰茶厂大班的巴诺夫三兄弟在 1909 年花 15 万两银子建的公寓。在汉口鄱阳街与天津路交汇处，1876 年俄国茶商彼特·波特金捐建的东正教教堂至今保存完好，这是汉口唯一的典型俄罗斯风格建筑。俄国茶厂的新泰大厦建于 1888 年，至今仍然屹立在汉口兰陵路口。

"先有茶后有县"

临近冬季，安化的茶农鲜有采茶，多是"朗山"，这是安化方言，即垦荒的意思。为了让茶晒到更多太阳，将茶园附近的杂木杂草砍掉，将其变成天然的肥料。此外，这几年安化的茶叶吃香了，山上许多农夫纷纷把荒了多年的茶园"朗"出来，栽上茶苗，提前谋划。

古代的安化黑茶受到热捧，主要源于自身特殊的功效；这几年安化黑茶的火爆蔓延全国，功效、收藏价值皆是原因，更因安化是自古以来的好茶产地。

安化黑茶闻名于世，得益于优越的自然环境。安化自古便是茶树繁盛之地，境内山清水秀，沟壑纵横，云雾缭绕，茶树"山涯水畔，不种自生"，是独特的宜茶区域。用现代语言去描述，安化处于亚热带季风气候，气候温暖湿润，四季分明，雨量充沛。从地理位置、海拔、光、

云台山是安化黑茶的优质产地，一年有200多天，茶场都穿着云雾这层外衣

热、水等气候资源看，全部具有世界一流的种植茶叶的气候条件。

古时，湘中腹地统称"梅山"的资江流域，是梅山文化的发祥地。整个地区星罗棋布的是被称为"洞"的民族村落。奉蚩尤为祖先的瑶、苗人民，既不听从州府辖制，也不纳税。直到北宋熙宁六年（1073），王安石手下干将章惇说降此地梅山洞蛮，方才设立县治，名为安化，取意"归安德化"。

"先有茶，后有县。"安化茶最早见于唐中期的《膳夫经手录》。安化山水宜茶，远在归化之前，此地先民就已在享受这一自然恩赐。原居于此的瑶、苗民族在置县后汉族移民的浪潮下渐渐南迁，只在《又到梅山三十六峒游念》的手抄本巫经中，留下瑶人死后灵魂需回梅山认祖归宗的印记。

但先人们依旧留下了有迹可循的习俗，肖伟群说，在现在的安化农村，许多农户家里都有一口缸，里面满满当当地晾着用黑毛茶炮制的茶水，一个茶缸子放在边上，想喝就舀。在一些隐秘山间的瑶族村落，仍能看到瑶族特有的用桂皮、山姜等煎茶的习俗。

古代安化茶最出名的产区有"两山二溪六洞"的说法。近代湖南黑茶的主产区，主要集中在湘中和湘北两大茶区，以安化和临湘最为集中。发展到现在，好比江苏产蟹的湖泊众多，唯阳澄湖最为出名，在黑茶领域，尽管附近的桃江、沅江、益阳、汉寿、桃源一带仍是有口皆碑的黑茶产地，但安化已然是黑茶代名词。

安化黑茶此前的盛景在明清时期，家家户户有种茶、制茶的传统习惯，"茶市斯为最，人烟两岸稠"说的便是当时。据肖伟群介绍，在当年产茶高峰时，坐船、骑马前往安化以现钞买茶、以物兑茶的客商达6万余人，会聚晋、陕、鄂、川、皖等地客商及茶叶加工制作人员，茶市十分繁荣。

　　对比之下，安化黑茶当下的繁荣程度，被刘仲华教授称之为"史上最好的时期"。就连在过去主产粮食鲜种茶树的安化冷市镇，一家名为华莱、成立不到8年的黑茶企业，迅速成为全国单厂销售额最高的企业。华莱黑茶产业园的厂长曾卫军告诉我，在冷市镇，有超过80%的人口在从事与华莱相关的产业。

　　黑茶收藏热也是带动黑茶蔓延全国的原因之一。2015年8月，湖南茶叶博览会上一块百年安化黑茶砖卖出了105万元的天价，升值倍率远远超过同时代的其他艺术收藏品。益阳茶厂2005年生产的湘益牌400克纪念茯砖茶，当年售价仅80元，现在价格已过3000元。

　　在阿香美董事长夏绪平处，我们喝的是陈年手筑茯砖。这块10年的茯茶，叶底黑褐均匀，质地稍硬，用手指轻轻一捏即碎。冲泡之后，茶汤比新茶更为甜醇爽滑。十几泡之后，茶汤色泽逐渐变淡，但甜味犹存，且更加纯正。

＊本文作者程磊，原载于《三联生活周刊》2015年第43期。

图书在版编目（CIP）数据

茶之境：中国名茶地理/李伟编著.—成都：天
地出版社，2021.6（2022.8重印）
　ISBN 978-7-5455-5976-7

　Ⅰ.①茶… Ⅱ.①李… Ⅲ.①茶文化—中国　Ⅳ.
①TS971.21

中国版本图书馆CIP数据核字（2020）第190216号

CHA ZHI JING: ZHONGGUO MINGCHA DILI

茶之境：中国名茶地理

出 品 人	陈小雨　杨　政
编　　者	李　伟
责任编辑	魏姗姗
装帧设计	蔡立国
责任印制	董建臣

出版发行　天地出版社
　　　　　（成都市槐树街2号　邮政编码：610014）
　　　　　（北京市方庄芳群园3区3号　邮政编码：100078）
网　　址　http://www.tiandiph.com
电子邮箱　tianditg@163.com
经　　销　新华文轩出版传媒股份有限公司

印　　刷	北京雅图新世纪印刷科技有限公司
版　　次	2021年6月第1版
印　　次	2022年8月第2次印刷
开　　本	710mm×1000mm 1/16
印　　张	26.25
字　　数	304千字
定　　价	118.00元
书　　号	ISBN 978-7-5455-5976-7